数学Ⅲ・C
最重要問題
80

東進ハイスクール・東進衛星予備校 講師
寺田 英智
TERADA Eichi

はしがき PREFACE

本書は,「入試でよく出題されるテーマから厳選された問題にとり組み，詳細な解説により問題を理解し，実力を養成する」という，シンプルなコンセプトを追求した問題集です．受験生にとって本当に必要な「最重要問題」だけを，「生徒目線」で十分に詳しく解説しています．ただ，大学入試に頻出する問題を厳選とはいっても，個人の主観的な経験や断片的な問題分析では，客観的な正しい選定であるとはいえません．本書の問題選定に際しては，理数系の専門スタッフを招集し，大規模な大学入試問題の分析・集計を行いました．

まず，数学Ⅰ・A，Ⅱ・B，Ⅲ・Cの各単元ごとに，問題の項目・手法等で分類した「テーマ」を計270個設定（例:「不等式と極限」「定積分と漸化式」など），全国の主要な国公立大105校・私立大100校（右表参照）の最新入試問題を各5～10年分，合計15,356問を収集し，文系／理系に分けて，各問をテーマ別に分類・集計しました．本書では，この分析結果を踏まえ，理系学部の「数学Ⅲ・C」で「よく出題されている問題」と「応用の利く問題」を厳選．出題回数の多いテーマ，または単体での出題数は多くなくとも他分野との融合が多いテーマの典型問題を「最重要問題」として80問収録しました．

また，本書では「受験生に寄り添った，十分な解説」にも強くこだわりました．解説編の「着眼」「解答」は，できるだけ自然で，受験本番でも受験生の皆さんが思いつきやすい，使いやすい方針を優先して作成しています．「詳説」においては，別解はもちろんのこと，やや発展的な見方・考え方から，受験生が陥りやすい思い込み，誤りなどまで，詳細に解説しています．

本書を利用することで，上位私大（明青立法中・関関同立レベル）に合格する力が十分身につくと同時に，あらゆる難関大（早慶・旧七帝大・上位国公立大レベル）の入試問題に臨むための，確固たる実力が完成します．第一志望校合格という大願成就のために本書が十分に活用されれば，これ以上の喜びはありません．

最後になりましたが，本書を出版するにあたり，東進ブックスの皆様には企画段階から完成まで大変なご尽力を賜りました．また，堀博之先生，村田弘樹先生には本書の内容に関して適切なご助言を頂戴しました．他にも多くの方々のご助力を頂き，完成に至りました．ここに御礼申し上げます．

2023年12月
寺田英智

【入試分析大学一覧】

国公立大学

No.	大学名	文系	理系	合計
1	東京大	28問	35問	63問
2	京都大	28問	27問	55問
3	北海道大	14問	38問	52問
4	東北大	24問	27問	51問
5	名古屋大	17問	18問	35問
6	大阪大	18問	27問	45問
7	九州大	24問	24問	48問
8	東京医歯大	0問	25問	25問
9	東京工業大	0問	29問	29問
10	東京農工大	0問	27問	27問
11	一橋大	30問	0問	30問
12	筑波大	9問	26問	35問
13	お茶の水女子大	15問	29問	44問
14	東京都立大	27問	32問	59問
15	大阪公立大	48問	63問	111問
16	横浜国立大	15問	15問	30問
17	横浜市立大	0問	44問	44問
18	千葉大	25問	44問	69問
19	埼玉大	24問	26問	50問
20	信州大	14問	53問	67問
21	金沢大	18問	25問	43問
22	神戸大	18問	25問	41問
23	岡山大	24問	20問	44問
24	広島大	0問	44問	44問
25	熊本大	12問	48問	60問
26	名古屋市立大	28問	32問	60問
27	名古屋工業大	15問	8問	23問
28	京都府立大	0問	37問	37問
29	兵庫県立大	42問	50問	92問
30	防衛医科大	0問	56問	56問
−	その他大学	1038問	1425問	2463問
合計		1555問	2379問	3934問

私立大学

No.	大学名	文系	理系	合計
1	早稲田大	226問	31問	257問
2	慶應義塾大	174問	250問	424問
3	上智大	58問	49問	107問
4	東京理科大	48問	235問	283問
5	国際基督教大	21問	0問	21問
6	明治大	120問	217問	337問
7	青山学院大	345問	123問	468問
8	立教大	254問	76問	330問
9	法政大	146問	92問	238問
10	中央大	146問	23問	169問
11	学習院大	148問	47問	195問
12	関西学院大	292問	85問	377問
13	関西大	150問	118問	268問
14	同志社大	70問	42問	112問
15	立命館大	65問	85問	150問
16	北里大	0問	401問	401問
17	國學院大	127問	0問	127問
18	武蔵大	107問	9問	116問
19	成蹊大	62問	3問	65問
20	成城大	30問	0問	30問
21	京都女子大	55問	0問	55問
22	日本大	228問	363問	591問
23	東洋大	31問	46問	77問
24	駒澤大	235問	86問	321問
25	専修大	66問	0問	66問
26	京都産業大	55問	54問	109問
27	近畿大	66問	138問	204問
28	甲南大	64問	32問	96問
29	龍谷大	21問	67問	88問
30	私立医科大群	0問	418問	418問
−	その他大学	2110問	2812問	4922問
合計		5520問	5902問	11422問

※主要な国公立大105校・私立大100校の入試問題を各5～10年分（2022～2012年度），「大問単位」で計15,356問を分類・集計した．「私立医科大群」は，自治医科大，埼玉医科大，東京慈恵会医科大，聖マリアンナ医科大，東京医科大，日本医科大，愛知医科大，大阪医科大，関西医科大，金沢医科大，川崎医科大などの合算．

本書の構成 STRUCTURE

❶問題…最初に，大学入試に最も頻出する（かつ応用の利く）典型的な問題が掲載されています．問題は基本的に単元ごとに章立てされていますが，実際の大学入試問題を使用しているため，いくつかの単元を横断した問題もあります．各問題には次のように3段階の「頻出度」が明示されています。

〈頻出度：★★★＝最頻出　★★★＝頻出　★★★＝標準〉

※学習における利便性を重視して，問題（全80問）だけを収録した別冊【問題編】も巻末に付属しています（とり外し可）．

❷着眼…着想の出発点や，問題を解くうえでの前提となる知識などに関する確認です．受験生が思いつきやすい，自然な発想を重視しています．

❸解答…入試本番を想定した解答例です．皆さんが解答を読んだ際に理解しやすいよう，「行間を埋めた」答案になっています．本番の答案はもう少し簡素でもよい部分はあるでしょう．

❹詳説…実践的な「別解」や，「解答」で理解不十分になりやすい部分，つまずきやすい部分などの説明がされています．

〈表記上の注意点〉

本書の「解答」「詳説」では，多くの受験生が無理なく読めるよう，記号などの扱い方を次のように定めています．

- 記号$\cap$，$\cup$，$\in$などは必要に応じて用いる．ただし，「実数全体の集合」を表す$\mathbb{R}$などは用いない．「実数xについて」などと言葉で説明する．
- 記号$\Longrightarrow$，$\Longleftarrow$，$\Longleftrightarrow$などは必要に応じて用いる．
- 記号$\neg$，$\wedge$，$\vee$などは用いず，「pかつq」などと言葉で説明する．
- 記号$\exists$，$\forall$を用いず，「どのような実数xでも」などと言葉で説明する．
- 連立方程式などの処理において，教科書等で一般的に認められた記法を用いる．
  具体的には，p，qは「pまたはq」，$\begin{cases} p \\ q \end{cases}$ は「pかつq」の意味で用いる．
- ベクトルは，必要に応じて成分を縦に並べて表す．例えば，$\overrightarrow{p}=(a,\ b,\ c)$を $\overrightarrow{p}=\begin{pmatrix} a \\ b \\ c \end{pmatrix}$ と表すことがある．

本書での使用を避けた記号を答案で用いることは，何ら否定されることではありません．例えば，自分で答案を作るときに

$$\exists x\in\mathbb{R}\,;\,x^2-2ax+1\leqq 0 \iff a^2-1\geqq 0$$
$$\iff a\leqq -1\vee 1\leqq a$$

などと表しても，全く問題ありません．このように表記したい人は，すでに論理記号の扱いには十分慣れていると思いますので，適宜，解答を読みかえてください．ただし，無理に記号を用いようとして，問題を正しく理解することからかえって遠ざかることもあります．論理記号を用いるのは，ある程度理解している（考察できる）ことをより精度高く議論・記述するため，あるいは簡潔明瞭に表現するためであることを忘れてはなりません．常に，「自分の理解に穴がないか？」「納得して先に進めているか？」を意識して問題に向き合うことが大切です．

学習方法 HOW TO STUDY

1 ▶入試本番を想定して，一題ずつ丁寧に問題にとり組む．

本書は，「教科書の章末問題程度までは，ある程度解ける学力がある」ことを前提にした，上位私大・難関大の入試本番に向けたステップで利用してほしい問題集です．今の自分の力で，どのテーマの問題は解けるのか，どこまで説明できるのか，理解していない部分を判断するため，まずは自分の力で問題に真剣に向き合うことが大切です．できないことは，次にできるようになればよいのです．自分に足りないことを見つめ直し，実力の向上を目指しましょう．

2 ▶「着眼」「解答」「詳説」と照らし合わせ，答案を検討する．

問題にとり組んだら，解説の「着眼」「解答」「詳説」をしっかりと読み，考え，自分の解答と照らし合わせましょう．何ができないのか，何に気づけば解答まで至れたのか，一題一題，時間をかけて検討しましょう．これは，答えが合っていたとしても必ず行ってほしいプロセスです．値が一致することはもちろん大切ですが，それが必ずしも問題に対する「解答」になっていることを意味するとは限りませんし，ましてやその問題への理解が十分であることを意味するものではありません．量をこなすよりも「一題から多くの学びを得る」ことを目指しましょう．

3 ▶再度問題にとり組み，自力で解けるか，より良い解答が可能かを吟味する．

上記1･2を終えたら，解答･詳説を十二分に理解できている問題を除き，再度，その問題にとり組み，完全な答案を作成してみましょう．じっくりとり組みたい人は1つの問題を解いた直後でよいでしょうし，テンポよく解き進められる人は章ごとにこの作業を行ってもよいでしょう．解答・詳説を理解したつもりでも，実際には「目で追っただけ」のことが往々にしてあります．改めて解き直すことで，自分の頭が整理され，理解不十分な箇所を洗い出すことにもつながります．

「はしがき」でも述べたように，本書の問題をすべて自力で解けるようになれば，上位の私大･国公立大で合格点を獲得できる十分な実戦力が身につくと同時に，あらゆる難関大に通じる土台(ハイレベルへの基礎力)が完成します．むやみに多くの問題集にとり組む必要はありません．まずはこの1冊の内容を余すことなくマスターし，その後，各志望校の過去問演習に進みましょう．

【訂正のお知らせはコチラ】

本書の内容に万が一誤りがございました場合は，弊社HP（東進WEB書店）の本書ページにて随時公表いたします。恐れ入りますが，こちらで適宜ご確認ください。☞

目次 CONTENTS

第1章 極限 数学CⅢ

第2章 微分法 数学Ⅲ

第3章 積分法（計算中心） 数学Ⅲ

第4章 積分法（面積，体積など） 数学Ⅲ

第5章 複素数平面 数学C

第6章 2次曲線 数学C

極限

数学	III
問題頁	P.1
問題数	10問

1. やや複雑な極限の計算

〈頻出度 ★★★〉

[1] 極限 $\lim_{x\to 0}\left(\dfrac{x\tan x}{\sqrt{\cos 2x}-\cos x}+\dfrac{x}{\tan 2x}\right)$ を求めよ.

（岩手大）

[2] 極限 $\lim_{x\to\frac{1}{4}}\dfrac{\tan(\pi x)-1}{4x-1}$ を求めよ.

（立教大）

[3] nを正の整数とする. 極限 $\lim_{n\to\infty}\left(\dfrac{n+1}{n+2}\right)^{3n-3}$ を求めよ.

（産業医科大）

着眼 VIEWPOINT

典型的な極限の計算です.

[1] 次の式は忘れてはなりません.

三角関数の極限

① $\displaystyle\lim_{x\to 0}\frac{\sin x}{x}=1$　② $\displaystyle\lim_{x\to 0}\frac{1-\cos x}{x^2}=\frac{1}{2}$　③ $\displaystyle\lim_{x\to 0}\frac{\tan x}{x}=1$

②, ③は①からすぐに導けます. 式を変形して, $\dfrac{\sin x}{x}$ **を作ることを意識**しましょう.

[2] $x-a=t$ とおき換えてしまえば, $t\to 0$ となるので上で確認した公式が使えるはずです. ③の $\lim_{x\to 0}\dfrac{\tan x}{x}=1$ を使うことを念頭において変形しましょう. また, 微分係数に読みかえることも有効です.（☞詳説）

[3] 次の式に帰着させましょう.

$\left\{\left(1+\frac{1}{n}\right)^n\right\}$ の収束

無限数列 $\left\{\left(1+\dfrac{1}{n}\right)^n\right\}$ は, $e=2.718\cdots\cdots$ に収束する. つまり,

$\displaystyle\lim_{n\to\infty}\left(1+\frac{1}{n}\right)^n=e$ である.

解答 ANSWER

[1] それぞれの分数ごとに整理して

$$\frac{x\tan x}{\sqrt{\cos 2x}-\cos x}=\frac{x\tan x(\sqrt{\cos 2x}+\cos x)}{\cos 2x-\cos^2 x}$$

← 分母分子に $\times(\sqrt{\cos 2x}+\cos x)$

$$=\frac{x\tan x(\sqrt{\cos 2x}+\cos x)}{2\cos^2 x-1-\cos^2 x}$$

$$=\frac{x\tan x(\sqrt{\cos 2x}+\cos x)}{-\sin^2 x}$$

$$=-\frac{x}{\sin x}\cdot\frac{\sqrt{\cos 2x}+\cos x}{\cos x}$$

← $\tan x=\dfrac{\sin x}{\cos x}$

$$\frac{x}{\tan 2x}=\frac{x}{\dfrac{\sin 2x}{\cos 2x}}=\frac{1}{2}\cdot\frac{2x}{\sin 2x}\cdot\cos 2x$$

← $\dfrac{x}{\tan 2x}=\dfrac{1}{2}\cdot\dfrac{2x}{\tan 2x}\to\dfrac{1}{2}$ でもよい.

したがって,

$$(\text{与式})=\lim_{x\to 0}\left(-\frac{x}{\sin x}\cdot\frac{\sqrt{\cos 2x}+\cos x}{\cos x}+\frac{1}{2}\cdot\frac{2x}{\sin 2x}\cdot\cos 2x\right)$$

$$=-1\cdot\frac{1+1}{1}+\frac{1}{2}\cdot 1\cdot 1=\boldsymbol{-\frac{3}{2}}\quad\cdots\cdots\text{答}$$

[2] $x-\dfrac{1}{4}=t$ とすれば, $x=t+\dfrac{1}{4}$, $x\to\dfrac{1}{4}$ より $t\to 0$ であり

$$(\text{与式})=\lim_{t\to 0}\frac{\tan\left\{\pi\left(t+\dfrac{1}{4}\right)\right\}-1}{4t}$$

ここで,

$$\tan\pi\left(t+\frac{1}{4}\right)=\tan\left(\pi t+\frac{\pi}{4}\right)=\frac{\tan(\pi t)+1}{1-\tan(\pi t)\cdot 1}$$ であるから,

$$\frac{\tan\pi\left(t+\dfrac{1}{4}\right)-1}{4t}=\frac{\dfrac{\tan(\pi t)+1}{1-\tan(\pi t)}-1}{4t}$$

$$=\frac{\{1+\tan(\pi t)\}-\{1-\tan(\pi t)\}}{4t\{1-\tan(\pi t)\}}$$

$$=\frac{\tan(\pi t)}{2t\{1-\tan(\pi t)\}}=\frac{\tan(\pi t)}{\pi t}\cdot\frac{\pi}{2\{1-\tan(\pi t)\}}$$

したがって,

$$\lim_{x\to\frac{1}{4}}\frac{\tan(\pi x)-1}{4x-1}=1\cdot\frac{\pi}{2(1-0)}=\boldsymbol{\frac{\pi}{2}}\quad\cdots\cdots\text{答}$$

3

$$(\text{与式}) = \lim_{n\to\infty}\left(\frac{n+1}{n+2}\right)^{3n+3}\cdot\left(\frac{n+1}{n+2}\right)^{-6}$$

$$= \lim_{n\to\infty}\frac{1}{\left(\dfrac{n+2}{n+1}\right)^{3(n+1)}}\cdot\left(\frac{n+1}{n+2}\right)^{-6}$$

$$= \lim_{n\to\infty}\frac{1}{\left\{\left(1+\dfrac{1}{n+1}\right)^{n+1}\right\}^{3}}\cdot\left(1-\frac{1}{n+2}\right)^{-6}$$

$$= \frac{1}{e^3}\cdot 1^{-6} = \boldsymbol{\frac{1}{e^3}}$$ ……答

詳説 EXPLANATION

▶ 2　微分係数の定義から説明することもできます.

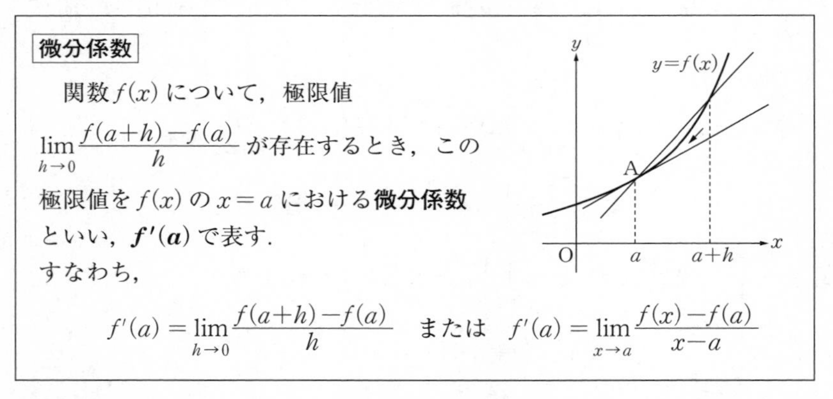

微分係数

関数 $f(x)$ について，極限値 $\displaystyle\lim_{h\to 0}\frac{f(a+h)-f(a)}{h}$ が存在するとき，この極限値を $f(x)$ の $x=a$ における**微分係数**といい，$\boldsymbol{f'(a)}$ で表す.

すなわち，

$$f'(a) = \lim_{h\to 0}\frac{f(a+h)-f(a)}{h}\quad\text{または}\quad f'(a) = \lim_{x\to a}\frac{f(x)-f(a)}{x-a}$$

「差の比」の形が見えていれば，微分係数の定義から説明できる可能性を疑ってもよいでしょう.

別解

$f(x)=\tan(\pi x)$ とする. $f\left(\dfrac{1}{4}\right)=\tan\dfrac{\pi}{4}=1$ であり，また

$f'(x)=\dfrac{\pi}{\cos^2(\pi x)}$ なので，$f'\left(\dfrac{1}{4}\right)=\dfrac{\pi}{\left(\dfrac{1}{\sqrt{2}}\right)^2}=2\pi$ である. よって，

$$\lim_{x\to\frac{1}{4}}\frac{\tan(\pi x)-1}{4x-1} = \frac{1}{4}\lim_{x\to\frac{1}{4}}\frac{f(x)-f\left(\dfrac{1}{4}\right)}{x-\dfrac{1}{4}}$$

$$= \frac{1}{4}f'\left(\frac{1}{4}\right) = \frac{1}{4}\cdot 2\pi = \boldsymbol{\frac{\pi}{2}}$$ ……答

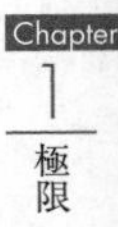

2. 収束する条件

〈頻出度 ★★★〉

定数 a，b に対して，等式 $\lim_{x\to\infty}\{\sqrt{4x^2+5x+6}-(ax+b)\}=0$ が成り立つとき，$(a,\ b)$を求めよ．

（関西大）

着眼 VIEWPOINT

極限が収束する条件から，係数を決定します．**a，b の値を具体的に考えて，状況を確認するところから考える**とよいでしょう．いろいろと代入するとわかる通り，$a\leqq 0$ では発散することが明らかです．$a>0$ では，このままの形だと「$\infty-\infty$ の不定形」なので，有理化することで不定形の解消を目指し，進めていけばよいでしょう．

解答 ANSWER

$$\lim_{x\to\infty}\{\sqrt{4x^2+5x+6}-(ax+b)\}=0 \quad \cdots\cdots①$$

$a\leqq 0$ とすると，①の左辺$=\infty$ であるから，①が成り立つためには $a>0$ が必要である．

$a>0$ のもとで，

$$①の左辺=\lim_{x\to\infty}\left\{\frac{4x^2+5x+6-(ax)^2}{\sqrt{4x^2+5x+6}+ax}-b\right\}$$

$$=\lim_{x\to\infty}\left\{\frac{(4-a^2)x+5+\dfrac{6}{x}}{\sqrt{4+\dfrac{5}{x}+\dfrac{6}{x^2}}+a}-b\right\}$$

ここで，$4-a^2\neq 0$ とすると①の左辺は発散する．つまり，①が成り立つために

$$a>0 \quad かつ \quad 4-a^2=0$$

すなわち，$a=2$ が必要である．$a=2$ のとき，

$$①の左辺=\lim_{x\to\infty}\left(\frac{5+\dfrac{6}{x}}{\sqrt{4+\dfrac{5}{x}+\dfrac{6}{x^2}}+2}-b\right)=\frac{5}{\sqrt{4}+2}-b=\frac{5}{4}-b$$

であるから，①が成り立つための条件は，

$$a=2 \quad かつ \quad \frac{5}{4}-b=0 \iff (a,\ b)=\left(\mathbf{2},\ \frac{\mathbf{5}}{\mathbf{4}}\right) \quad \cdots\cdots 答$$

詳説 EXPLANATION

▶$f(x)=\sqrt{4x^2+5x+6}-(ax+b)$ とすると

$$\lim_{x\to\infty} f(x)=0 \Longrightarrow \lim_{x\to\infty}\frac{f(x)}{x}=0$$

が成り立つことより，$\displaystyle\lim_{x\to\infty}\left\{\sqrt{4+\frac{5}{x}+\frac{6}{x^2}}-\left(a+\frac{b}{x}\right)\right\}=0$ なので，

$$2-a=0 \quad すなわち \quad a=2$$

である．つまり，$a=2$ が必要条件です．

▶この問題は，「$y=\sqrt{4x^2+5x+6}$ のグラフCの漸近線 $y=ax+b$ を考える」ことと同じです．

$$y=\sqrt{4x^2+5x+6} \Longleftrightarrow y\geqq 0 \quad かつ \quad y^2=4x^2+5x+6$$

$$\Longleftrightarrow y\geqq 0 \quad かつ \quad 4\left(x+\frac{5}{8}\right)^2-y^2=-\frac{71}{16}$$

であることから，Cは双曲線の一部であることがわかります．

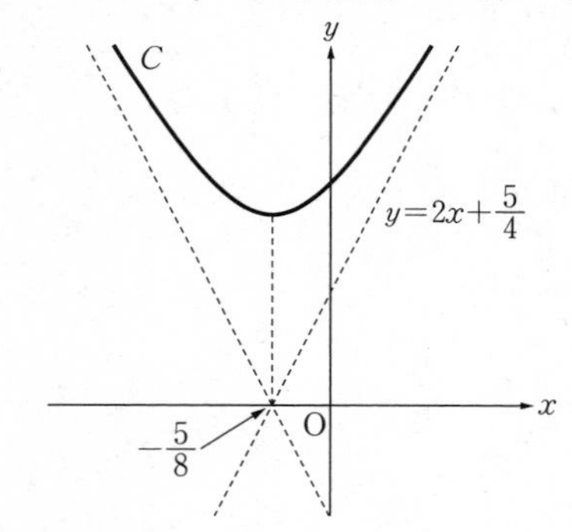

3. 漸化式$a_{n+1}=f(a_n)$で定められた数列の極限①

〈頻出度 ★★★〉

関数 $f(x)=\sqrt{2x+1}$ に対して，数列 $\{a_n\}$ を次で定義する．

$$a_1=3,\ a_{n+1}=f(a_n)\ (n=1,\ 2,\ 3,\ \cdots\cdots)$$

方程式 $f(x)=x$ の解を α とおく．次の問いに答えよ．

(1) 自然数 n に対して，$a_n>\alpha$ が成り立つことを示せ．

(2) 自然数 n に対して，$a_{n+1}-\alpha<\dfrac{1}{2}(a_n-\alpha)$ が成り立つことを示せ．

(3) 数列 $\{a_n\}$ が収束することを示し，その極限値を求めよ．　（名古屋工業大）

着眼 VIEWPOINT

漸化式 $a_{n+1}=f(a_n)$ により定められる数列 $\{a_n\}$ の極限を調べる，定番の問題です．$\{a_n\}$ の一般項が求められなければ，**評価して，挟みうちの原理にもち込みたいところです．**

解答 ANSWER

(1) $f(\alpha)=\alpha$ より，

$$\sqrt{2\alpha+1}=\alpha$$

$$\Longleftrightarrow\ 2\alpha+1=\alpha^2\quad かつ\quad \alpha\geqq 0$$

$$\Longleftrightarrow\ \alpha=1+\sqrt{2}$$

以下，$a_n>1+\sqrt{2}$ (……①) が $n=1,\ 2,\ 3,\ \cdots\cdots$ で成り立つことを，数学的帰納法により示す．

← この段階では，「$\{a_n\}$ が収束するならば，極限値は $1+\sqrt{2}$ である」と述べているにすぎず，収束することそのものは示せていない．

(I) $a_1=3>1+\sqrt{2}$ より，$n=1$ で①が成り立つ．

(II) k を自然数として，$a_k>1+\sqrt{2}$ と仮定する(……②)．

このとき，$\alpha=1+\sqrt{2}$ が $f(x)=x$ の解であることと，$f(x)=\sqrt{2x+1}$ が $2x+1\geqq 0$，つまり $x\geqq-\dfrac{1}{2}$ で常に増加することから

$$a_{k+1}-\alpha=f(a_k)-f(\alpha)>0$$

である．つまり，②のもとで，$n=k+1$ で①が成り立つ．

(I), (II)より，$n=1,\ 2,\ 3,\ \cdots\cdots$ で①，つまり $a_n>\alpha$ が成り立つ．（証明終）

(2) (1)より，$a_n>\alpha=1+\sqrt{2}>2$ (……③) なので

$$a_{n+1}-\alpha=\sqrt{2a_n+1}-\sqrt{2\alpha+1}$$

$$=\frac{2a_n+1-(2\alpha+1)}{\sqrt{2a_n+1}+\sqrt{2\alpha+1}}$$

$$=\frac{2}{a_{n+1}+\alpha}(a_n-\alpha)$$

$$<\frac{2}{2+2}(a_n-\alpha)\quad(③より)$$

$$=\frac{1}{2}(a_n-\alpha)\quad(証明終)\quad\cdots\cdots④$$

(3) $n\geqq 2$ のとき，④を繰り返し用いると，

$$a_n-\alpha<\left(\frac{1}{2}\right)^{n-1}(a_1-\alpha)$$

つまり，(1)と合わせて

$$0<a_n-\alpha<\left(\frac{1}{2}\right)^{n-1}(a_1-\alpha)\quad\cdots\cdots⑤$$

が成り立つ．

$\lim_{n\to\infty}\left(\frac{1}{2}\right)^{n-1}(a_1-\alpha)=0$ なので，⑤について，挟みうちの原理より

$$\lim_{n\to\infty}(a_n-\alpha)=0\quad すなわち\quad \lim_{n\to\infty}a_n=\alpha$$

であり，$\{a_n\}$は収束する．(証明終)

また，その極限値は　$\boldsymbol{\alpha=1+\sqrt{2}}$　……**答**

詳説 EXPLANATION

▶次の図のように考えれば，$\{a_n\}$が2つのグラフ $y=x$，$y=\sqrt{2x+1}$ の交点の x 座標(y座標)，つまり $1+\sqrt{2}$ に収束することが視覚的に理解できます．

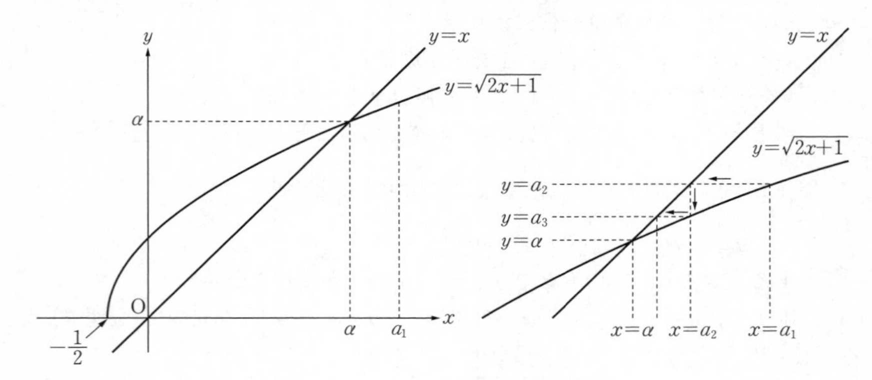

4. 漸化式 $a_{n+1}=f(a_n)$ で定められた数列の極限②

〈頻出度 ★★★〉

次の初項と漸化式で定まる数列 $\{a_n\}$ を考える.

$$a_n=\frac{1}{2},\ a_{n+1}=e^{-a_n}\quad(n=1,\ 2,\ 3,\ \cdots\cdots)$$

ここで, e は自然対数の底で, $1<e<3$ である. このとき, 次の問いに答えなさい.

(1) すべての自然数 n について $\frac{1}{3}<a_n<1$ が成り立つことを示しなさい.

(2) 方程式 $x=e^{-x}$ はただ1つの実数解をもつことと, その解は $\frac{1}{3}$ と 1 の間にあることを示しなさい.

(3) 関数 $f(x)=e^{-x}$ に平均値の定理を用いることによって, 次の不等式が成り立つことを示しなさい. $\frac{1}{3}$ と 1 との間の任意の実数 x_1, x_2 について,

$$|f(x_2)-f(x_1)|\leqq e^{-\frac{1}{3}}|x_2-x_1|$$

(4) 数列 $\{a_n\}$ は, 方程式 $x=e^{-x}$ の実数解に収束することを示しなさい.

(山口大)

着眼 VIEWPOINT

「$\{a_n\}$ の漸化式は解けないが, 極限値が求められる」問題の多くは, 問題3のように「$a_{n+1}-\alpha\leqq$ ●$\times(a_n-\alpha)$ の形を作る」ことで, 挟みうちの原理にもち込んで解決します. ただ, 本問は問題3と同様に進めようとしても, うまくいきません. 設問で誘導されたとおり, 平均値の定理を用います.

平均値の定理

関数 $f(x)$ が閉区間 $[a,\ b]$ で連続で, 開区間 $(a,\ b)$ で微分可能ならば, 次の条件を満たす c が存在する.

$$\frac{f(b)-f(a)}{b-a}=f'(c)\quad かつ\quad a<c<b$$

多くの問題では誘導がつきますが，結論までの流れを理解するため，練習しておくとよいでしょう．

また，(2)の解の存在証明でつまずいている人は，（解けないが）解の存在を説明するときは，中間値の定理による，つまり，

$f(x)=0$ が $a<x<b$ に解をもつことの説明は，$f(a)$ と $f(b)$ の正負を調べることによる

という原則を押さえておきましょう．本問のように，解が「ただ１つ」であることを述べたければ，増減を説明しておくとよいでしょう．

解答 ANSWER

$a_{n+1}=e^{-a_n}$ ……①

(1) $\dfrac{1}{3}<a_n<1$（……②）が $n=1,\ 2,\ 3,\ \cdots\cdots$ で成り立つことを，数学的帰納法で示す．

(I) $a_1=\dfrac{1}{2}$ なので，$n=1$ のとき①は成り立つ．

(II) $\dfrac{1}{3}<a_k<1$ と仮定する．$\dfrac{1}{3}<x<1$ で関数 $f(x)=e^{-x}$ は常に減少するから，

$$e^{-\frac{1}{3}}>e^{-a_k}>e^{-1} \quad すなわち \quad \frac{1}{e}<a_{k+1}<\frac{1}{e^{\frac{1}{3}}} \quad \cdots\cdots③$$

$1<e<3$ より，$\dfrac{1}{3}<\dfrac{1}{e}$，$\dfrac{1}{e^{\frac{1}{3}}}<1$ はいずれも成り立つので，③より，

$n=k+1$ で②が成り立つ．

(I)，(II)より，数学的帰納法から，$n=1,\ 2,\ 3,\ \cdots\cdots$ で②が成り立つ．（証明終）

(2) $g(x)=x-e^{-x}$ とする．$g(x)=0$ がただ１つの実数解をもち，その解が $\dfrac{1}{3}$ と１の間にあることを示す．

$g'(x)=1+e^{-x}>0$ から，$g(x)$ は常に増加する．また，$1<e<3$ から

$$g\left(\frac{1}{3}\right)=\frac{1}{3}-e^{-\frac{1}{3}}=\frac{e^{\frac{1}{3}}-3}{3e^{\frac{1}{3}}}<\frac{3^{\frac{1}{3}}-27^{\frac{1}{3}}}{3e^{\frac{1}{3}}}<0,$$

$$g(1)=1-\frac{1}{e}=\frac{e-1}{e}>0$$

が成り立つ．

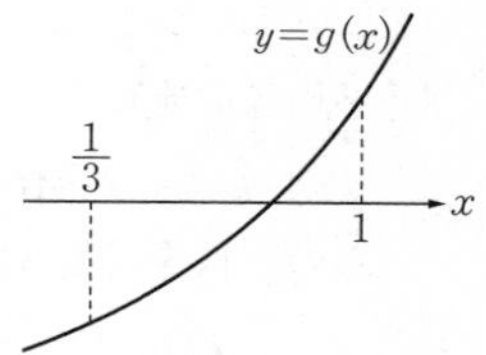

したがって，$g(x)=0$ は $\dfrac{1}{3}<x<1$ の範囲にただ１つの実数解をもつ．（証明終）

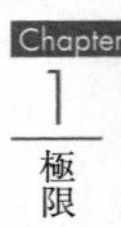

(3) $$|f(x_2)-f(x_1)|\leqq e^{-\frac{1}{3}}|x_2-x_1| \quad \cdots\cdots ④$$

(i) $x_1=x_2$ のとき

このとき，④は常に成り立つ．

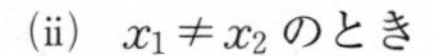

(ii) $x_1\neq x_2$ のとき

平均値の定理より，

$$\frac{f(x_2)-f(x_1)}{x_2-x_1}=f'(c)$$

を満たす c が，x_1 と x_2 の間に存在する．つまり，

$$f(x_2)-f(x_1)=f'(c)(x_2-x_1) \quad \cdots\cdots ⑤$$

「$x_1<x_2$ のとき」「$x_2<x_1$ のとき」をまとめて議論するため，「x_1 と x_2 の間に存在」としている．

ここで，$f(x)=e^{-x}$ は減少関数である．x_1，x_2 は $\frac{1}{3}$ から1の間の値なので，$\frac{1}{3}<c<1$ が成り立つ．

したがって，

$$|f'(c)|=|-e^{-c}|=e^{-c}<e^{-\frac{1}{3}} \quad \cdots\cdots ⑥$$

が成り立つ．⑤，⑥より，

$$|f(x_2)-f(x_1)|=|f'(c)||x_2-x_1|<e^{-\frac{1}{3}}|x_2-x_1|$$

が成り立つ．

(i)，(ii)より，④が成り立つことを示した．（証明終）

(4) $x=e^{-x}$，すなわち $g(x)=0$ の解を α とおく．**(2)**から，$\frac{1}{3}<\alpha<1$ である．

また，$\alpha=f(\alpha)$ であることと，$n=1$，2，3，……で $a_{n+1}=f(a_n)$ が成り立つことに注意する．

(1)より $\frac{1}{3}<a_n<1$ が成り立つ．したがって，x_1，x_2 をそれぞれ α，a_n とおき換えることで，④を用いると，

$$|a_{n+1}-\alpha|=|f(a_n)-f(\alpha)|\leqq e^{-\frac{1}{3}}|a_n-\alpha|$$

つまり，$|a_{n+1}-\alpha|\leqq e^{-\frac{1}{3}}|a_n-\alpha|$（……⑥）が成り立つ．

$n\geqq 2$ のとき，⑥を繰り返し用いると，

$$0\leqq|a_n-\alpha|\leqq\left(e^{-\frac{1}{3}}\right)^{n-1}|a_1-\alpha| \quad \cdots\cdots ⑦$$

$0<e^{-\frac{1}{3}}<1$ より，$\displaystyle\lim_{n\to\infty}\left(e^{-\frac{1}{3}}\right)^{n-1}|a_1-\alpha|=0$ である．

⑦について，挟みうちの原理より $\displaystyle\lim_{n\to\infty}a_n=\alpha$ が成り立つ．（証明終）

5. 多項式関数と指数関数の比較

〈頻出度 ★★★〉

n は自然数とし，$t>0$，$0<r<1$ とする．次の問いに答えよ．

(1) 次の不等式を示せ．$(1+t)^n \geqq 1+nt+\dfrac{n(n-1)}{2}t^2$

(2) 次の極限値を求めよ．$\displaystyle\lim_{n\to\infty}\frac{n}{(1+t)^n}$，$\displaystyle\lim_{n\to\infty} nr^n$

(3) $x\neq -1$ のとき，次の和 S_n を求めよ．

$$S_n=1-2x+3x^2-4x^3+\cdots\cdots+(-1)^{n-1}nx^{n-1}$$

(4) (3)の S_n について，$0<x<1$ のとき，極限値 $\displaystyle\lim_{n\to\infty} S_n$ を求めよ．

（大阪教育大）

着眼 VIEWPOINT

(1)は，2項定理を用います．${}_n\mathrm{C}_1=n$，${}_n\mathrm{C}_2=\dfrac{n(n-1)}{2}$ からピンと来てほしいところです．

2項定理

n を正の整数とするとき，

$$(a+b)^n=\sum_{k=0}^{n}{}_n\mathrm{C}_k a^{n-k}b^k$$
$$=a^n+{}_n\mathrm{C}_1 a^{n-1}b+{}_n\mathrm{C}_2 a^{n-2}b^2+\cdots\cdots+{}_n\mathrm{C}_{n-1}ab^{n-1}+b^n$$

(2)は，よく「……は用いてよい．」と与えられている極限です．(1)で指数関数と多項式関数の大小の**不等式を示しているので，挟みうちの原理にもち込みたい**ところです．（☞詳説）

(3)は「比を掛けてずらす」数列の和の必須手法で，十分に練習をしておかなければなりません．(4)は，求めた S_n に(2)で示した極限の形が含まれているので，これを利用して極限を求めましょう．

解答 ANSWER

(1)　$(1+t)^n \geqq 1+nt+\dfrac{n(n-1)}{2}t^2$ ……①

$n \geqq 2$ のとき，2項定理より

$$\begin{aligned}(1+t)^n &= 1^n + {}_nC_1\cdot 1^{n-1}\cdot t + {}_nC_2\cdot 1^{n-2}\cdot t^2 + \cdots\cdots + {}_nC_{n-1}\cdot 1^1\cdot t^{n-1} + t^n \\ &\geqq 1^n + {}_nC_1\cdot 1^{n-1}\cdot t + {}_nC_2\cdot 1^{n-2}\cdot t^2 \\ &= 1+nt+\frac{n(n-1)}{2}t^2\end{aligned}$$

より，①は成り立つ．また，$n=1$ のときは

$$(\text{①の左辺}) = (1+t)^1 = 1+t,\ (\text{①の右辺}) = 1+1\cdot t+\frac{1(1-1)}{2}t^2 = 1+t$$

であり，①の等号が成り立つ．

したがって，すべての自然数 n で①は成り立つ．（証明終）

(2)　(1)の不等式より

$$(1+t)^n \geqq 1+nt+\frac{n(n-1)}{2}t^2$$

$$\frac{1}{(1+t)^n} \leqq \frac{1}{1+nt+\dfrac{n(n-1)}{2}t^2}$$

$$\therefore\quad 0 < \frac{n}{(1+t)^n} \leqq \frac{n}{1+nt+\dfrac{n(n-1)}{2}t^2} \quad\cdots\cdots②$$

ここで

$$\lim_{n\to\infty}\frac{n}{1+nt+\dfrac{n(n-1)}{2}t^2} = \lim_{n\to\infty}\frac{1}{\dfrac{1}{n}+t+\dfrac{n-1}{2}t^2} = 0$$

であることから，②に関して挟みうちの原理より　$\displaystyle\lim_{n\to\infty}\frac{n}{(1+t)^n} = \mathbf{0}$ ……**答**

また，$1+t>1$ なので，$r=\dfrac{1}{1+t}$ とおき換えることで

$$\lim_{n\to\infty} nr^n = \lim_{n\to\infty}\frac{n}{(1+t)^n} = \mathbf{0} \quad\cdots\cdots\textbf{答}$$

(3)

$$\begin{array}{rl} S_n = & 1+2\cdot(-x)+3\cdot(-x)^2+\cdots\cdots+(n-1)\cdot(-x)^{n-2}+n\cdot(-x)^{n-1} \\ -)\ -x\cdot S_n = & \quad 1\cdot(-x)+2\cdot(-x)^2+\cdots\cdots+(n-2)\cdot(-x)^{n-2}+(n-1)\cdot(-x)^{n-1}+n\cdot(-x)^n \\ \hline (1+x)\cdot S_n = & 1+(-x)+(-x)^2+\cdots\cdots+(-x)^{n-2}+(-x)^{n-1}-n\cdot(-x)^n \end{array}$$

等比数列の和の公式より，右辺は $\dfrac{1-(-x)^n}{1-(-x)}-n\cdot(-x)^n$ と計算できるから，

$$S_n=\frac{\mathbf{1-(-x)^n}}{\mathbf{(1+x)^2}}-\frac{\mathbf{n\cdot(-x)^n}}{\mathbf{1+x}}\quad\cdots\cdots\text{答}$$

(4)　$0<x<1$ より，$\lim_{n\to\infty}(-x)^n=0$ である．また，(2)より

$$\lim_{n\to\infty}|n\cdot(-x)^n|=\lim_{n\to\infty}nx^n=0$$

であることから，$\lim_{n\to\infty}n(-x)^n=0$ である．したがって

$$\lim_{n\to\infty}S_n=\frac{1-0}{(1+x)^2}-0=\frac{\mathbf{1}}{\mathbf{(1+x)^2}}\quad\cdots\cdots\text{答}$$

詳説 EXPLANATION

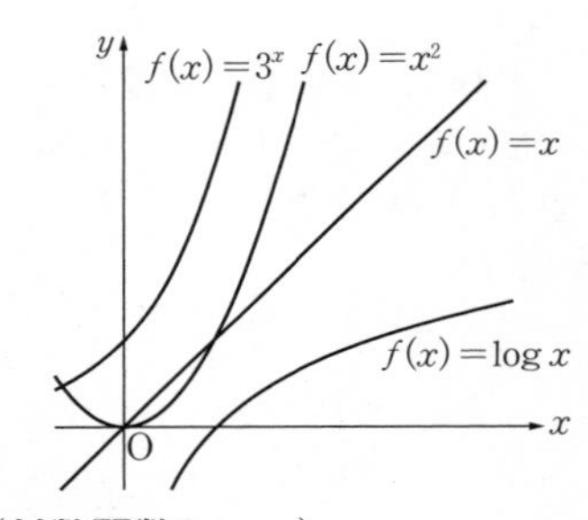

▶$f(x)$ を微分してグラフの概形を考えるなどの問題で，しばしば

$$\lim_{x\to\infty}\frac{x}{e^x}=0,\quad\lim_{x\to\infty}\frac{\log x}{x}=0\quad\cdots\cdots(*)$$

などの極限を「認めてよい」とされます．
(見たことがある人も多いでしょう．)
右のグラフのように，$a>1$のときに

(指数関数 a^x) ＞＞ (多項式関数 x^n) ＞ x ＞ (対数関数 $\log_a x$)

のような大小の感覚があれば，(*)が成り立つことが納得できます．
(証明はさておき，この大小の感覚自体をもっていることは，とても大切です．)
この問題は，指数関数と多項式関数の大小(発散の速さ)に関する考察，と考えてもよいでしょう．

▶(1)，(2)を通じて示したいことは，「n の１次式 $f(n)=n$ よりも，$g(n)=(1+t)^n$ の方が発散が『速い』」ということです．つまり，「$g(n)$ が n の２次式相当(か，それよりも大きい)」ということが説明できればよいので，１次の項や定数項は残さなくても，挟みうちの原理にもち込めます．

$$(1+t)^n\geqq 1+nt+\frac{n(n-1)}{2}t^2>\frac{n(n-1)}{2}t^2$$

と評価しておけば，

$$0<\frac{n}{(1+t)^n}<\frac{n}{\dfrac{n(n-1)}{2}t^2}=\frac{2}{(n-1)t^2}$$

より，$n\to\infty$ で最右辺が 0 に収束するので $\lim_{n\to\infty}\frac{n}{(1+t)^n}=0$，が導かれます．

6. 円に内接，外接する円

〈頻出度 ★★★〉

平面上に半径1の円Cがある．この円に外接し，さらに隣り合う2つが互いに外接するように，同じ大きさのn個の円を図(例1)のように配置し，その1つの円の半径をR_nとする．また，円Cに内接し，さらに隣り合う2つが互いに外接するように，同じ大きさのn個の円を図(例2)のように配置し，その1つの円の半径をr_nとする．ただし，$n \geqq 3$とする．

(1) R_6，r_6を求めよ．

(2) $\lim_{n \to \infty} n^2(R_n - r_n)$を求めよ．ただし，$\lim_{\theta \to 0} \frac{\sin\theta}{\theta} = 1$を用いてよい．

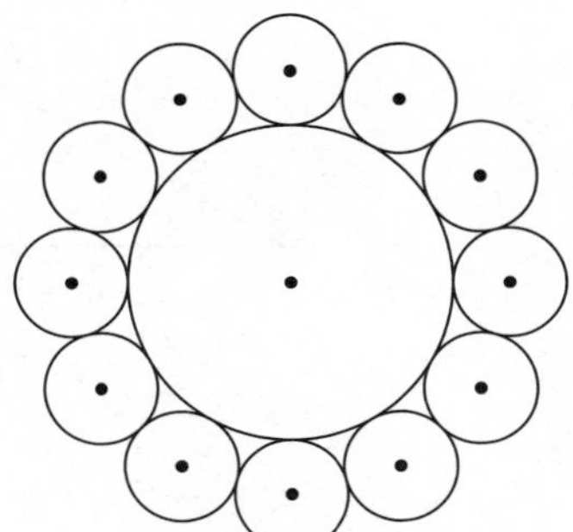

例1：$n=12$の場合

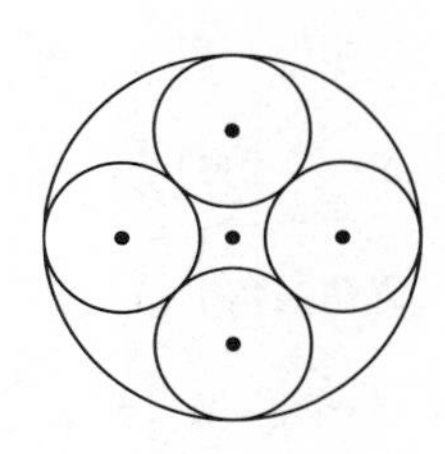

例2：$n=4$の場合

（岡山大）

着眼 VIEWPOINT

本問のような，図形にn個の円を配置したり，正n角形に関する考察を行い，$n \to \infty$でどうなるか，を考える問題は定番です．極限に関わらず，複数の円の配置を考える問題では，**円の中心，円同士の接点などを結ぶ線分の長さに着目する**のが定石です．加えて，この問題では，外接(内接)する円をn個配置すると，円Cの中心Oから各円の中心に線分を引くことで，O周りの角がn等分されます．この，等分された角を利用することが大切です．

解答 ANSWER

(1) $n=6$のとき，Oを中心とする円Cに対して外接，内接する6個の円は次の図のように配置される．点A，B，A′，B′はそれぞれ，Cに対して外接または内接させた2つの隣り合う円の中心とする．また，Mは線分AB，M′はA′B′の中点とする．

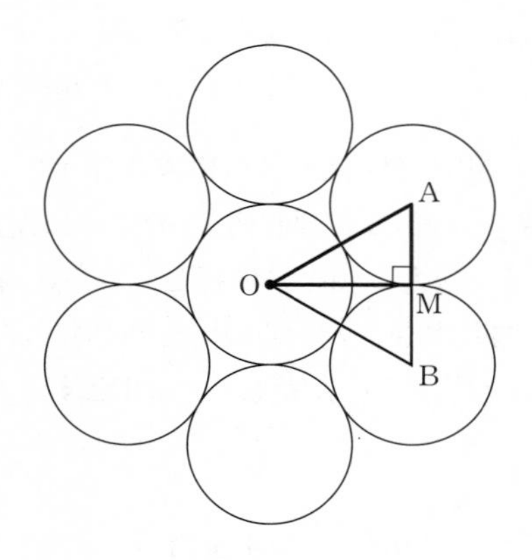

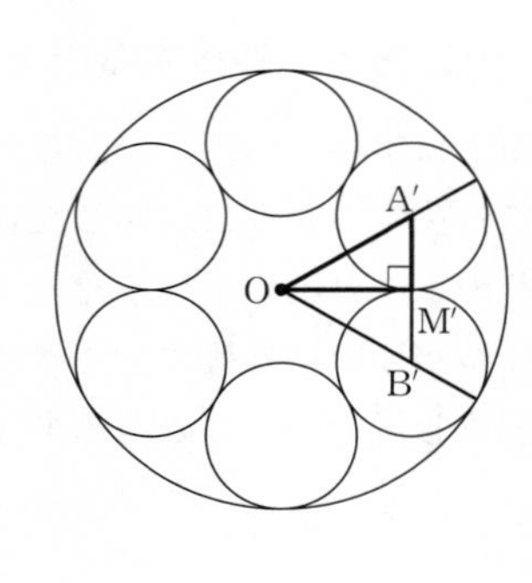

このとき，直角三角形OAMに着目して，

$$(1+R_6)\sin\frac{\pi}{6}=R_6$$

すなわち，　$\boldsymbol{R_6=1}$　……答

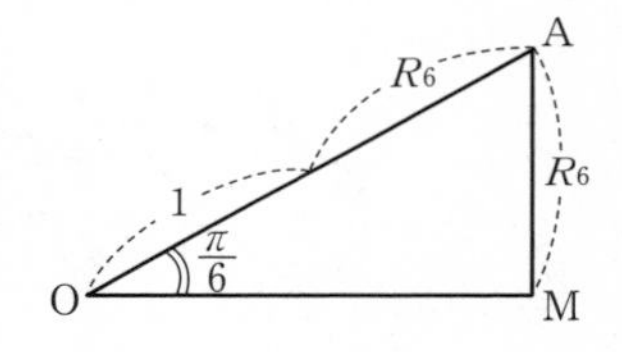

また，直角三角形OA′M′に着目して，

$$(1-r_6)\sin\frac{\pi}{6}=r_6$$

すなわち，　$\boldsymbol{r_6=\frac{1}{3}}$　……答

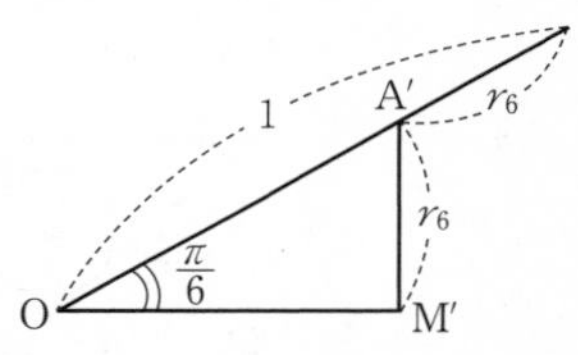

(2)　(1)と同様に考える．円Cにn個の円が外接し，かつ，隣り合う2つが互いに外接するとき，ある隣り合う2個の円の中心をA，B，線分ABの中点をMとする．

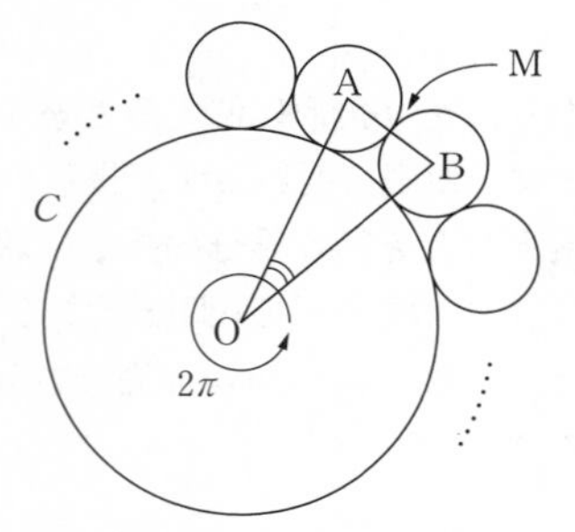

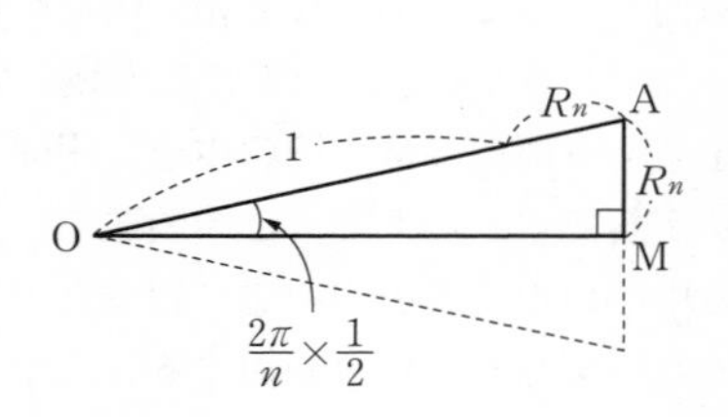

このとき，直角三角形OAMに着目する．

$$\angle\text{AOB}=\frac{2\pi}{n}\qquad\therefore\quad\angle\text{AOM}=\frac{1}{2}\angle\text{AOB}=\frac{\pi}{n}\quad\cdots\cdots①$$

なので，

$$(1+R_n)\sin\frac{\pi}{n}=R_n \quad \text{すなわち} \quad R_n=\frac{\sin\frac{\pi}{n}}{1-\sin\frac{\pi}{n}} \quad \cdots\cdots②$$

また，円Cにn個の円が内接し，かつ，隣り合う2つが互いに外接するとき，ある隣り合う2個の円の中心をA′，B′，線分ABの中点をMとする．

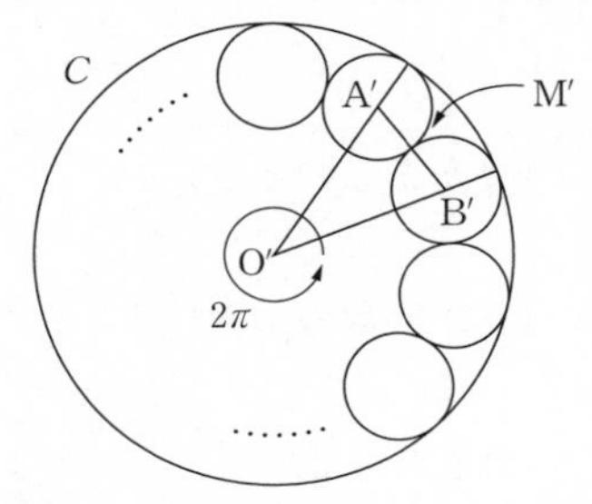

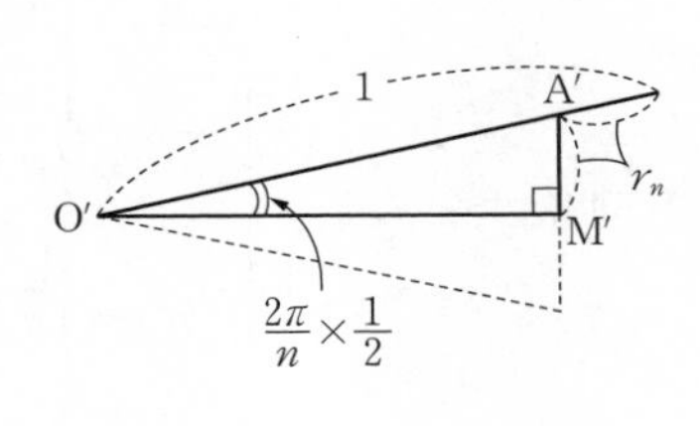

このとき，直角三角形OA′M′に着目する．①と同様にして，$\angle \mathrm{A'OM'}=\dfrac{\pi}{n}$であるから，

$$(1-r_n)\sin\frac{\pi}{n}=r_n \quad \text{すなわち} \quad r_n=\frac{\sin\frac{\pi}{n}}{1+\sin\frac{\pi}{n}} \quad \cdots\cdots③$$

ここで，$\dfrac{\pi}{n}=\theta$（……④）とおく．②，③より，

$$R_n-r_n=\frac{\sin\theta}{1-\sin\theta}-\frac{\sin\theta}{1+\sin\theta}=\frac{\sin\theta(1+\sin\theta)-\sin\theta(1-\sin\theta)}{1-\sin^2\theta}$$

$$=\frac{2\sin^2\theta}{\cos^2\theta}$$

④より，$n\to\infty$のとき，$n=\dfrac{\pi}{\theta}$であり，$\theta\to 0$である．したがって

$$\lim_{n\to\infty}n^2(R_n-r_n)=\lim_{\theta\to 0}\frac{\pi^2}{\theta^2}\cdot\frac{2\sin^2\theta}{\cos^2\theta}=\lim_{\theta\to 0}2\pi^2\cdot\left(\frac{\sin\theta}{\theta}\right)^2\cdot\frac{1}{\cos^2\theta}$$

$$=2\pi^2\cdot 1^2\cdot\frac{1}{1^2}=\boldsymbol{2\pi^2} \quad \cdots\cdots \text{答}$$

詳説 EXPLANATION

▶(1)を解く前に，(2)の②，③までを求めておき，$n=6$として(1)の解，つまり$R_6=1$，$r_6=\dfrac{1}{3}$を得るという手順でも問題はありません．

7. 無限級数の部分和

〈頻出度 ★★★〉

次の問いに答えよ.

(1) 次の無限級数の和を求めよ.

$$\frac{1}{1\cdot 3}+\frac{1}{3\cdot 5}+\cdots\cdots+\frac{1}{(2n-1)(2n+1)}+\cdots\cdots$$

(2) 数列 $\{a_n\}$ を $a_n=\begin{cases}\dfrac{1}{(n+3)(n+5)} & (n\text{が奇数のとき})\\[2ex] \dfrac{-1}{(n+4)(n+6)} & (n\text{が偶数のとき})\end{cases}$

と定める. このとき, 無限級数 $\sum_{n=1}^{\infty} a_n$ の和を求めよ.

(島根大)

着眼 VIEWPOINT

(1)は問題ないでしょう.「差の和」をとる形に直します。

(2)は, 偶奇で a_n を与える n の式が異なる数列です. **よくわからない規則は, 具体的に書き出して考える**, は(数学Ⅲに限らず)問題に向き合う際の鉄則です. 実際に並べてみると,

$$\{a_n\}:\frac{1}{4\cdot 6},\ \underset{\sim\sim\sim\sim\sim\sim\sim\sim\sim}{\frac{-1}{6\cdot 8},\ \frac{1}{6\cdot 8}},\ \underset{\sim\sim\sim\sim\sim\sim\sim\sim\sim}{\frac{-1}{8\cdot 10},\ \frac{1}{8\cdot 10}},\ \underset{\sim\sim\sim\sim\sim\sim\sim\sim\sim}{\frac{-1}{10\cdot 12},\ \frac{1}{10\cdot 12}},\ \cdots\cdots$$

となるので, 上図の〜〜〜のように,「第2項から2項ずつ組み合わせれば消えてくれそうだなぁ」と考えられるはずです. ただし, 無限級数の部分和は, 区切り方を指定できないことに注意しなくてはなりません. つまり, 上のように「奇数個目」まででである値に収束することが説明できたとしても,「では, 偶数個目まででも, 同じ値に収束するのか?」を確認しなくてはなりません.

解答 ANSWER

(1) 与えられた無限級数の第 n 部分和を S_n とすると,

$$S_n=\sum_{k=1}^{n}\frac{1}{(2k-1)(2k+1)}$$

$$=\frac{1}{2}\sum_{k=1}^{n}\left(\frac{1}{2k-1}-\frac{1}{2k+1}\right)$$

$$=\frac{1}{2}\left(1-\frac{1}{2n+1}\right)$$

つまり，求める和は，$\lim_{n\to\infty} S_n = \mathbf{\frac{1}{2}}$ ……**答**

(2) 与えられた無限級数の第n部分和をS_nとする．また，mを自然数とすると，

$$S_{2m-1}=a_1+(a_2+a_3)+\cdots\cdots+(a_{2m-2}+a_{2m-1})$$

$$=\frac{1}{4\cdot6}+\left(\frac{-1}{6\cdot8}+\frac{1}{6\cdot8}\right)+\cdots\cdots$$

$$\cdots\cdots+\left\{\frac{-1}{(2m+2)(2m+4)}+\frac{1}{(2m+2)(2m+4)}\right\}$$

$$=\frac{1}{24}$$

$$S_{2m}=S_{2m-1}+a_{2m}$$

$$=\frac{1}{24}+\frac{-1}{(2m+4)(2m+6)}$$

であるから，

$$\lim_{m\to\infty} S_{2m-1}=\lim_{m\to\infty} S_{2m}=\frac{1}{24}$$

となる．

任意の自然数nはmを用いて$n=2m-1$または$n=2m$と表せることに注意して，求める値は

$$\sum_{n=1}^{\infty} a_n=\lim_{n\to\infty} S_n=\mathbf{\frac{1}{24}}$$ ……**答**

8. 相似な図形と無限等比級数

〈頻出度 ★★★〉

一辺の長さが a の正五角形 $A_1B_1C_1D_1E_1$ がある．対角線を結んで，内部に正五角形 $A_2B_2C_2D_2E_2$ を図のように作る．さらに正五角形 $A_2B_2C_2D_2E_2$ の対角線を結んで，内部に正五角形 $A_3B_3C_3D_3E_3$ を作る．

この操作を繰り返し，正五角形 $A_kB_kC_kD_kE_k$ の内部に正五角形 $A_{k+1}B_{k+1}C_{k+1}D_{k+1}E_{k+1}$ を作るとき，以下の問いに答えなさい．

(1) 正五角形 $A_1B_1C_1D_1E_1$ の対角線 B_1E_1 の長さを求めなさい．

(2) 正五角形 $A_kB_kC_kD_kE_k$ の一辺の長さを l_k とする．無限級数 $\displaystyle\sum_{k=1}^{\infty} l_k$ の収束，発散について調べ，収束するならば和を求めなさい．

（大分大）

着眼 VIEWPOINT

相似変換で繰り返して得られる図形について，線分の長さや面積の和を考える問いは非常に多く出題されます．中でも正五角形に関する問題は，一度は経験しておきたいものです．正五角形の辺，および対角線の作る**二等辺三角形の相似に着目**しましょう．

解答 ANSWER

(1) 正五角形の１つの内角の大きさは $180^\circ\times3\times\dfrac{1}{5}=108^\circ$ である．

長さの等しい弦に対する円周角は等しいので，

$$\angle B_1A_1C_1=\angle C_1A_1D_1=\angle D_1A_1E_1=\frac{108^\circ}{3}=36^\circ$$

つまり，

$$\angle E_1A_1D_2=36^\circ\times2=72^\circ \quad \cdots\cdots①$$

また，

$$\angle A_1E_1D_2=\angle A_1D_1B_1=36^\circ \quad \cdots\cdots②$$

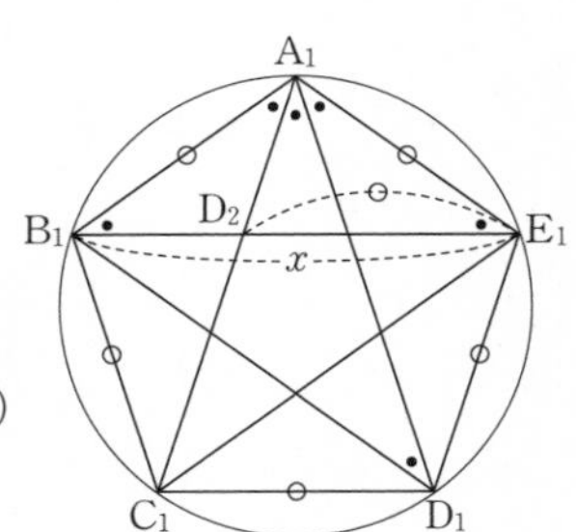

①，②より，$\triangle A_1D_2E_1$ の内角の和が 180° なので

$$\angle E_1A_2D_1=180^\circ-(\angle E_1A_1D_2+\angle A_1E_1D_2)$$
$$=72^\circ \quad \cdots\cdots③$$

①，③より，$\triangle A_1D_2E_1$ は

$$E_1D_2 = E_1A_1 = a$$

の二等辺三角形である．

ここで，$B_1E_1 = x$ とおく．$B_1D_2 = x-a$ であり，①と $\angle A_1B_1E_1 = 36^\circ$ より，$\triangle A_1B_1E_1 \backsim \triangle D_2A_1B_1$ が成り立つので，$A_1E_1 : D_2B_1 = B_1E_1 : A_1B_1$ を得る．

つまり，

$$a : (x-a) = x : a$$

$$x^2 - ax - a^2 = 0 \quad \cdots\cdots ④$$

である．④を満たす x は

$$x = \frac{a \pm \sqrt{a^2+4a^2}}{2} = \frac{1 \pm \sqrt{5}}{2}a$$

$x > 0$ より，$x = B_1E_1 = \boldsymbol{\frac{1+\sqrt{5}}{2}a} \quad \cdots\cdots ⑤$ 答

(2) (1)より，

$$\begin{aligned} D_2C_2 &= B_1E_1 - 2B_1D_2 \\ &= x - 2(x-a) \\ &= 2a - x \end{aligned}$$

つまり，⑤より

$$D_2C_2 = 2a - \frac{1+\sqrt{5}}{2}a = \frac{3-\sqrt{5}}{2}a$$

である．つまり，五角形 $A_1B_1C_1D_1E_1$，五角形 $A_2B_2C_2D_2E_2$ の相似比は

$$1 : \frac{3-\sqrt{5}}{2}$$

同様にして，五角形 $A_kB_kC_kD_kE_k$ と五角形 $A_{k+1}B_{k+1}C_{k+1}D_{k+1}E_{k+1}$ の相似比は

$$1 : \frac{3-\sqrt{5}}{2}$$

であることから，

$$l_{k+1} = \frac{3-\sqrt{5}}{2}l_k \quad (k = 1,\ 2,\ 3,\ \cdots\cdots)$$

が成り立つ．したがって，

$$l_k = \left(\frac{3-\sqrt{5}}{2}\right)^{k-1} l_1 = \left(\frac{3-\sqrt{5}}{2}\right)^{k-1} a$$

$2\sqrt{4} < \sqrt{5} < \sqrt{9}$ から $0 < \frac{3-\sqrt{5}}{2} < 1$ である．ゆえに，無限級数 $\sum_{k=1}^{\infty} l_k$ は収束する．その和は

$$\frac{a}{1-\frac{3-\sqrt{5}}{2}} = \frac{2a}{\sqrt{5}-1} = \boldsymbol{\frac{1+\sqrt{5}}{2}a} \quad \cdots\cdots 答$$

9. 区分求積法による極限の計算

〈頻出度 ★★★〉

次の極限値を求めよ.

(1) $\displaystyle\lim_{n\to\infty}\sum_{k=1}^{n}\frac{1}{n+k}$ (2) $\displaystyle\lim_{n\to\infty}\frac{1}{n^4}\sum_{k=0}^{n-1}k^2\sqrt{n^2-k^2}$ (3) $\displaystyle\lim_{n\to\infty}\left(\frac{(2n)\,!}{n\,!\,n^n}\right)^{\frac{1}{n}}$

(大阪教育大)

着眼 VIEWPOINT

区分求積法で極限の計算を行う, 典型的な問題です.

区分求積法

区間 $0\leqq x\leqq 1$ を n 等分して, $\dfrac{k-1}{n}\leqq x\leqq\dfrac{k}{n}$ $(k=1,\ 2,\ \cdots\cdots,\ n)$ において横の長さ $\dfrac{1}{n}$, 縦の長さ $f\left(\dfrac{k}{n}\right)$ である長方形 F_k を考える.

このとき, 右図のように, F_1, F_2, $\cdots\cdots$, F_n の面積の和 S_n について, $n\to\infty$ とすると $x=0$, $x=1$, $y=0$, $y=f(x)$ の囲む部分の(符号つき)面積と一致する. つまり,

$$\lim_{n\to\infty}\frac{1}{n}\sum_{k=1}^{n}f\left(\frac{k}{n}\right)=\int_0^1 f(x)\,dx$$

である. 一般には,

$$\lim_{n\to\infty}\frac{1}{n}\sum_{k=1}^{n}f\left(a+\frac{b-a}{n}k\right)=\int_a^b f(x)\,dx$$

である.

「和の極限」を求める問題は, 次の可能性に注意しましょう.

- **和の計算を直接行う**
- **和の評価を行い, 挟みうちの原理を用いる**
- **区分求積法により, 定積分に読みかえる**

直接, 和が計算できなければ, 「評価して挟みうち」か「区分求積」です. 区分求積法にもち込めるか否かは, 比較的容易に判断できます. 「$\dfrac{1}{n}$ を抜き出して, $\dfrac{k}{n}$ で整理できるか?」を確認すればよいでしょう.

(3)がやや癖のある問題です.「n 個の値の和」であれば(上で整理したように)いくらかやりようはあるのですが,「n 個の値の積」だと考えられることが少ないでしょう. **積を崩したければ対数**, が鉄則です. 相手にする値を真数とする自然対数をとれば, 和として考えられるでしょう.

解答 ANSWER

いずれも, 区分求積法による.

(1)

$$\lim_{n\to\infty}\sum_{k=1}^{n}\frac{1}{n+k}$$

$$=\lim_{n\to\infty}\frac{1}{n}\sum_{k=1}^{n}\frac{1}{1+\frac{k}{n}}$$

$$=\int_0^1\frac{dx}{1+x}$$

$$=\Big[\log(1+x)\Big]_0^1$$

$$=\mathbf{\log 2}\quad\cdots\cdots\text{答}$$

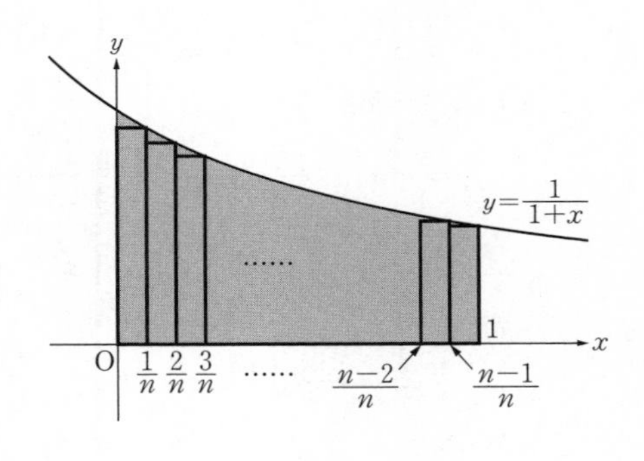

(2)

$$\lim_{n\to\infty}\frac{1}{n^4}\sum_{k=0}^{n-1}k^2\sqrt{n^2-k^2}$$

$$=\lim_{n\to\infty}\frac{1}{n}\sum_{k=0}^{n-1}\left(\frac{k}{n}\right)^2\sqrt{1-\left(\frac{k}{n}\right)^2}$$

$$=\int_0^1 x^2\sqrt{1-x^2}\,dx$$

$x=\sin\theta$ とおくと,
$dx=\cos\theta d\theta$ なので

$$\int_0^1 x^2\sqrt{1-x^2}\,dx$$

x	$0\ \to\ 1$
θ	$0\ \to\ \frac{\pi}{2}$

$$=\int_0^{\frac{\pi}{2}}\sin^2\theta\sqrt{1-\sin^2\theta}\cos\theta d\theta$$

$$=\int_0^{\frac{\pi}{2}}\sin^2\theta\cos^2\theta d\theta$$

$$=\frac{1}{4}\int_0^{\frac{\pi}{2}}\sin^2 2\theta d\theta$$

← $\sin 2\theta=2\sin\theta\cos\theta$

$$=\frac{1}{4}\int_0^{\frac{\pi}{2}}\frac{1-\cos 4\theta}{2}d\theta$$

← $\cos 2x=1-2\sin^2 x$, $x=2\theta$ とした.

$$=\frac{1}{4}\left[\frac{1}{2}\left(\theta-\frac{1}{4}\sin 4\theta\right)\right]_0^{\frac{\pi}{2}}=\boldsymbol{\frac{\pi}{16}}\quad\cdots\cdots\text{答}$$

(3) $I_n=\left(\dfrac{(2n)!}{n!n^n}\right)^{\frac{1}{n}}$ とおくと，

$$I_n=\left\{\frac{2n(2n-1)\cdots\cdots(n+1)}{n^n}\right\}^{\frac{1}{n}}$$
$$=\left\{\frac{(n+n)(n+n-1)\cdots\cdots(n+1)}{n^n}\right\}^{\frac{1}{n}}$$
$$=\left\{\left(1+\frac{n}{n}\right)\left(1+\frac{n-1}{n}\right)\cdots\cdots\left(1+\frac{1}{n}\right)\right\}^{\frac{1}{n}}$$

ここで，$J_n=\log I_n$ とおくと，

$$J_n=\log\left\{\left(1+\frac{n}{n}\right)\left(1+\frac{n-1}{n}\right)\cdots\cdots\left(1+\frac{1}{n}\right)\right\}^{\frac{1}{n}}$$
$$=\frac{1}{n}\left\{\log\left(1+\frac{n}{n}\right)+\log\left(1+\frac{n-1}{n}\right)+\cdots\cdots+\log\left(1+\frac{1}{n}\right)\right\}$$
$$=\frac{1}{n}\sum_{k=1}^{n}\log\left(1+\frac{k}{n}\right)$$

したがって，

$$\lim_{n\to\infty}\log I_n=\int_0^1\log(1+x)\,dx$$
$$=\Big[(1+x)\log(1+x)-(1+x)\Big]_0^1$$
$$=2\log 2-1=\log\frac{4}{e}$$

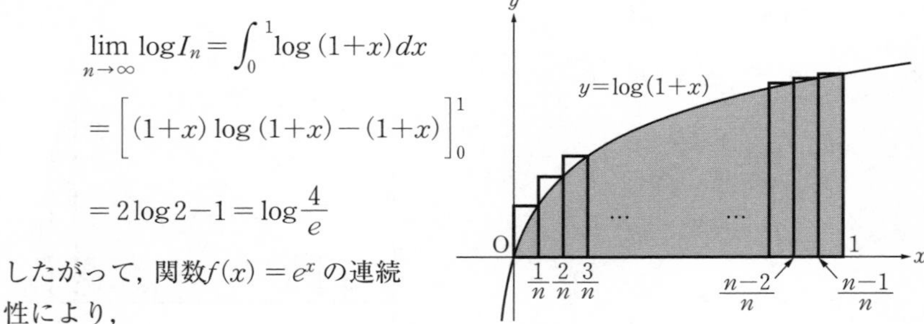

したがって，関数 $f(x)=e^x$ の連続性により，

$$\lim_{n\to\infty}I_n=\lim_{n\to\infty}f(\log I_n)=f\left(\lim_{n\to\infty}\log I_n\right)=f\left(\log\frac{4}{e}\right)=e^{\log\frac{4}{e}}=\boldsymbol{\frac{4}{e}}\quad\cdots\cdots$$ 答

詳説 EXPLANATION

▶この手の問題は「解説を見れば理解できるのに，解けない，自分で使えない」という状況になりがちです．解説を見れば理解できるのはよいことですが，大抵，基本的な問題の解説には面積の図がついています(この問題集も同様です)．図を見て，分割する長方形を確認して，Σの式との対応を確認すれば，書いてあることが正しいことは理解できます．皆さんが行うべきことは逆で，「式をみて，(面積の図をイメージして，)定積分に読みかえる」ことです．解き直す際に，式だけ追わずに面積の図をかくことを忘れてはいけません．図をかき，長方形との対応を毎回確認するようにしましょう．

▶和の式から面積の図をイメージしますが，面積の図，$y=f(x)$ のグラフの概形が正確である必要はありません．この問題であれば，(1)はともかく(2)はかきにくいと感じる人もいるでしょう．
$y=x^2\sqrt{1-x^2}$ であれば，「$x=0$，1 で $y=0$，$0<x<1$ で $y>0$」程度が把握できれば，凹凸などが不正確でも図はかけるはずです．

▶(3)において「$f(x)=e^x$ の連続性」に言及していますが，これは，右図のような理解でよいでしょう．

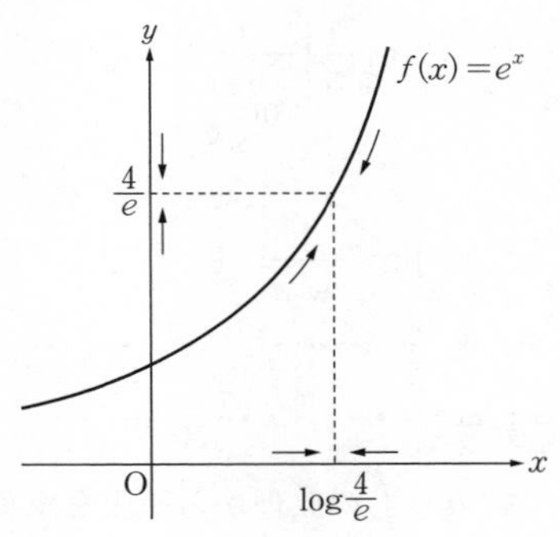

10. $[x]$と挟みうちの原理

〈頻出度 ★★★〉

実数xに対し$[x]$を$x-1<[x]\leqq x$を満たす整数とする．次の極限を求めよ．

(1) $\displaystyle\lim_{n\to\infty}\frac{1}{n}\left[\frac{1}{\sin\frac{1}{n}}\right]$

(2) $\displaystyle\lim_{n\to\infty}\frac{1}{n\sqrt{n}}(1+[\sqrt{2}]+[\sqrt{3}]+\cdots\cdots+[\sqrt{n}])$

（早稲田大）

着眼 VIEWPOINT

挟みうちの原理から極限を求めていく問題です．慣れている受験生ならば，「不等式で評価，挟みうちしかないな」とすぐに気づく問題ですが，皆さんはどうでしょう．$\displaystyle\frac{1}{n}\left[\frac{1}{\sin\frac{1}{n}}\right]$などといわれると身構えるところですが，$\displaystyle\frac{1}{n}=\theta$とおけば，与えられた式は$\displaystyle\frac{\theta}{[\sin\theta]}$です．[　]がなければ，$\displaystyle\lim_{\theta\to 0}\frac{\theta}{\sin\theta}=1$，であっさりと解決します．それならば，不等式を利用して[　]を外してみよう，と考えるのは自然な見方といえるでしょう．

解答 ANSWER

(1) $x-1<[x]\leqq x$より，$x=\dfrac{1}{\sin\frac{1}{n}}$として

$$\frac{1}{\sin\frac{1}{n}}-1<\left[\frac{1}{\sin\frac{1}{n}}\right]\leqq\frac{1}{\sin\frac{1}{n}}$$

$$\frac{1}{n}\left(\frac{1}{\sin\frac{1}{n}}-1\right)<\frac{1}{n}\left[\frac{1}{\sin\frac{1}{n}}\right]\leqq\frac{1}{n}\cdot\frac{1}{\sin\frac{1}{n}}$$

$$\frac{\frac{1}{n}}{\sin\frac{1}{n}}-\frac{1}{n}<\frac{1}{n}\left[\frac{1}{\sin\frac{1}{n}}\right]\leqq\frac{\frac{1}{n}}{\sin\frac{1}{n}}\quad\cdots\cdots①$$

ここで，$\displaystyle\lim_{n\to\infty}\frac{1}{n}=0$，$\displaystyle\lim_{n\to\infty}\frac{\frac{1}{n}}{\sin\frac{1}{n}}=1$である．ゆえに，①に関して，

挟みうちの原理より

$$\lim_{n\to\infty}\frac{1}{n}\left[\frac{1}{\sin\frac{1}{n}}\right]=\mathbf{1}\quad\cdots\cdots\text{答}$$

(2)　kを正の整数とすると，次が成り立つ．

$$\sqrt{k}-1<[\sqrt{k}\,]\leqq\sqrt{k}$$

$$\sum_{k=1}^{n}(\sqrt{k}-1)<\sum_{k=1}^{n}[\sqrt{k}\,]\leqq\sum_{k=1}^{n}\sqrt{k}$$

$$\frac{1}{n}\sum_{k=1}^{n}\left(\sqrt{\frac{k}{n}}-\frac{1}{\sqrt{n}}\right)<\frac{1}{n\sqrt{n}}\sum_{k=1}^{n}[\sqrt{k}\,]\leqq\frac{1}{n}\sum_{k=1}^{n}\sqrt{\frac{k}{n}}\quad\cdots\cdots②$$

ここで，区分求積法から

$$\lim_{n\to\infty}\frac{1}{n}\sum_{k=1}^{n}\sqrt{\frac{k}{n}}=\int_0^1\sqrt{x}\,dx=\left[\frac{2}{3}x^{\frac{3}{2}}\right]_0^1=\frac{2}{3}$$

$$\begin{aligned}&\lim_{n\to\infty}\frac{1}{n}\sum_{k=1}^{n}\left(\sqrt{\frac{k}{n}}-\frac{1}{\sqrt{n}}\right)\\&=\lim_{n\to\infty}\left(\frac{1}{n}\sum_{k=1}^{n}\sqrt{\frac{k}{n}}-\frac{1}{\sqrt{n}}\right)\\&=\int_0^1\sqrt{x}\,dx-0=\frac{2}{3}-0=\frac{2}{3}\end{aligned}$$

したがって，②について，挟みうちの原理より，

$$\lim_{n\to\infty}\frac{1}{n\sqrt{n}}\sum_{k=1}^{n}[\sqrt{k}\,]=\mathbf{\frac{2}{3}}\quad\cdots\cdots\text{答}$$

微分法

11. 導関数の公式の証明

〈頻出度 ★★★〉

以下の問いに答えよ.

(1) 関数 $f(x)$ が $x=a$ で微分可能であることの定義を述べよ.

(2) 関数 $f(x)$ が $x=a$ で微分可能ならば, $f(x)$ は $x=a$ で連続であることを証明せよ.

(3) 関数 $f(x)=\sin x$ の導関数を述べ, それを証明せよ. ただし,

$\lim_{\theta \to 0} \frac{\sin\theta}{\theta}=1$ は証明なしに用いてよい.

(大阪教育大 改題)

着眼 VIEWPOINT

微分可能性, 連続性を問う問題や, 導関数の基本的な公式を証明する問題は, 意外にも(?)多く出題されています.

関数の連続性, 微分の可能性

一般に, 関数 $y=f(x)$ において, その定義域 I に属する値 a に対して,

極限値 $\lim_{x \to a} f(x)$ が存在し, かつ,

$$\lim_{x \to a} f(x)=f(a)$$

が成り立つとき, $f(x)$ は $x=a$ で**連続**であるという.

$\lim_{x \to a} \frac{f(x)-f(a)}{x-a}$ が収束, つまり微分係数 $f'(a)$ が存在するとき, 関数 $f(x)$ は, $x=a$ で**微分可能**である, という. また, ある区間 I 上のすべての x の値で微分可能なとき, $f(x)$ はその区間で微分可能である, という.

上記の定義は頭に入れておかなくてはなりません. 基本的な定理を, 定義から正確に導けるよう練習しておきましょう.

解答 ANSWER

(1) $f(x)$ が $x=a$ で微分可能であるとは，

$$\textbf{極限値}\ \lim_{x \to a} \frac{f(x)-f(a)}{x-a}\ \textbf{が存在すること}\quad \cdots\cdots \text{答}$$

である．

(2) (1)より，$\displaystyle\lim_{x \to a} \frac{f(x)-f(a)}{x-a} = f'(a)$ と表すと

$$\lim_{x \to a} \{f(x)-f(a)\} = \lim_{x \to a} \frac{f(x)-f(a)}{x-a} \cdot (x-a) = f'(a) \cdot 0 = 0$$

したがって，$\displaystyle\lim_{x \to a} f(x) = f(a)$ が成り立つ．つまり，$f(x)$ は $x=a$ で連続である．

(証明終)

(3) $f(x)$ の導関数 $f'(x)$ は，

$$f'(x) = \boldsymbol{\cos x} \quad \cdots\cdots \text{答}$$

である．これを以下に示す．　……(*)

$$\begin{aligned} f'(x) &= \lim_{h \to 0} \frac{f(x+h)-f(x)}{h} \\ &= \lim_{h \to 0} \frac{\sin(x+h)-\sin x}{h} \\ &= \lim_{h \to 0} \frac{2\cos\left(\frac{2x+h}{2}\right)\sin\frac{h}{2}}{h} \\ &= \lim_{h \to 0} \cos\left(x+\frac{h}{2}\right) \cdot \frac{\sin\frac{h}{2}}{\frac{h}{2}} \\ &= \cos(x+0) \cdot 1 \\ &= \cos x \quad \text{(証明終)} \end{aligned}$$

⬅ 和積の公式を用いた．

詳説 EXPLANATION

▶$\displaystyle f'(x) = \lim_{h \to 0} \frac{f(a+h)-f(a)}{h}$ とする人もいるでしょう．この形で $f'(a)$ を表すなら，(2)の証明は次のように書けばよいでしょう．

$$\lim_{h \to 0} \{f(a+h)-f(a)\} = \lim_{h \to 0} \frac{f(a+h)-f(a)}{h} \cdot h = f'(a) \cdot 0 = 0$$

これより，$\lim_{h\to0}f(a+h)=f(a)$ であり，これは $\lim_{x\to a}f(x)=f(a)$ と同じです．結局，$a+h=x$ とおき換えているだけのことで，内容は「解答」と全く同じことです．

▶(3)の証明で(不定形を解消するために)和積の公式を用いています．多少は計算が多いですが，加法定理で地道に計算しても同じ結果を得られます．

別解

(3)　(*)までは「解答」と同じ．

$$
\begin{aligned}
f'(x)&=\lim_{h\to0}\frac{\sin(x+h)-\sin x}{h}\\
&=\lim_{h\to0}\frac{\sin x\cos h+\cos x\sin h-\sin x}{h}\\
&=\lim_{h\to0}\left(\cos x\cdot\frac{\sin h}{h}-\sin x\cdot\frac{1-\cos h}{h}\right)\\
&=\lim_{h\to0}\left(\cos x\cdot\frac{\sin h}{h}-\sin x\cdot\frac{1-\cos h}{h^2}\cdot h\right)\\
&=\cos x\cdot1-\sin x\cdot\frac{1}{2}\cdot0=\cos x
\end{aligned}
$$
(証明終)

▶(3)では $\lim_{\theta\to0}\frac{\sin\theta}{\theta}=1$(……(*))を証明なしに用いてよいとされていますが，(*)を証明する問題が出題されることもあります．

12. 関数の微分可能性

〈頻出度 ★★★〉

a，b を実数の定数とする．関数 $f(x)=\begin{cases}\sqrt{x^2-2}+3 & (x \geqq 2)\\ ax^2+bx & (x<2)\end{cases}$ が微分可能となるような実数の組 $(a,\ b)$ を求めよ．

（関西大）

着眼 VIEWPOINT

微分可能であることを定義から説明する問題です．答えを出すだけであれば，それぞれの式を微分の公式を用いて……と進めてしまっても得られるのですが，定義域に注意をして説明せよ，ということでしょう．（空気を読んで）説明しなければいけない問題です．

なお，未知数は a，b の 2 つなので，微分可能性だけでは条件は不足します．問題**11**(2)で証明した，

$f(x)$ は $x=a$ で微分可能 $\Longrightarrow$ $f(x)$ は $x=a$ で連続

を利用しましょう．

解答 ANSWER

$$f(x)=\begin{cases}\sqrt{x^2-2}+3 & (x \geqq 2)\\ ax^2+bx & (x<2)\end{cases}$$

$f(x)$ は $x=2$ を除く実数全体で明らかに微分可能である．したがって，$x=2$ で微分可能である条件を求める．

$f(x)$ が $x=2$ で微分可能であるとき，$x=2$ で連続であるから

$$\lim_{x \to 2+0}(\sqrt{x^2-2}+3)=\lim_{x \to 2-0}(ax^2+bx)$$

⇐左辺は $f(2)$ と一致する．

が成り立つ．すなわち，

$$4a+2b=\sqrt{2}+3\,(=f(2)) \quad \cdots\cdots①$$

である．また，$f'(x)=\dfrac{x}{\sqrt{x^2-2}}\ (x>2)$ より，

$$\lim_{x \to 2+0} f'(x)=\frac{2}{\sqrt{2^2-2}}=\sqrt{2} \quad \cdots\cdots②$$

$f'(x)=2ax+b\ (x<2)$ より，

$$\lim_{x \to 2-0} f'(x)=2a \cdot 2+b=4a+b \quad \cdots\cdots③$$

$$\lim_{x \to 2-0}\frac{f(x)-f(2)}{x-2}=\lim_{x \to 2-0}\frac{ax^2+bx-(\sqrt{2}+3)}{x-2}$$

すなわち,

$$\lim_{x\to 2-0}\frac{f(x)-f(2)}{x-2}=\lim_{x\to 2-0}\frac{ax^2+bx-(4a+2b)}{x-2} \quad (①より)$$

$$=\lim_{x\to 2-0}\frac{a(x^2-4)+b(x-2)}{x-2}$$

$$=\lim_{x\to 2-0}\{a(x+2)+b\}=4a+b \quad \cdots\cdots③$$

②, ③から, $f(x)$ が $x=2$ で微分可能であるとき

$4a+b=\sqrt{2}$　……④

①, ④から, $(a,\ b)=\left(\boldsymbol{\dfrac{\sqrt{2}-3}{4},\ 3}\right)$　……**答**

詳説 EXPLANATION

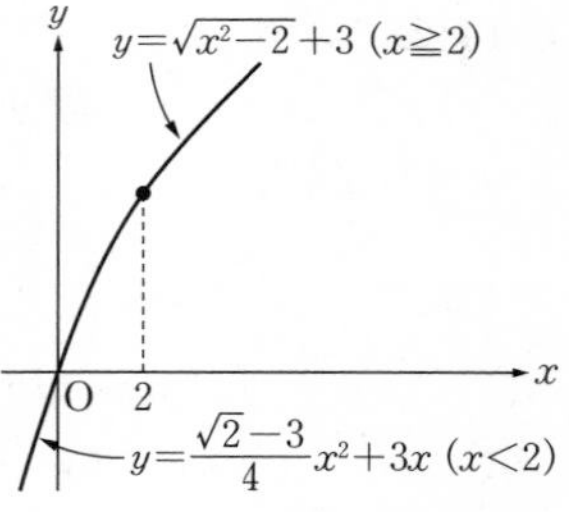

▶$(a,\ b)$が求めた値のとき, 図のように「$x=2$ 周りで滑らかに」曲線が接続されます.

$y=\sqrt{x^2-2}+3$　かつ　$x\geqq 2$

$\Leftrightarrow$ $(y-3)^2=x^2-2$　かつ　$y-3\geqq 0$　かつ　$x\geqq 2$

$\Leftrightarrow$ $x^2-(y-3)^2=2$　かつ　$y\geqq 3$　かつ　$x\geqq 2$

より, 双曲線と放物線を「滑らかに」接続する問題であることがわかるでしょう.

13. 条件を満たす関数 $f(x)$ の決定

〈頻出度 ★★★〉

微分可能な関数 $f(x)$ が，すべての実数 x，y に対して

$f(x)f(y)-f(x+y)=\sin x\sin y$ を満たし，さらに $f'(0)=0$ を満たすとする．次の問いに答えよ．

(1) $f(0)$ を求めよ．

(2) 関数 $f(x)$ の導関数 $f'(x)$ を求めよ．また，$f(x)$ を求めよ．（新潟大 改題）

着眼 VIEWPOINT

等式の条件を満たす，微分可能な関数 $f(x)$ を決定する問題です．

「ある $x=x_0$ について $f(x_0)$ の値を求める」「微分係数の定義から $f'(x)$ を求める」の 2 つのポイントで解決しますが，経験がないと解きにくい問題でしょう．

解答 ANSWER

$$f(x)f(y)-f(x+y)=\sin x\sin y \quad \cdots\cdots ①$$

(1) ①で $y=0$ として，

$$f(x)\{f(0)-1\}=0$$

を得る．ここで，$f(0)\neq 1$ とすれば，任意の実数 x に対しても $f(x)=0$ である．このとき，①の左辺は 0 だから，$\sin x\sin y=0$であり，これは任意の実数x，y に対しては成り立たない．

したがって，$f(0)=\mathbf{1}$ ……答

(2) $f'(0)=0$ なので，微分係数の定義より

$$\lim_{h\to 0}\frac{f(0+h)-f(0)}{h}=0$$

ここで，$f(0)=1$ より

$$\lim_{h\to 0}\frac{f(h)-1}{h}=0 \quad \cdots\cdots ②$$

である．①より，$f(x+h)=f(x)f(h)-\sin x\sin h$ が成り立つので

$$\begin{aligned}f'(x)&=\lim_{h\to 0}\frac{f(x+h)-f(x)}{h}\\&=\lim_{h\to 0}\frac{f(x)f(h)-\sin x\sin h-f(x)}{h}\\&=\lim_{h\to 0}\left\{\frac{f(h)-1}{h}\cdot f(x)-\sin x\cdot\frac{\sin h}{h}\right\}\end{aligned}$$

$$= 0 \cdot f(x) - \sin x \cdot 1 \quad (\text{②より})$$
$$= \boldsymbol{-\sin x} \quad \cdots\cdots \text{答}$$

したがって，Cを定数として

$$f(x) = \int f'(x)\,dx = \cos x + C \quad \cdots\cdots③$$

と表せる．(1)の結果より$f(0) = 1$なので，③より$C = 0$である．

以上より，$f(x) = \boldsymbol{\cos x}$　……答

詳説 EXPLANATION

▶(2)は，積の微分による方法も考えられます．

別解

(2)　「解答」の①の両辺をyで微分する．

$$f(x)f'(y) - f'(x+y) \cdot 1 = \sin x \cos y$$

$y = 0$として，

$$f(x)f'(0) - f'(x) = \sin x$$

$f'(0) = 0$より，$f'(x) = -\sin x$である．以下，「解答」と同じ．

14. $y=f(x)$ のグラフ①

〈頻出度 ★★★〉

$f(x)=x^3+x^2+7x+3$，$g(x)=\dfrac{x^3-3x+2}{x^2+1}$ とする．

(1) 方程式 $f(x)=0$ はただ1つの実数解をもち，その実数解 α は $-2<\alpha<0$ を満たすことを示せ．

(2) 曲線 $y=g(x)$ の漸近線を求めよ．

(3) α を用いて関数 $y=g(x)$ の増減を調べ，そのグラフをかけ．ただし，グラフの凹凸を調べる必要はない．

（富山大）

着眼 VIEWPOINT

グラフを用いて何かを説明する問題は非常に多いのですが，グラフだけをかかせる問題は，頻出とまではいえません．その中で，いくつかの漸近線をもつグラフをかかせる問題はよく出題されます．

(1)は，問題4と同様に，中間値の定理と関数の増減から説明します．「曲線が軸をまたぐ」状況をイメージしましょう．(2)は，次の関係から漸近線を調べましょう．

$y=f(x)$ のグラフの漸近線①

a，bを実数の定数とする．

xが十分大きいとき$f(x)\neq ax+b$ であり，

$$\lim_{x\to\infty}\{f(x)-(ax+b)\}=0$$

が成り立つとき，直線 $y=ax+b$ は $y=f(x)$ のグラフの漸近線である．

($x\to-\infty$も同様に考える．)

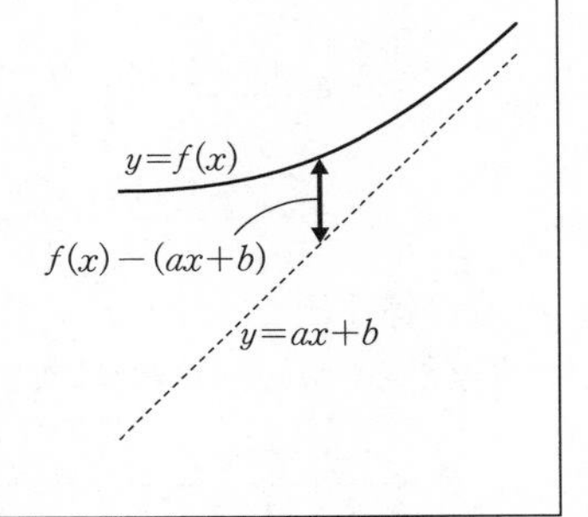

本問は誘導がついているものの，$f(x)$ は$\dfrac{(3\text{次})}{(2\text{次})}$の分数式なので，

$(1\text{次})+\dfrac{(1\text{次})}{(2\text{次})}$ に直せば，このグラフの漸近線はわかります．このように，関数が与えられたら，**次数の大小を見て，収束しそう，発散しそう，大ざっぱにn次式程度の強さだろう，**と「強弱」を意識して考えるようにしましょう．

解答 ANSWER

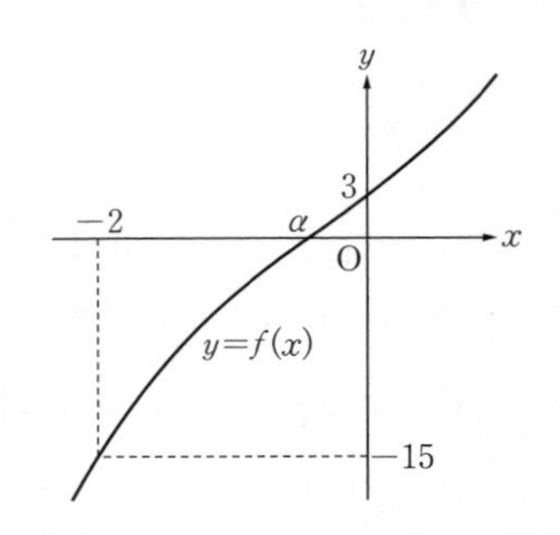

(1)　$$f'(x)=3x^2+2x+7=3\left(x+\frac{1}{3}\right)^2+\frac{20}{3}>0$$

ゆえに，$f(x)$ は常に増加する．また

$$f(-2)=-15<0,\ f(0)=3>0$$

である．したがって，方程式 $f(x)=0$ はただ１つの実数解をもち，その実数解 α は $-2<\alpha<0$ を満たす．（証明終）

(2)　$x^2+1\neq0$ である．また，

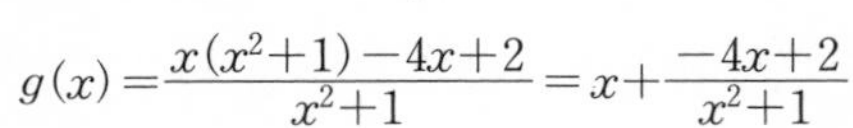

$$g(x)=\frac{x(x^2+1)-4x+2}{x^2+1}=x+\frac{-4x+2}{x^2+1}$$

より

$$\lim_{x\to\pm\infty}\{g(x)-x\}=\lim_{x\to\pm\infty}\frac{-4x+2}{x^2+1}=0$$

したがって，曲線 $y=g(x)$ の漸近線は，**直線 $y=x$**　……**答**

(3)　$$g(x)=\frac{x^3-3x+2}{x^2+1}=\frac{(x-1)^2(x+2)}{x^2+1}\quad\cdots\cdots①$$　　← 因数定理を用いた．

より，

$$g'(x)=\frac{\{2(x-1)(x+2)+(x-1)^2\}(x^2+1)-(x-1)^2(x+2)\cdot2x}{(x^2+1)^2}$$

$$=\frac{(x-1)\{3(x+1)(x^2+1)-2(x-1)(x+2)x\}}{(x^2+1)^2}$$

$$=\frac{(x-1)(x^3+x^2+7x+3)}{(x^2+1)^2}=\frac{(x-1)f(x)}{(x^2+1)^2}$$

$g'(x)$ の符号と $(x-1)f(x)$ の符号は同じである．$-2<\alpha<0$ であることと，(1)の考察から，$g(x)$ の増減は次の表のとおりである．

x	$\cdots$	α	$\cdots$	1	$\cdots$
$g'(x)$	$+$	0	$-$	0	$+$
$g(x)$	↗	極大	↘	0	↗

(2)より，$y=x$ は $y=g(x)$ の漸近線である，$g(x)=x$ の解は $x=\dfrac{1}{2}$ なので，

$y=g(x)$ と $y=x$ は点 $\left(\dfrac{1}{2},\ \dfrac{1}{2}\right)$ で交わる．また，①より x 軸と $y=g(x)$ のグラフは $(-2,\ 0)$，$(1,\ 0)$ で共有点をもつ．

以上より，$y=g(x)$ のグラフは次の図のとおり．

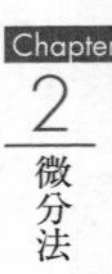

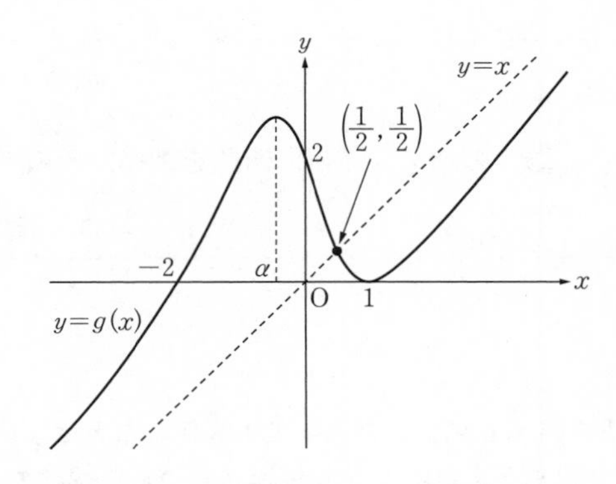

詳説 EXPLANATION

▶(2)は，次の関係から，漸近線を調べることもできます．

$y=f(x)$ のグラフの漸近線②

a，bを実数の定数とする．

xが十分大きいとき$f(x) \neq ax+b$ であり，

$$a=\lim_{x\to\infty}\frac{f(x)}{x},\quad b=\lim_{x\to\infty}\{f(x)-ax\}$$

が成り立つとき，直線 $y=ax+b$ は $y=f(x)$ のグラフの漸近線である．

（$x\to-\infty$も同様に考える．）

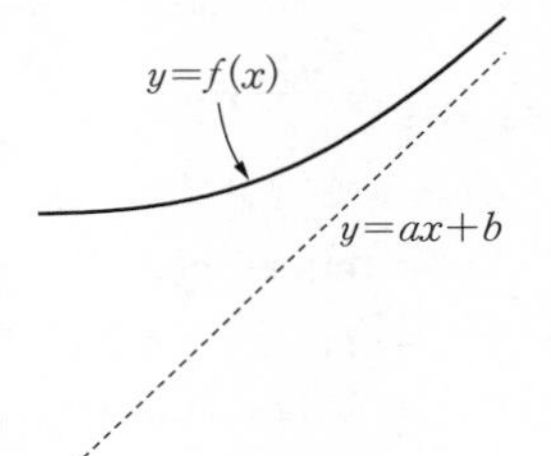

別解

$$\lim_{x\to\pm\infty}\frac{g(x)}{x}=\lim_{x\to\pm\infty}\left(1+\frac{2-4x}{x^3+x}\right)=1$$

$$\lim_{x\to\pm\infty}\{g(x)-x\}=\lim_{x\to\pm\infty}\frac{2-4x}{x^2+x}=0$$

したがって，$y=g(x)$ の漸近線は　**直線 $y=x$**　……答

15. $y=f(x)$ のグラフ②

〈頻出度 ★★★〉

関数 $y=e^{\sin x+\cos x}$ $(-\pi \leqq x \leqq \pi)$ の増減，極値，凹凸を調べ，そのグラフをかけ．

（琉球大）

着眼 VIEWPOINT

問題14と同じく，増減，凹凸を調べてグラフをかきます．何のことはない微分の問題に見えますが，実際にとり組むと正負がかなり読みとりづらい関数です．図(グラフ)で説明できるところはしてしまうことと，$u=\sin x$，$v=\cos x$ の対称式は $\sin x+\cos x=t$ とおき換える，の2点に注意すればよいでしょう．先におき換えて計算することもできます．（☞詳説）

解答 ANSWER

$$y=e^{\sin x+\cos x}$$

$$y'=(\sin x+\cos x)'e^{\sin x+\cos x}$$
$$=(\cos x-\sin x)e^{\sin x+\cos x}$$

$$y''=(\cos x-\sin x)'y+(\cos x-\sin x)y'$$
$$=-(\sin x+\cos x)y+(\cos x-\sin x)^2y$$
$$=\{(\cos x-\sin x)^2-(\sin x+\cos x)\}y$$
$$=-\{2\sin x\cos x+(\sin x+\cos x)-1\}y$$

← y' の計算式を用いるとよい．

ここで，$\sin x+\cos x=t$ とおき換える．両辺を2乗すると $2\sin x\cos x=t^2-1$ であることから

$$y''=-\{(t^2-1)+t-1\}y=-(t+2)(t-1)y$$

つまり

$$y''=-(\sin x+\cos x+2)(\sin x+\cos x-1)y$$

である．$\sin x+\cos x=\sqrt{2}\sin\left(x+\frac{\pi}{4}\right)\geqq-\sqrt{2}$ より，$\sin x+\cos x+2$ は常に正である．以上から，y' の符号は $\cos x-\sin x$ と，y'' の符号は $-(\sin x+\cos x-1)$ と一致する．

$(\cos x,\ \sin x)=(X,\ Y)$ とおき換える．XY 平面上の円 $X^2+Y^2=1$ 上で，$X-Y$，$-X-Y+1$ の符号を調べることで，y'，y'' の符号を考える．

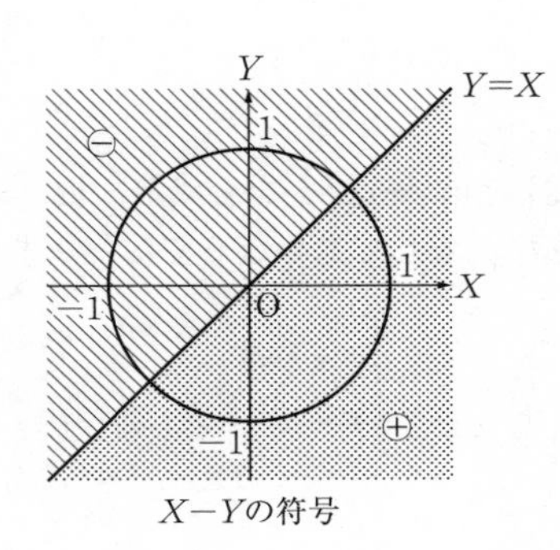

$X-Y$の符号

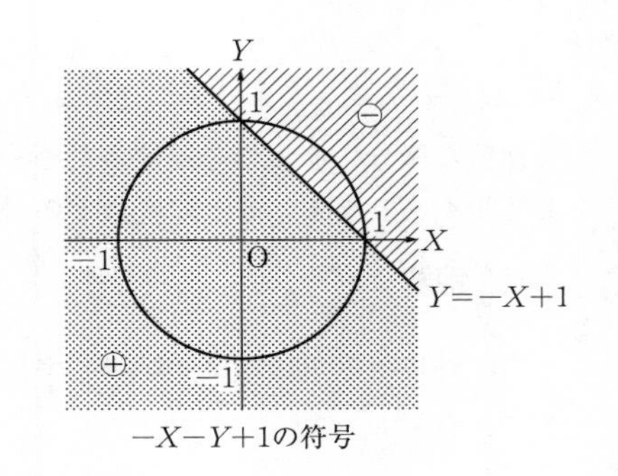

$-X-Y+1$の符号

上図から，yの増減，および凹凸は次の表のとおり．

x	$-\pi$	$\cdots$	$-\frac{3}{4}\pi$	$\cdots$	0	$\cdots$	$\frac{\pi}{4}$	$\cdots$	$\frac{\pi}{2}$	$\cdots$	π
y'		$-$	0	$+$	$+$	$+$	0	$-$	$-$	$-$	
y''		$+$	$+$	$+$	0	$-$	$-$	$-$	0	$+$	
y	$\frac{1}{e}$	↘	極小	↗	e	↗	極大	↘	e	↘	$\frac{1}{e}$

$x=-\frac{3}{4}\pi$ のときに極小値 $y=e^{-\sqrt{2}}$，$x=\frac{\pi}{4}$ のとき，極大値 $y=e^{\sqrt{2}}$ をとる．

$y=e^{\sin x+\cos x}$ のグラフは次のとおり．

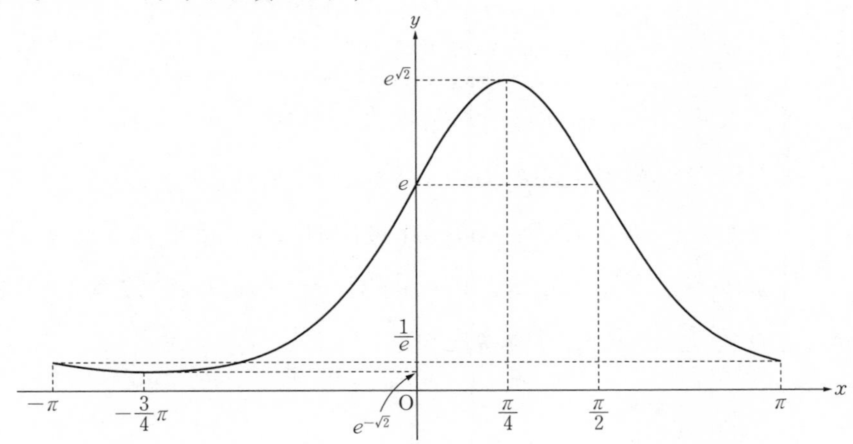

詳説 EXPLANATION

▶面倒な微分になるのを避けるため，先に $\sin x+\cos x$ を合成し，更に置換しておく手もあります．もとの変数との対応に注意して進めなくてはなりません．

別解

$\sin x+\cos x=\sqrt{2}\sin\left(x+\dfrac{\pi}{4}\right)$ より，$y=e^{\sqrt{2}\sin\left(x+\frac{\pi}{4}\right)}$ である．$\theta=x+\dfrac{\pi}{4}$ とおくと，

$$y=e^{\sin x+\cos x}=e^{\sqrt{2}\sin\theta}$$

である．ここで，$\theta=x+\dfrac{\pi}{4}$ より $\dfrac{d\theta}{dx}=1$ であることに注意する．

$$\frac{dy}{dx}=\frac{dy}{d\theta}\cdot\frac{d\theta}{dx}=\frac{dy}{d\theta}$$

$$\frac{d^2y}{dx^2}=\frac{d}{dx}\left(\frac{dy}{dx}\right)=\frac{d}{d\theta}\left(\frac{dy}{d\theta}\right)\cdot\frac{d\theta}{dx}=\frac{d^2y}{d\theta^2}$$

である．

◀ $x+\dfrac{\pi}{4}$ を θ におき換えるということは，グラフを x 軸方向に平行移動するということ．この関係が成り立つことに納得できる．

$$\begin{aligned}
y'&=\sqrt{2}\cos\theta\cdot e^{\sqrt{2}\sin\theta}\\
&=(\cos x-\sin x)e^{\sqrt{2}\sin\theta}\quad\cdots\cdots①\\
y''&=-\sqrt{2}\sin\theta\cdot e^{\sqrt{2}\sin\theta}+\sqrt{2}\cos\theta\cdot\sqrt{2}\cos\theta\cdot e^{\sqrt{2}\sin\theta}\\
&=-\sqrt{2}\sin\theta\cdot e^{\sqrt{2}\sin\theta}+2\cos^2\theta\cdot e^{\sqrt{2}\sin\theta}\\
&=-(\sqrt{2}\sin\theta-2\cos^2\theta)e^{\sqrt{2}\sin\theta}\\
&=-(2\sin^2\theta+\sqrt{2}\sin\theta-2)e^{\sqrt{2}\sin\theta}\\
&=-(2\sin\theta-\sqrt{2})(\sin\theta+\sqrt{2})e^{\sqrt{2}\sin\theta}\\
&=\left(\frac{\sqrt{2}}{2}-\sin\theta\right)(\sin\theta+\sqrt{2})\cdot 2e^{\sqrt{2}\sin\theta}\quad\cdots\cdots②
\end{aligned}$$

◀ $\cos^2\theta=1-\sin^2\theta$

①より，y' の符号は $\cos x-\sin x$ の符号と同じである．また，$\sin\theta\geqq-1$ より $\sin\theta+\sqrt{2}>0$ なので，②より y'' の符号は $\dfrac{\sqrt{2}}{2}-\sin\theta$ の符号と同じである．

以下，増減，グラフは「解答」と同じ．

16. 極値の存在条件

〈頻出度 ★★★〉

aを実数とする．関数$f(x)=ax+\cos x+\frac{1}{2}\sin 2x$が極値をもたないように，$a$の値の範囲を定めよ．

（神戸大）

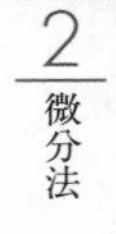

着眼 VIEWPOINT

微分可能な関数$f(x)$が区間I上で極値をもつ条件は，「I上で$f'(x)$が符号変化すること」です．「$f'(x)=0$となるxがI上に存在すること」は，必要条件にすぎません．次の図のように，$f'(x)$と$f(x)$の対応を図で考えることが大切です．

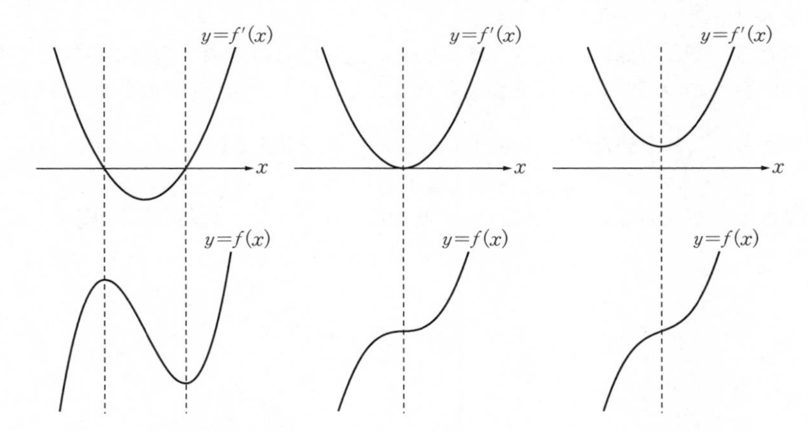

本問も$f'(x)$の符号変化を考えます．この際，「$\sin x=u$とおき換える」「文字定数aが含まれていることから定数を他方の辺に分けてしまう」などとすれば見通し良く考えられるでしょう．

解答 ANSWER

$$
\begin{aligned}
f'(x)&=a-\sin x+\cos 2x\\
&=a-\sin x+(1-2\sin^2 x)\\
&=-2\sin^2 x-\sin x+a+1
\end{aligned}
$$

$f(x)$が極値をもたない条件は，「すべての実数xで$f'(x)$が符号変化をしない」ことである．

つまり，(i)「すべての実数xについて$f'(x)\geqq 0$が成り立つ」 または (ii)「すべての実数xについて$f'(x)\leqq 0$が成り立つ」ことである．

(i)のとき，$f'(x) \geqq 0$ から

$$-2\sin^2 x-\sin x+a+1 \geqq 0$$

$$a \geqq 2\sin^2 x+\sin x-1 \quad \cdots\cdots①$$

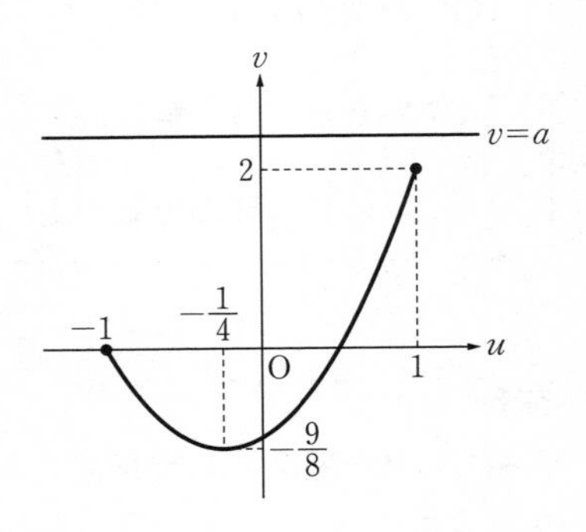

①の右辺を$g(x)$とおき，$\sin x=u$ とすると，

$$g(x)=2u^2+u-1$$

$$=2\left(u+\frac{1}{4}\right)^2-\frac{9}{8}$$

$g\left(-\dfrac{1}{4}\right)=-\dfrac{9}{8}$，$g(1)=2$ から，

$g(x)$ の値域は $-\dfrac{9}{8} \leqq g(x) \leqq 2$ である．

①から，求める条件は，$a \geqq$（$g(x)$ の最大値）と同値であるから，これを満たす a の範囲は $a \geqq 2$（……②）である．

(ii)のとき，(i)と同様に考え，$f'(x) \leqq 0$ は $a \leqq g(x)$ と書き換えられるので，すべての実数 x について $f'(x) \leqq 0$ が成り立つことと，$a \leqq$（$g(x)$ の最小値）と同値であるから，これを満たす a の範囲は $a \leqq -\dfrac{9}{8}$（……③）である．

②または③が求める条件である．aの範囲は　$\boldsymbol{a \leqq -\dfrac{9}{8}}$，$\boldsymbol{2 \leqq a}$　……**答**

17. 有名角でない θ で最大となる関数

〈頻出度 ★★★〉

半径1の円に外接する AB＝AC の二等辺三角形ABCにおいて $\angle BAC=2\theta$ とする.

(1) ACを θ の三角関数を用いて表せ.

(2) ACが最小となるときの $\sin\theta$ を求めよ. (早稲田大)

着眼 VIEWPOINT

ACのとりうる値の最小値(正確には，最小値をとるときの $\sin\theta$)を調べたいので，(1)で得た関数 $f(\theta)$ を θ で微分するところまでは問題ないでしょう．問題は，$\sin\theta$ の値が $\frac{1}{2}$ や $\frac{\sqrt{3}}{2}$ などの「対応する角の大きさを知っている比の値」にならない点です.

比の値が有名な値にならなくても，対応する角が存在することは図で容易に確認できます(☞詳説)．また，符号変化が「正から負」なのか，「負から正」なのかを説明する必要があります.

解答 ANSWER

(1) 半径1の円の中心をOとする.

また，辺BCの中点をM，辺CAとの接点をそれぞれLとする.

このとき，$\angle OAC=\theta$ より

$$AO=\frac{OL}{\sin\theta}=\frac{1}{\sin\theta}$$

である．つまり,

$$AM=AO+OM=\frac{1}{\sin\theta}+1=\frac{1+\sin\theta}{\sin\theta}$$

したがって,

$$AC=\frac{AM}{\cos\theta}=\boldsymbol{\frac{1+\sin\theta}{\sin\theta\cos\theta}}$$ ……答

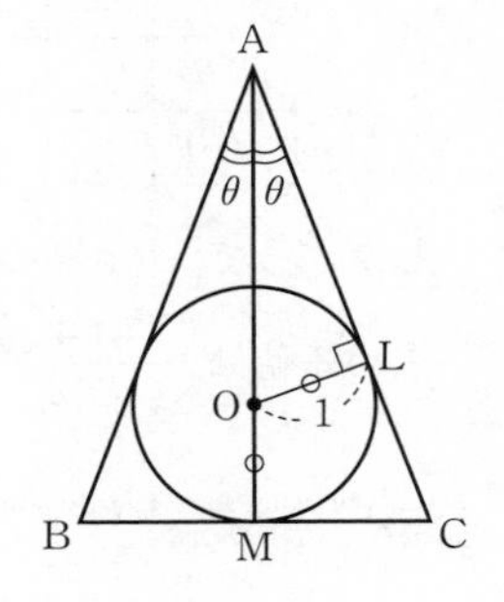

(2) $f(\theta)=\frac{1+\sin\theta}{\sin\theta\cos\theta}$ とおく．$0<2\theta<\pi$ から，θ のとりうる値の範囲は

$0<\theta<\frac{\pi}{2}$ である．ここで,

$$f'(\theta)=\frac{\cos\theta\cdot\sin\theta\cos\theta-(1+\sin\theta)(\cos^2\theta-\sin^2\theta)}{(\sin\theta\cos\theta)^2}$$

$$=\frac{(1-\sin^2\theta)\sin\theta-(1+\sin\theta)(1-2\sin^2\theta)}{(\sin\theta\cos\theta)^2}$$

$$=\frac{(1+\sin\theta)(\sin^2\theta+\sin\theta-1)}{(\sin\theta\cos\theta)^2}$$

$0<\theta<\frac{\pi}{2}$ で $1+\sin\theta>0$，$(\sin\theta\cos\theta)^2>0$

なので，$f'(\theta)$ と $\sin^2\theta+\sin\theta-1$ の符号は同じ．

$\sin^2\theta+\sin\theta-1=0$ のとき，$\sin\theta=\frac{-1\pm\sqrt{5}}{2}$

である．$\sin\theta=u$ とすれば，u は $0<u<1$ を動くことと，$2<\sqrt{5}<3$ より

$$\frac{-1-\sqrt{5}}{2}<0<\frac{-1+\sqrt{5}}{2}<1$$

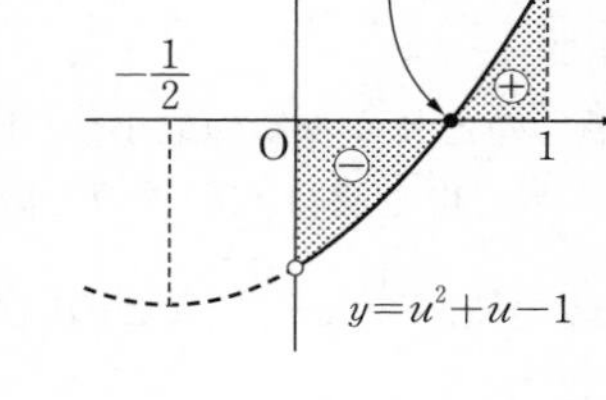

より，$f'(\theta)$ は $u=\sin\theta=\frac{-1+\sqrt{5}}{2}$ で負から正へ符号を変える．

θ の増加に伴い u も増加することから，$\sin\alpha=\frac{-1+\sqrt{5}}{2}\left(0<\alpha<\frac{\pi}{2}\right)$ となる x をとれば，$f(\theta)$ の増減は次のようになる．

θ	0	$\cdots$	α	$\cdots$	$\frac{\pi}{2}$
$f'(\theta)$		$-$	0	$+$	
$f(\theta)$		↘		↗	

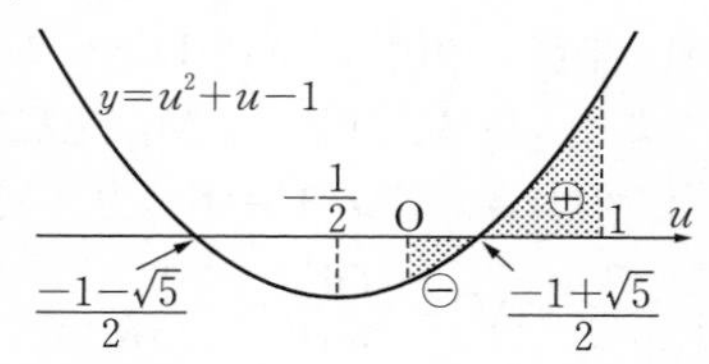

したがって，$\theta=\alpha$ のとき，$f(\theta)$ すなわちACは最小となる．

求める値は，$\boldsymbol{\frac{-1+\sqrt{5}}{2}}$ ……**答**

詳説 EXPLANATION

▶「$x^2+y^2=1$ かつ $x>0$ かつ $y>0$」と「$y=\frac{-1+\sqrt{5}}{2}$」の共有点をPとすれば，OPと x 軸のなす角の大きさが α です．

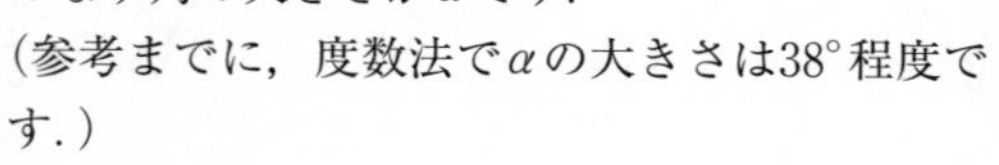
(参考までに，度数法で α の大きさは38°程度です．)

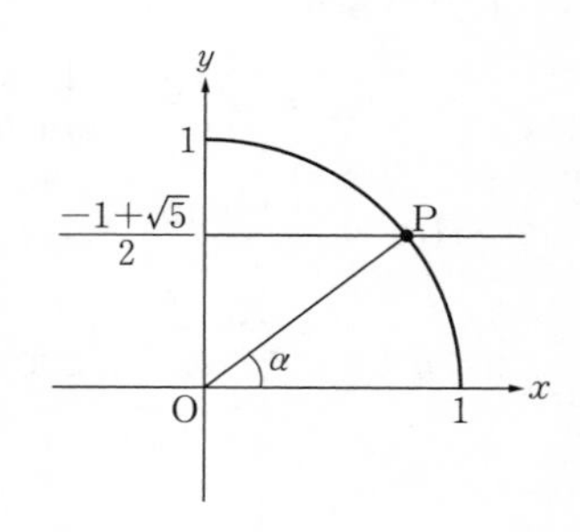

▶もとの問題では「ACが最大となるときの$\sin\theta$の値を求める」ことまでを問われていますが，ACの長さの最大値を求めるのもさほど難しくはありません．

$0<\alpha<\dfrac{\pi}{2}$ かつ $\sin\alpha=\dfrac{-1+\sqrt{5}}{2}$ から

$$\cos\alpha=\sqrt{1-\sin^2\alpha}=\sqrt{1-\left(\frac{-1+\sqrt{5}}{2}\right)^2}=\sqrt{\frac{4-(6-2\sqrt{5})}{4}}$$
$$=\sqrt{\frac{-1+\sqrt{5}}{2}}$$

なので，最大値は

$$f(\alpha)=\frac{1+\sin\alpha}{\sin\alpha\cos\alpha}=\frac{1+\dfrac{-1+\sqrt{5}}{2}}{\dfrac{-1+\sqrt{5}}{2}\cdot\sqrt{\dfrac{-1+\sqrt{5}}{2}}}=\frac{\sqrt{2}+\sqrt{10}}{(-1+\sqrt{5})^{\frac{3}{2}}}$$

です．

18. 導関数の一部をとり出して調べる

〈頻出度 ★★☆〉

関数$f(x)=\pi x\cos(\pi x)-\sin(\pi x)$，$g(x)=\dfrac{\sin(\pi x)}{x}$を考える．ただし，$x$の範囲は$0<x\leqq 2$とする．以下の問いに答えよ．

(1)　関数$f(x)$の増減を調べ，グラフの概形をかけ．

(2)　$f(x)=0$の解がただ１つ存在し，それが$\dfrac{4}{3}<x<\dfrac{3}{2}$の範囲にあることを示せ．

(3)　nを整数とする．各nについて，直線$y=n$と曲線$y=g(x)$の共有点の個数を求めよ．

（お茶の水女子大）

着眼 VIEWPOINT

前半の小問が，後半にうまく効いてくる問題です．(2)はこれまでの問題と同様に，端の点での正負と増減から説明します．(3)で調べることは，「$y=g(x)$のグラフをかき，極値の値を調べる（評価する）こと」です．まず$g'(x)$を計算すれば，(1)，(2)との関係が見えてくるでしょう．

解答 ANSWER

(1)

$$\begin{aligned}f'(x)&=\pi\{1\cdot\cos(\pi x)-x\cdot\pi\sin(\pi x)\}-\pi\cos(\pi x)\\&=-\pi^2x\sin(\pi x)\end{aligned}$$

したがって，$f(x)$の増減は次のとおり．

x	(0)	$\cdots$	1	$\cdots$	2
$f'(x)$	(0)	$-$	0	$+$	0
$f(x)$	(0)	↘	$-\pi$	↗	2π

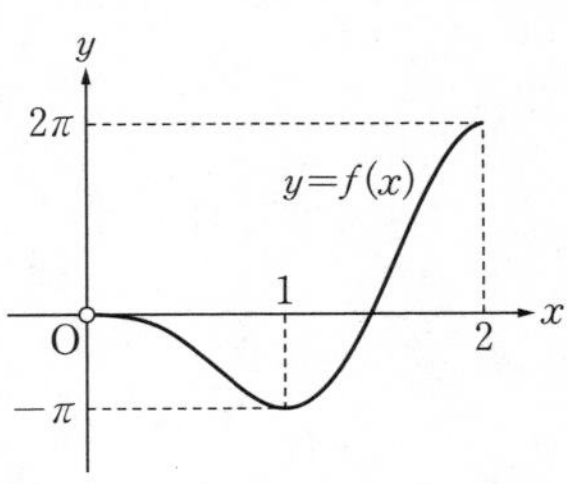

これより，$y=f(x)$のグラフの概形は右図のとおり．

(2)　(1)より，$f(x)=0$の解が存在するのは$1<x<2$の範囲である．この解が，$\dfrac{4}{3}<x<\dfrac{3}{2}$に存在することを以下に示す．$\dfrac{4}{3}<x<\dfrac{3}{2}$の範囲で$x$，$\cos(\pi x)$は増加，$\sin(\pi x)$は減少するので，$f(x)$は常に増加する．また，

$$\begin{aligned}f\left(\frac{4}{3}\right)&=\frac{4\pi}{3}\left(-\frac{1}{2}\right)-\left(-\frac{\sqrt{3}}{2}\right)\\&=\frac{3\sqrt{3}-4\pi}{6}\\&<\frac{3\sqrt{3}-4\cdot 3}{6}\quad(3<\pi\ \text{より})\end{aligned}$$

← $\dfrac{3\sqrt{3}-4\pi}{6}<0$，ではさすがに「結果ありき」に見えてしまいます．正負が明らかなところまでは説明しましょう．

$$=\frac{\sqrt{3}-4}{2}<0$$

$$f\left(\frac{3}{2}\right)=\frac{3\pi}{2}\cdot 0-(-1)=1>0$$

である.

したがって，$f(x)=0$ の解はただ1つ存在し，その解は $\frac{4}{3}<x<\frac{3}{2}$ の範囲にある.（証明終）

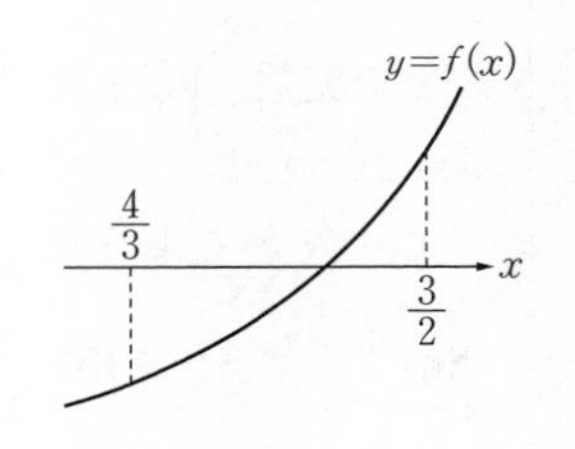

(3) $$g'(x)=\frac{\pi\cos(\pi x)\cdot x-\sin(\pi x)\cdot 1}{x^2}=\frac{f(x)}{x^2}$$

$f(x)=0$ のただ1つの解を α とすると，$g(x)$ の増減は次のようになる.

x	(0)	$\cdots$	α	$\cdots$	2
$g'(x)$		$-$	0	$+$	
$g(x)$		↘	極小	↗	0

$$\lim_{x\to+0}g(x)=\lim_{x\to+0}\frac{\sin(\pi x)}{\pi x}\cdot\pi=\pi$$

← $\lim_{\theta\to 0}\frac{\sin\theta}{\theta}=1$ を用いた.

である. また，$\frac{4}{3}<\alpha<\frac{3}{2}$ より，$\frac{4}{3}\pi<\pi\alpha<\frac{3}{2}\pi$ であることに注意すると

$$-1<\sin(\pi\alpha)<-\frac{\sqrt{3}}{2}\quad\cdots\cdots①$$

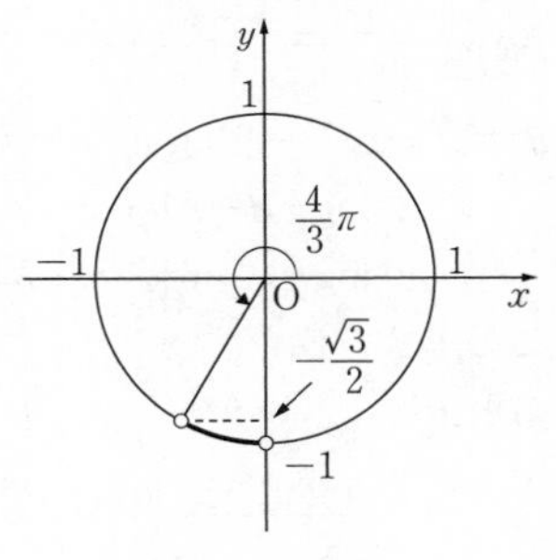

である. また，$\frac{1}{\alpha}<\frac{3}{4}$（……②）より，

$$g(\alpha)=\frac{\sin(\pi\alpha)}{\alpha}>-\frac{1}{\alpha}\quad(①より)$$

$$>-\frac{3}{4}\quad(②より)$$

$$>-1$$

である.

したがって，$y=g(x)$ のグラフの概形は右図のようになる.

グラフより，直線 $y=n$ と曲線 $y=g(x)$ の共有点の個数は，

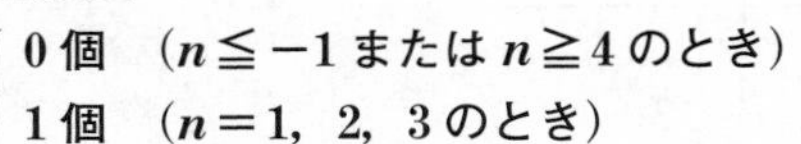

0個　（$n\leqq-1$ または $n\geqq 4$ のとき）
1個　（$n=1$，2，3 のとき）
2個　（$n=0$ のとき）

……**答**

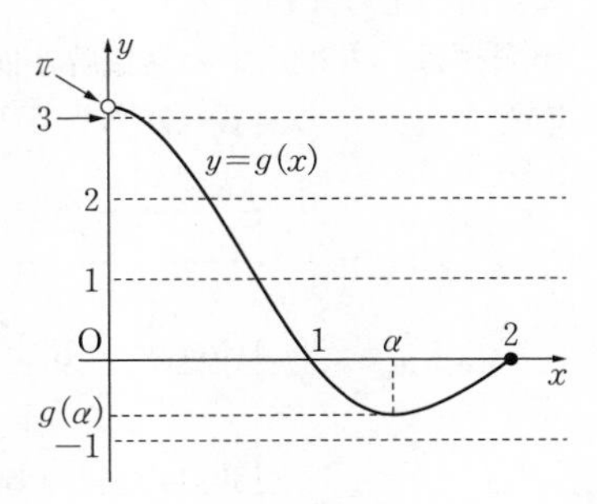

19. 2つのグラフの共有点の個数

〈頻出度 ★★★〉

kを実数，$\log x$はxの自然対数とする．座標平面において，$y=2(\log x)^2-6\log x$のグラフと$y=kx^2-3$のグラフが$x>0$で異なる3点で交わるようなkの値の範囲を求めなさい．ただし，必要であれば，

$\displaystyle\lim_{x\to\infty}\frac{\log x}{x}=0$を用いてよい．

（都立大 改題）

着眼 VIEWPOINT

曲線の共有点を調べるので，2つの式を連立してyを消去します．方程式を解くことはできないので，グラフ同士の共有点が存在する条件から考えたいところです．文字定数がkのみなので，与えられた式を$f(x)=k$の形に直して，$y=f(x)$，$y=k$の共有点から考えるのがよいでしょう．文字定数は，解をグラフで視覚化するときに「グラフが動く」原因になることから，**方程式の文字定数は，一方の辺に分けてしまいグラフ同士の共有点の存在する条件を考えること**を第一に考えるとよいでしょう．

解答 ANSWER

$y=2(\log x)^2-6\log x$，$y=kx^2-3$からyを消して，

$$2(\log x)^2-6\log x=kx^2-3$$

$$2(\log x)^2-6\log x+3=kx^2$$

この等式を満たすxについて，$x>0$，特に$x\neq 0$が必要なので，両辺をx^2で割ると，

$$\frac{2(\log x)^2-6\log x+3}{x^2}=k \quad \cdots\cdots①$$

ここで，①の左辺を$f(x)$とする，$y=2(\log x)^2-6\log x$と$y=kx^2-3$の共有点のx座標は，方程式①の実数解と同じである．したがって，$y=f(x)$のグラフCと直線$l:y=k$の共有点がちょうど3個となるkの範囲が求めるものである．

$$f'(x)=\frac{\left(\dfrac{4\log x}{x}-\dfrac{6}{x}\right)x^2-\{2(\log x)^2-6\log x+3\}\cdot 2x}{x^4}$$

$$=\frac{-4(\log x)^2+16\log x-12}{x^3}$$

$$=\frac{-4(\log x-1)(\log x-3)}{x^3}$$

$f'(x)$ と $-(\log x-1)(\log x-3)$ の符号は同じ.
$\log x=u$ とすれば, xの増加に伴いuも増加する. $-(u-1)(u-3)$の符号は図のように変化する.
$x=e^u$ より, $f(x)$ の増減は次のようになる.

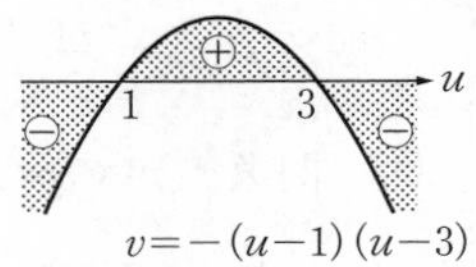

x	(0)	$\cdots$	e	$\cdots$	e^3	$\cdots$
$f'(x)$		$-$	0	$+$	0	$-$
$f(x)$		↘	極小	↗	極大	↘

したがって,

$$極大値は\quad f(e^3)=\frac{2(\log e^3)^2-6\log e^3+3}{(e^3)^2}=\frac{2\cdot3^2-6\cdot3+3}{e^6}=\frac{3}{e^6}$$

$$極小値は\quad f(e)=\frac{2(\log e)^2-6\log e+3}{e^2}=-\frac{1}{e^2}$$

である. $\displaystyle\lim_{x\to\infty}\frac{\log x}{x}=0$ より

$$\lim_{x\to\infty}f(x)=\lim_{x\to\infty}\left\{2\left(\frac{\log x}{x}\right)^2-\frac{6}{x}\cdot\frac{\log x}{x}+\frac{3}{x^2}\right\}=0$$

である. また, $\displaystyle\lim_{x\to+0}f(x)$ について, $x=\dfrac{1}{t}$ とおくことで,

$$\lim_{x\to+0}f(x)=\lim_{t\to\infty}\{2t^2(\log t)^2+6t^2\log t+3t^2\}=\infty$$

← $\log\dfrac{1}{t}=\log t^{-1}=-\log t$

であることから, Cの概形は次のとおり.

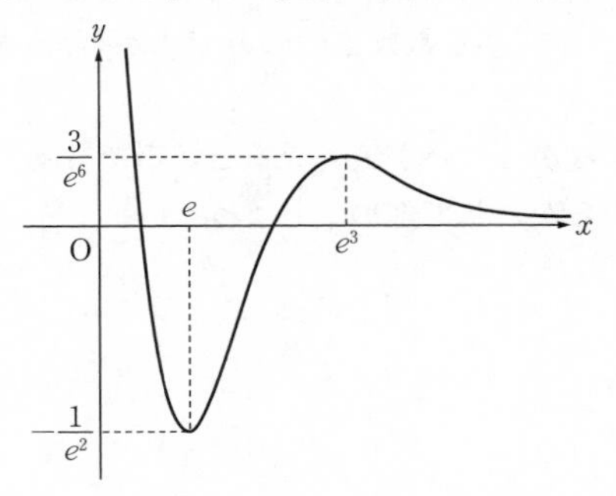

← 実際のグラフより, 変化を強調している. (正確にかくと見にくい)

求める範囲, つまり, Cとlの共有点が3個となるkの範囲は $\boldsymbol{0<k<\dfrac{3}{e^6}}$ ……答

20. 曲線外から引ける接線の本数

〈頻出度 ★★★〉

関数$f(x)=\dfrac{(x-1)^2}{x^3}$ $(x>0)$ を考える.

(1) 関数$f(x)$の極大値および極小値を求めなさい.

(2) y軸上に点P$(0,\ p)$をとる. pの値によって, P$(0,\ p)$から曲線 $y=f(x)$ に何本の接線が引けるかを調べなさい.

(東京理科大)

着眼 VIEWPOINT

条件を満たす接線の本数を求める, 定番の問題です.

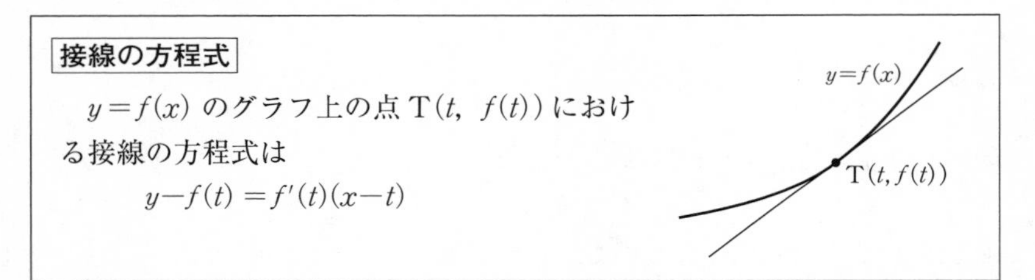

$y=f(x)$ のグラフ上でない点から引ける接線の本数を求めるとき, **接点の座標を文字でおいて表し, 接線の方程式を立式するところから始める**, のは大原則です. あとは問題19と同様に,「方程式の解の個数を, グラフ同士の共有点から説明する」流れにもち込めばよいでしょう. 文字定数は1つのみですから, 他方の辺に分離していけばよいでしょう.

なお, 接点と接線が1対1に対応するかどうかが気になるところではありますが(☞着眼),「解答」ではこのことは明らかとして進めましょう.

解答 ANSWER

(1)
$$f'(x)=\frac{2(x-1)x^3-3x^2(x-1)^2}{x^6}$$
$$=\frac{(x-1)\{2x-3(x-1)\}}{x^4}$$
$$=-\frac{(x-1)(x-3)}{x^4}$$

← 不用意に展開せず, $x-1$ でくくる.

$f'(x)$ と $-(x-1)(x-3)$ の符号は同じであり, 次の図のように変化する. つまり, $f(x)$ の増減は次のようになる.

x	(0)	$\cdots$	1	$\cdots$	3	$\cdots$
$f'(x)$		$-$	0	$+$	0	$-$
$f(x)$		↘	0	↗	$\frac{4}{27}$	↘

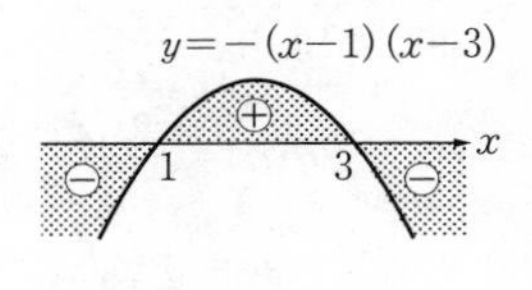

したがって，$f(x)$ の極大値は $f(3)=\mathbf{\frac{4}{27}}$，極小値は $f(1)=\mathbf{0}$ ……**答**

(2) $y=f(x)$ の $x=t$ における接線の方程式は，

$$y-\frac{(t-1)^2}{t^3}=-\frac{(t-1)(t-3)}{t^4}(x-t) \quad \cdots\cdots①$$

である．直線①が点 $\mathrm{P}(0,\ p)$ を通ることから，

$$p-\frac{(t-1)^2}{t^3}=\frac{(t-1)(t-3)}{t^3}$$

$$p=\frac{(t-1)(t-3)+(t-1)^2}{t^3}$$

$$p=\frac{2(t^2-3t+2)}{t^3} \quad \cdots\cdots②$$

②の右辺を $g(t)$ とする．t の方程式②の解と，「$y=g(t)$ のグラフ C と直線 $l:y=p$ の共有点の t 座標」は同じである．接線と接点は1対1に対応する(……(*))ので，C と l の共有点の個数が求める接線の本数である．ここで

$$g'(t)=\frac{2(2t-3)t^3-6t^2(t^2-3t+2)}{t^6}$$

$$=\frac{2\{(2t-3)t-3(t^2-3t+2)\}}{t^4}$$

$$=-\frac{2(t^2-6t+6)}{t^4}$$

$g'(t)=0$ となるのは $t=3\pm\sqrt{3}$ であり，この前後で $g'(t)$ の符号は変化する(右図)．つまり，このときに $g(t)$ は極値をとる．

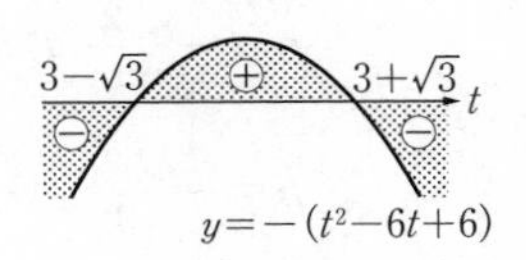

$\alpha=3\pm\sqrt{3}$ とすると，$\alpha^2-6\alpha+6=0$，

すなわち $\alpha^2=6\alpha-6$(……③)から

$$\alpha^3=\alpha\cdot\alpha^2$$
$$=\alpha(6\alpha-6) \quad (③より)$$
$$=6\alpha^2-6\alpha$$
$$=6(6\alpha-6)-6\alpha \quad (③より)$$
$$=30\alpha-36 \quad \cdots\cdots⑤$$

← $g(3\pm\sqrt{3})$ を「そのまま」計算するのは大変なので，③，④により計算する式を簡単にする．

③，④より，

$$g(\alpha)=\frac{2(\alpha^2-3\alpha+2)}{\alpha^3}=\frac{2\{(6\alpha-6)-3\alpha+2\}}{30\alpha-36}=\frac{3\alpha-4}{15\alpha-18}$$

なので，$\alpha=3\pm\sqrt{3}$ から

$$g(\alpha)=\frac{3(3\pm\sqrt{3})-4}{15(3\pm\sqrt{3})-18}$$

$$=\frac{5\pm3\sqrt{3}}{3\sqrt{3}(3\sqrt{3}\pm5)}=\pm\frac{1}{3\sqrt{3}}=\pm\frac{\sqrt{3}}{9}$$ （複号同順）

したがって，$t>0$ における $g(t)$ の増減は次のようになる．

t	0	$\cdots$	$3-\sqrt{3}$	$\cdots$	$3+\sqrt{3}$	$\cdots$
$g'(t)$		$-$	0	$+$	0	$-$
$g(t)$		↘	$-\frac{\sqrt{3}}{9}$	↗	$\frac{\sqrt{3}}{9}$	↘

また，$\displaystyle\lim_{t\to\infty}g(t)=0$，$\displaystyle\lim_{t\to+0}g(t)=\infty$ より，グラフ C は図のようになる．

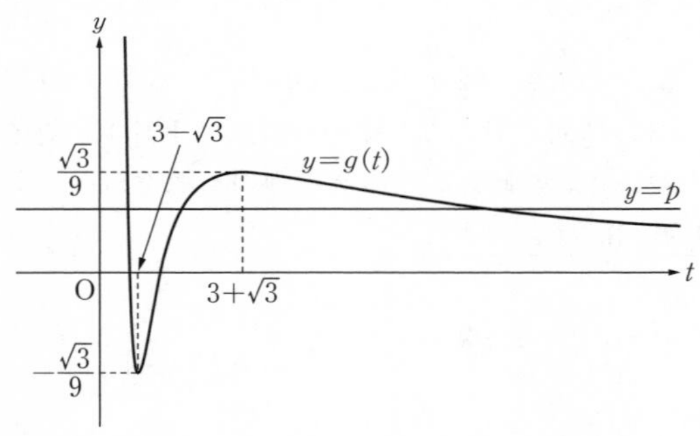

よって，求める接線の本数は，

$$\left.\begin{array}{ll}
p<-\frac{\sqrt{3}}{9}\text{ のとき} & 0\text{本}\\
p=-\frac{\sqrt{3}}{9},\ \frac{\sqrt{3}}{9}<p\text{ のとき} & 1\text{本}\\
-\frac{\sqrt{3}}{9}<p\leqq0,\ p=\frac{\sqrt{3}}{9}\text{ のとき} & 2\text{本}\\
0<p<\frac{\sqrt{3}}{9}\text{ のとき} & 3\text{本}
\end{array}\right\}$$ ……**答**

詳説 EXPLANATION

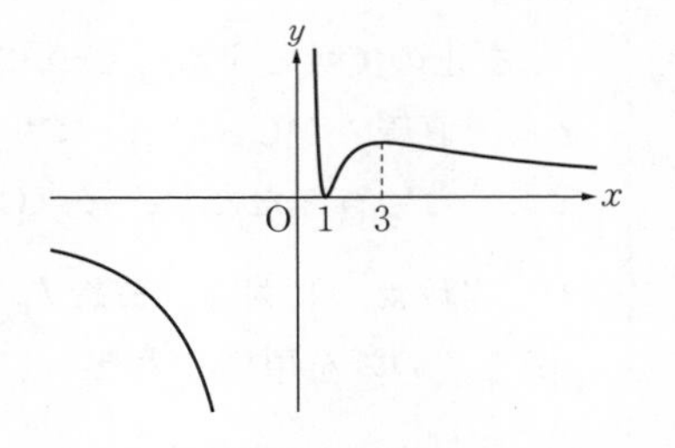

▶問題では説明を求められてはいませんが，$y=f(x)$ のグラフは右のようになります．グラフの形から，２点(以上)で接する直線が存在しなそうだ((*)が成り立っていそうだ)，とはわかるはずです．変曲点の個数が１個以下であれば，これは認めてしまおう，と考えてもよいでしょう．

なお，$s \neq t$ のもとで，$y=f(x)$ 上の点 $(s,\ f(s))$，$(t,\ f(t))$ それぞれにおける接線の式は

$$y=f'(s)(x-s)+f(s), \qquad y=f'(t)(x-t)+f(t)$$

です．これらが一致する条件を考えれば，２点で接する直線の存在(あるいは，存在しないこと)を説明できます．ただし，このこと自体を説明する問題ではなく，(*)を認めてよさそうなときは証明まで記す必要はないでしょう．

なお，$y=f(x)$ のグラフに変曲点が２個以上存在しても，２点(以上)で接する直線が存在しないことはあります．（下図）

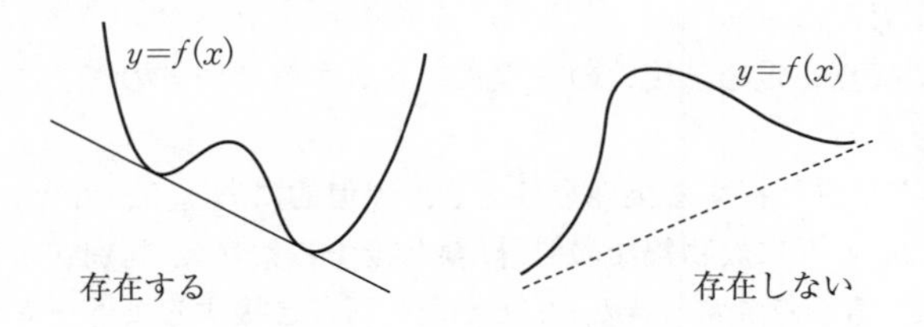

21. 2つのグラフの共通接線

〈頻出度 ★★★〉

aを正の実数とする．２つの放物線 $C_1：y=x^2$，$C_2：x=y^2+\frac{1}{4}a$ を考える．直線 l がC_1にもC_2にも接するとき，直線 l はC_1とC_2の共通接線であるという．ただし，接点は異なっていてもよい．

(1)　実数 s，t に対し，直線 $l：y=tx+s$ がC_1とC_2の共通接線であるとき，aを t のみを用いて表せ．

(2)　２つの放物線C_1とC_2が，相異なる３本の共通接線をもつとき，aのとりうる値の範囲を求めよ．

（信州大）

着眼 VIEWPOINT

２つのグラフC_1，C_2の両方に接する直線(共通接線)を求めるとき，次のアプローチが考えられます．

- C_1，C_2それぞれにおいて接点を定め，接線の方程式を立式し，これらが一致する条件を考える．
- 一方のグラフで接点を定め，接線の方程式を立式する．他方のグラフと接する条件を与える．
- その他(両方のグラフと接する条件を与える，幾何的に考える，など)

この問題のC_1，C_2は，ともに放物線なので「直線と接する条件」が判別式から与えやすい．したがって，直線を先に $y=tx+s$ とおき，両方と接する条件を考えるような方向で設問が作られています．

解答 ANSWER

(1)　lがC_1に接するための条件は，xの方程式

$$x^2=tx+s \quad すなわち \quad x^2-tx-s=0 \quad \cdots\cdots①$$

が重解をもつことである．(①の判別式)$=0$ より，

$$t^2+4s=0 \quad すなわち \quad 4s=-t^2 \quad \cdots\cdots②$$

l がC_2に接するためには $t\neq0$ が必要である．$t\neq0$ のもとで，lとC_2が接するための条件は，yの方程式

$$y^2+\frac{a}{4}=\frac{y-s}{t} \quad すなわち \quad ty^2-y+\frac{at}{4}+s=0 \quad \cdots\cdots③$$

が重解をもつことである．(③の判別式)$=0$ より，

$$1-4t\left(\frac{at}{4}+s\right)=0 \quad すなわち \quad 1-at^2-4st=0 \quad \cdots\cdots④$$

②を④に代入して.

$$1-at^2+t\cdot t^2 \quad \text{すなわち} \quad \boldsymbol{a=\frac{1+t^3}{t^2}} \quad \cdots\cdots⑤$$ 答

(2) ②より, C_1の接線の方程式は$y=tx-\dfrac{t^2}{4}$ (……⑥)と表せる. 直線⑥がC_2と接するための条件は, ⑤が成り立つことである. 異なるtの値に対して直線③は異なる. したがって, C_1, C_2が相異なる3本の共通接線をもつための条件は, ⑤を満たす実数tが3個存在することである. ⑤の右辺を$f(t)$として, $u=f(t)$, $u=a$が異なる3個の共有点をもつ条件を調べる.

$$f(t)=\frac{1+t^3}{t^2}=t+\frac{1}{t^2}$$

$$f'(t)=1-\frac{2}{t^3}=\frac{t^3-2}{t^3}$$

である. t^3-2の符号は, 右図のように$t=\sqrt[3]{2}$で負から正に変化する. 分母, つまりt^3の符号変化と合わせ, $f'(t)$の符号は$t=0$, $\sqrt[3]{2}$の前後で変化する. 以上から, $f(t)$の増減は次のようになる.

$f(t)$	…	0	…	$\sqrt[3]{2}$	…
$f'(t)$	+	/	−	0	+
$f(t)$	↗	/	↘	極小	↗

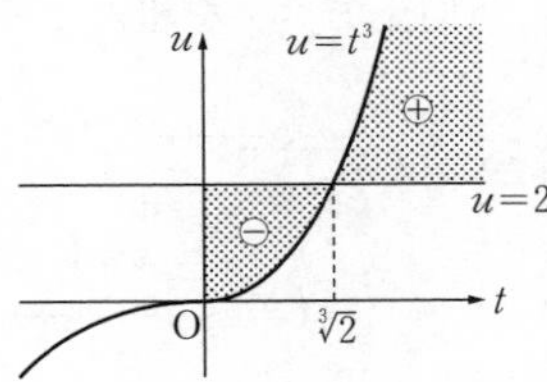

また,

$$\lim_{t\to-\infty} f(t)=-\infty, \quad \lim_{t\to+\infty} f(t)=+\infty, \quad \lim_{t\to\pm0} f(t)=+\infty$$

である.

ゆえに, $u=f(t)$ のグラフの概形は図のようになる.

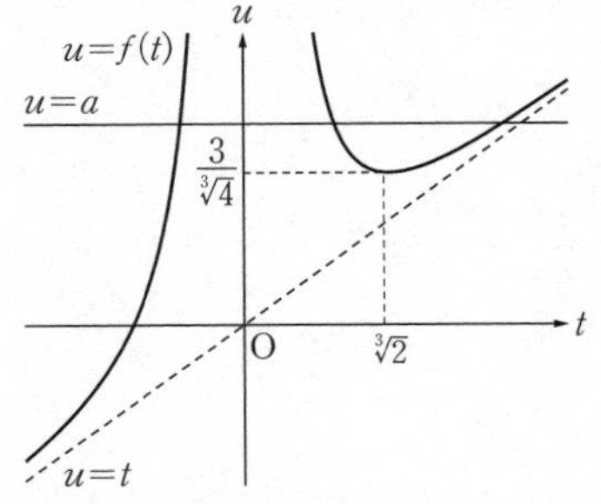

この問題では漸近線について言及する必要はないが, $t\to\pm\infty$で$f(t)-t=\dfrac{1}{t^2}\to0$より, $u=t$である.

求めるaの範囲, つまり, $u=f(t)$と$u=a$が異なる3つの共有点をもつaの範囲は, $\boldsymbol{a>\dfrac{3}{\sqrt[3]{4}}}$ ……答

22. $f(a)=f(b)$ を作る

〈頻出度 ★★★〉

(1) $x>0$ のとき，関数 $f(x)=\dfrac{\log x}{x}$ の最大値を求めなさい．ただし，対数は自然対数とする．

(2) 正の整数の組 $(a,\ b)$ で，$a^b=b^a$ かつ $a\neq b$ を満たすものをすべて求めなさい．

（山口大）

着眼 VIEWPOINT

条件を満たす値の組を，関数 $f(x)$ の増減などを通じて考える問題です．特に，$f(x)=\dfrac{\log x}{x}$ で考える問題は非常に多く出題されます．本問では(1)がヒントになっていますが，このようなヒントがない問題もあります．$a^b=b^a$ から，「a 同士，b 同士でペアを組んでみてはどうか？」と自力で考えられるかどうかです．

解答 ANSWER

(1)
$$f'(x)=\frac{\frac{1}{x}\cdot x-\log x\cdot 1}{x^2}=\frac{1-\log x}{x^2}$$

であり，$f'(x)$ の符号と $1-\log x$ の符号は同じである．
$1-\log x$ の符号は右下図のように変化するので，$f(x)$ の増減は次のとおり．

x	(0)	$\cdots$	e	$\cdots$
$f'(x)$		$+$	0	$-$
$f(x)$		↗	$\dfrac{1}{e}$	↘

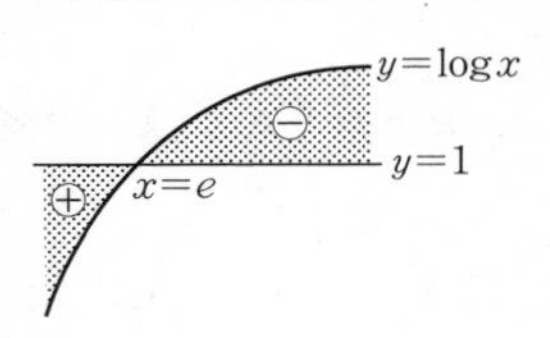

したがって，$f(x)$ の最大値は　$f(e)=\boldsymbol{\dfrac{1}{e}}$　……**答**

(2) $a^b=b^a$ の両辺の自然対数をとると

$$\log a^b=\log b^a$$
$$b\log a=a\log b$$
$$\frac{\log a}{a}=\frac{\log b}{b}$$

つまり，$a>0$，$b>0$ のもとで，

$$a^b=b^a \iff f(a)=f(b) \quad \cdots\cdots ①$$

である．以下，①を満たす正の整数の組 $(a,\ b)$ を調べる．ここで，

$$\lim_{x\to+0} f(x)=-\infty,\quad \lim_{x\to\infty} f(x)=0$$

である．したがって，(1)と合わせて，$y=f(x)$ のグラフは次のとおり．

$x\to+0$ のとき，

$\dfrac{1}{x}\to+\infty$，$\log x\to-\infty$

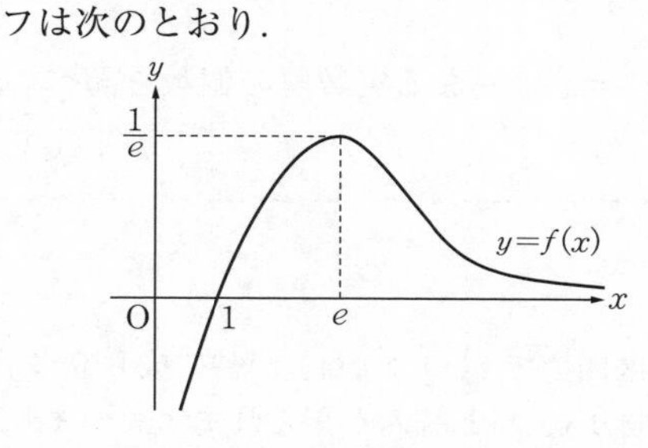

以下，$a<b$ のときを考える．条件を満たす組 $(a,\ b)$ が存在するならば，$1<a<e$ を満たす．$e=2.7\cdots\cdots$ より，$a=2$ の場合のみを考えればよい．

$$f(2)=\frac{\log 2}{2},\qquad f(3)=\frac{\log 3}{3},$$

$$f(4)=\frac{\log 4}{4}=\frac{\log 2^2}{4}=\frac{2\log 2}{4}=\frac{\log 2}{2}=f(2)$$

つまり，$a<b$ のもとで条件を満たす $(a,\ b)$ は $(2,\ 4)$ のみである．

したがって，求める組は　$(a,\ b)=$ **(2, 4)，(4, 2)**　……**答**

詳説 EXPLANATION

▶実は，$f(2)=f(4)$ さえ答案で確認しておけば，$f(x)$ の増減から $f(4)\neq f(3)$ は明らかなので，$f(3)=\dfrac{\log 3}{3}$ を確認する必要はありません．ただし，$e=2.7\cdots\cdots$ より，「e より大きい最小の整数である 3 から順に，$f(3)$，$f(4)$，……と調べて $f(2)$ と一致するものを探そう」と考えるのはごく自然な発想です．

23. 不等式と極限①

〈頻出度 ★★★〉

(1) $x>0$ のとき，$\log x \leqq \dfrac{2\sqrt{x}}{e}$ を示せ．ただし，e は自然対数の底である．

(2) (1)を用いて，$\displaystyle\lim_{x\to\infty}\frac{\log x}{x^2}=0$ を示せ．

(3) a を実数とするとき，方程式 $e^{ax^2}=x$ の異なる実数解の個数を調べよ．

(広島大)

着眼 VIEWPOINT

不等式の成立を証明する問題です．「区間 I で $f(x)>g(x)$ が常に成り立つ」 $\Leftrightarrow$「区間 I で $f(x)-g(x)>0$ が常に成り立つ」と読みかえられます．つまり，**$f(x)>g(x)$ の証明では，差の関数 $h(x)=f(x)-g(x)$ の値の範囲を調べること**が大原則です．$h(x)$ の値域を調べる際に，必要に応じて微分する，有名不等式を適用する，など判断しましょう．

解答 ANSWER

(1) $f(x)=\dfrac{2\sqrt{x}}{e}-\log x \ (x>0)$ とする．

$$f'(x)=\frac{1}{e\sqrt{x}}-\frac{1}{x}=\frac{\sqrt{x}-e}{ex}$$

$f'(x)$ の符号と $\sqrt{x}-e$ の符号は同じである．これは下図のように変化するので $f(x)$ の増減は次のとおり．

x	0	$\cdots$	e^2	$\cdots$
$f'(x)$	／	$-$	0	$+$
$f(x)$	／	↘	極小	↗

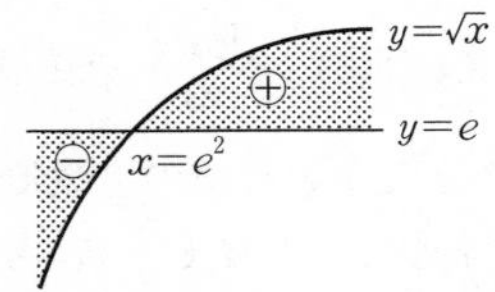

ゆえに，$f(x)$ は $x=e^2$ で極小かつ最小である．つまり，$f(x)\geqq f(e^2)=0$ より，$\log x\leqq\dfrac{2\sqrt{x}}{e}$ が成り立つ．(証明終)

(2) $x\geqq 1$ において，(1)より $0\leqq\log x\leqq\dfrac{2\sqrt{x}}{e}$ が成り立つ．辺々を x^2 で割ると，

$$0\leqq\frac{\log x}{x^2}\leqq\frac{2}{ex\sqrt{x}} \quad \cdots\cdots①$$

が成り立つ．$\displaystyle\lim_{x\to\infty}\frac{2}{ex\sqrt{x}}=0$ なので，①について，挟みうちの原理より，

$\displaystyle\lim_{x\to\infty}\frac{\log x}{x^2}=0$ が成り立つ．（証明終）

(3)　$e^{ax^2}=x$（……②）について，$e^{ax^2}>0$ より $x>0$ である.②の両辺の自然対数をとり

$$ax^2=\log x \quad \text{すなわち} \quad a=\frac{\log x}{x^2} \quad \cdots\cdots③$$

ここで,②の実数解と,③の異なる実数解は同じである．また，$g(x)=\dfrac{\log x}{x^2}$ とするとき，③の実数解は $y=g(x)$ のグラフC，直線 $l:y=a$ の共有点の x 座標と同じである．（……④）

$$g'(x)=\frac{\frac{1}{x}\cdot x^2-\log x\cdot 2x}{x^4}=\frac{1-2\log x}{x^3}$$

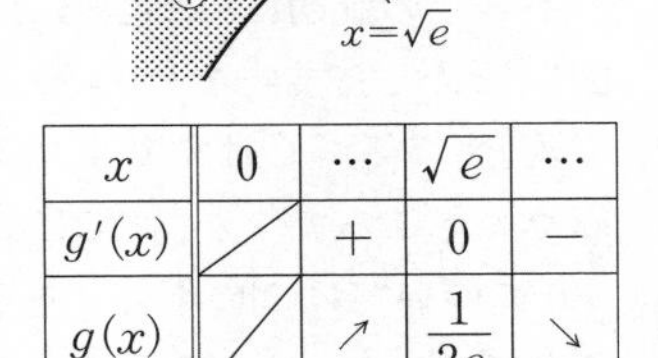

したがって，$g'(x)$ と $1-2\log x$ の符号は同じ．図より，$g(x)$ の増減は右のとおり．また，

x	0	$\cdots$	$\sqrt{e}$	$\cdots$
$g'(x)$	／	＋	0	－
$g(x)$	／	↗	$\dfrac{1}{2e}$	↘

$$\lim_{x\to+0}g(x)=-\infty,$$

$$\lim_{x\to\infty}g(x)=0 \quad (\text{(2)より})$$

よって,グラフCは次の図のようになる．

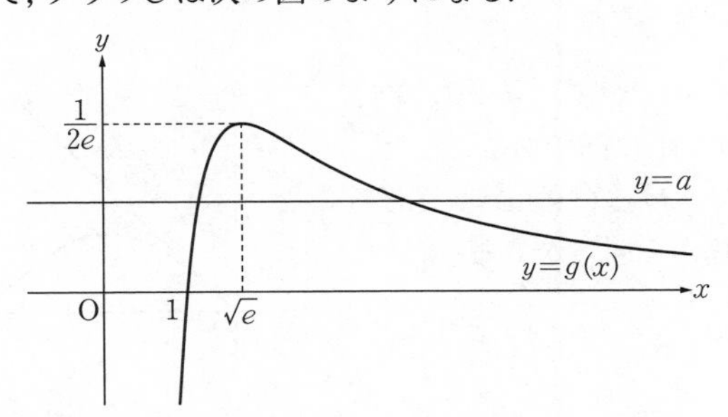

したがって,②の実数解の個数，つまり，C と l の共有点の個数は，

$$\left.\begin{array}{ll} \boldsymbol{a>\dfrac{1}{2e}}\ \textbf{のとき} & \textbf{0 個} \\ \boldsymbol{a\leqq 0,\ a=\dfrac{1}{2e}}\ \textbf{のとき} & \textbf{1 個} \\ \boldsymbol{0<a<\dfrac{1}{2e}}\ \textbf{のとき} & \textbf{2 個} \end{array}\right\} \cdots\cdots \text{答}$$

24. 不等式と極限②

〈頻出度 ★★★〉

次の問いに答えよ.

(1) $x \geqq 0$ のとき, $x-\dfrac{x^3}{6} \leqq \sin x \leqq x$ を示せ.

(2) $x \geqq 0$ のとき, $\dfrac{x^3}{3}-\dfrac{x^5}{30} \leqq \displaystyle\int_0^x t\sin t\,dt \leqq \dfrac{x^3}{3}$ を示せ.

(3) 極限値 $\displaystyle\lim_{x \to 0}\dfrac{\sin x - x\cos x}{x^3}$ を求めよ.

(北海道大)

着眼 VIEWPOINT

不等式の証明は, 問題23と同じ要領でよいでしょう. 図で説明できるところは図に任せてしまいましょう. (2)は, (1)の不等式との関係をよく見れば,「1次上げて積分」に気づくはずです. (3)は, (2)の不等式を利用して挟みうちの原理にもち込みたいところですが, (2)では $x \geqq 0$ での成立しか証明していません. つまり, $x \to +0$ については(2)の不等式を利用できても, $x \to -0$ はそのまま使えないということです. $x \to +0$ の結果を利用する, もしくは不等式自体を書き換えることが必要です. (☞詳説)

解答 ANSWER

(1) $x \geqq 0$ で $x \geqq \sin x$ (……①)が成り立つことは, 曲線 $C: y=\sin x$ が $x \geqq 0$ で上に凸であることと, 直線 $y=x$ が C 上の点Oにおける C の接線であることに注意して, 右図の関係から明らかである.

次に, $f(x)=\sin x-\left(x-\dfrac{x^3}{6}\right)$ $(x \geqq 0)$ とする.

$$f'(x)=\cos x-1+\frac{x^2}{2}$$

$$f''(x)=-\sin x+x$$

①より, $x \geqq 0$ で $f''(x) \geqq 0$ である. したがって, $f'(x) \geqq f'(0)=0$ である. 同様に, $f(x) \geqq f(0)=0$ である. したがって, $\sin x \geqq x-\dfrac{x^3}{6}$ (……②)が成り立つ.

①，②より，$x \geqq 0$ のとき，

$$x-\frac{x^3}{6} \leqq \sin x \leqq x \quad \cdots\cdots ③$$

が成り立つことを示した．（証明終）

(2) ③の x を t におき換えて，辺々に t $(t \geqq 0)$ を掛ける．

$$t^2-\frac{t^4}{6} \leqq t\sin t \leqq t^2$$

x を 0 以上の実数として，辺々を $0 \leqq t \leqq x$ で積分すると

$$\int_0^x \left(t^2-\frac{t^4}{6}\right)dt \leqq \int_0^x t\sin t\,dt \leqq \int_0^x t^2 dt$$

$$\left[\frac{t^3}{3}-\frac{t^5}{30}\right]_0^x \leqq \int_0^x t\sin t\,dt \leqq \left[\frac{t^3}{3}\right]_0^x$$

$$\therefore \quad \frac{x^3}{3}-\frac{x^5}{30} \leqq \int_0^x t\sin t\,dt \leqq \frac{x^3}{3} \quad \text{（証明終）} \quad \cdots\cdots ④$$

(3)

$$\int_0^x t\sin t\,dt = \int_0^x t(-\cos t)'dt$$

$$= \left[-t\cos t\right]_0^x + \int_0^x \cos t\,dt$$

← 部分積分法を用いた．

$$= \left[-t\cos t + \sin t\right]_0^x$$

$$= -x\cos x + \sin x$$

したがって，④は

$$\frac{x^3}{3}-\frac{x^5}{30} \leqq -x\cos x + \sin x \leqq \frac{x^3}{3} \quad \cdots\cdots ⑤$$

となる．$x>0$ のとき，⑤の辺々を x^3 で割ると

← $x \to +0$ とするので，$x=0$ は除いてよい．

$$\frac{1}{3}-\frac{x^2}{30} \leqq \frac{\sin x - x\cos x}{x^3} \leqq \frac{1}{3} \quad \cdots\cdots ⑥$$

$\displaystyle\lim_{x\to+0}\left(\frac{1}{3}-\frac{x^2}{30}\right)=\frac{1}{3}$ なので，⑥に関して，挟みうちの原理より，

$$\lim_{x\to+0}\frac{\sin x - x\cos x}{x^3}=\frac{1}{3} \quad \cdots\cdots ⑦$$

また，$\displaystyle\lim_{x\to-0}\frac{\sin x - x\cos x}{x^3}$ について考える．$x=-t$ とおくことで，

$$\lim_{x\to-0}\frac{\sin x - x\cos x}{x^3} = \lim_{t\to+0}\frac{\sin(-t)-(-t)\cos(-t)}{(-t)^3}$$

$$= \lim_{t \to +0} \frac{-\sin t + t \cdot \cos t}{-t^3}$$

$$= \lim_{t \to +0} \frac{\sin t - t\cos t}{t^3}$$

$$= \frac{1}{3} \quad \cdots\cdots ⑧ \quad (⑦より)$$

⑦，⑧より，$\lim_{x \to 0} \frac{\sin x - x\cos x}{x^3} = \mathbf{\frac{1}{3}}$ ……**答**

詳説 EXPLANATION

▶「$x \geqq 0$ で $x \geqq \sin x$ である」ことは，「解答」のように図から説明しても問題ないでしょう．もし微分で示すのであれば，$f(x) = x - \sin x\ (x \geqq 0)$ として

$$f'(x) = 1 - \cos x \geqq 0$$

である．したがって

$$f(x) \geqq f(0) = 0$$

とすればよいでしょう．

▶(3)は，⑥の不等式を $x<0$ の範囲でも成り立つことを示す，という方針でもよいでしょう．

別解

$x<0$ のとき，$-x>0$ である．つまり，⑥の x を $-x$ におき換えて，

$$\frac{1}{3} - \frac{(-x)^2}{30} \leqq \frac{\sin(-x) - (-x)\cos(-x)}{(-x)^3} \leqq \frac{1}{3}$$

$$\therefore \quad \frac{1}{3} - \frac{x^2}{30} \leqq \frac{\sin x - x\cos x}{x^3} \leqq \frac{1}{3}$$

つまり，⑥は $x<0$ でも成り立つ．

以下，「解答」と同様に，$\lim_{x \to -0} \frac{\sin x - x\cos x}{x^3} = \frac{1}{3}$ を示す．

25. 不等式の応用

〈頻出度 ★★★〉

次の問いに答えよ．

(1)　$x>0$ の範囲で不等式 $x-\dfrac{x^2}{2}<\log(1+x)<\dfrac{x}{\sqrt{1+x}}$ が成り立つことを示せ．

(2)　x が $x>0$ の範囲を動くとき，$y=\dfrac{1}{\log(1+x)}-\dfrac{1}{x}$ のとりうる値の範囲を求めよ．

（大阪大）

着眼 VIEWPOINT

(1)は大丈夫でしょう，差の関数に着目，です．(2)は，ひとまず y' の計算をします．(1)の不等式が与えられているということは，$\log(1+x)$ と $x-\dfrac{x^2}{2}$，$\dfrac{x}{\sqrt{1+x}}$ との大小を利用できるはず，と考えられます．**前後の問題との対応を考える**ようにしたいところです．

解答 ANSWER

(1)　$f(x)=\log(1+x)-\left(x-\dfrac{x^2}{2}\right)$ $(x\geqq 0)$ とする．

$$f'(x)=\frac{1}{1+x}-(1-x)=\frac{x^2}{1+x}$$

より，$x\geqq 0$ で $f'(x)\geqq 0$（……①）である．①で等号が成立するのは $x=0$ のときに限られる．したがって，$f(x)$ は $x\geqq 0$ で常に増加する．つまり，$x>0$ で

$$f(x)>f(0)=0$$

が成り立つことにより，$x-\dfrac{x^2}{2}<\log(1+x)$（……②）が成り立つ．

次に，$g(x)=\dfrac{x}{\sqrt{1+x}}-\log(1+x)$ $(x\geqq 0)$ とする．

$$g'(x)=\frac{1}{1+x}\left(\sqrt{1+x}-\frac{x}{2\sqrt{1+x}}\right)-\frac{1}{1+x}=\frac{x+2-2\sqrt{1+x}}{2(1+x)\sqrt{1+x}}\quad\cdots\cdots(*)$$

$$=\frac{(x+2)-2\sqrt{1+x}}{2(1+x)\sqrt{1+x}}\cdot\frac{(x+2)+2\sqrt{1+x}}{(x+2)+2\sqrt{1+x}}$$

←「分子を有理化」している．

$$= \frac{x^2}{2(1+x)\sqrt{1+x}\,\{(x+2)+2\sqrt{1+x}\}}$$

← (分子) $=(x+2)^2-2^2(1+x)$
$=x^2$

より，$x \geqq 0$ で $g'(x) \geqq 0$(……③)である．③で等号が成立するのは $x=0$ のときに限られる．したがって，$g(x)$ は $x \geqq 0$ で常に増加する．つまり，$x>0$ で

$$g(x) > g(0) = 0$$

が成り立つことにより，$\log(1+x) < \dfrac{x}{\sqrt{1+x}}$ (……④)である．

②，④より，$x>0$ で

$$x - \frac{x^2}{2} < \log(1+x) < \frac{x}{\sqrt{1+x}} \quad \cdots\cdots ⑤$$

が成り立つことを示した．（証明終）

(2)　$h(x) = \dfrac{1}{\log(1+x)} - \dfrac{1}{x}$ $(x>0)$ とする．

$$h'(x) = -\frac{1}{\{\log(1+x)\}^2}\cdot\frac{1}{1+x} + \frac{1}{x^2}$$

$$= \frac{1}{x^2\{\log(1+x)\}^2}\left[\{\log(1+x)\}^2 - \frac{x^2}{1+x}\right]$$

$$= \frac{1}{x^2\{\log(1+x)\}^2}\left\{\log(1+x) + \frac{x}{\sqrt{1+x}}\right\}\left\{\log(1+x) - \frac{x}{\sqrt{1+x}}\right\}$$

⑤より，$\log(1+x) - \dfrac{x}{\sqrt{1+x}} < 0$ なので，$x>0$ で $h'(x)<0$ である．

したがって，$h(x)$ は常に減少する．ここで，

$$\lim_{x\to\infty} h(x) = 0 \quad \cdots\cdots ⑥$$

である．

次に，$\displaystyle\lim_{x\to+0} h(x)$ を考える．$x\to+0$ より $0<x<2$ で考えれば十分．このとき，⑤の各辺は正だから，それぞれの逆数をとり

$$\frac{\sqrt{1+x}}{x} < \frac{1}{\log(1+x)} < \frac{2}{x(2-x)}$$

$$\frac{\sqrt{1+x}}{x} - \frac{1}{x} < \frac{1}{\log(1+x)} - \frac{1}{x} < \frac{2}{x(2-x)} - \frac{1}{x}$$

$$\frac{\sqrt{1+x}-1}{x} < \frac{1}{\log(1+x)} - \frac{1}{x} < \frac{2-(2-x)}{x(2-x)}$$

$$\frac{1}{\sqrt{1+x}+1}<\frac{1}{\log(1+x)}-\frac{1}{x}<\frac{1}{2-x}$$

$$\therefore\quad \frac{1}{\sqrt{1+x}+1}<h(x)<\frac{1}{2-x}\quad\cdots\cdots⑦$$

$\displaystyle\lim_{x\to+0}\frac{1}{\sqrt{1+x}+1}=\frac{1}{2}$，$\displaystyle\lim_{x\to+0}\frac{1}{2-x}=\frac{1}{2}$ であることから，⑦について，挟みうちの原理より

$$\lim_{x\to+0}h(x)=\frac{1}{2}\quad\cdots\cdots⑧$$

$h(x)$が常に減少することと，⑥，⑧より，yのとりうる値の範囲は

$$\boldsymbol{0<y<\frac{1}{2}}\quad\cdots\cdots\text{答}$$

詳説 EXPLANATION

▶$g'(x)$ の正負を考える部分は，次のように $x+2$ と $2\sqrt{x+1}$ の大小を考えてもよいでしょう．

別解

(1)　(*)までは「解答」と同じ．

ここで，$y=x+2$ と $y=2\sqrt{x+1}$ のグラフは

$$x+2=2\sqrt{x+1}$$
$$\Longleftrightarrow\ (x+2)^2=4(x+1)\quad\text{かつ}\quad x+1\geqq 0$$
$$\Longleftrightarrow\ x=0$$

であることから，右図のように $x=0$ で接する．つまり，$x>0$ のとき $g'(x)>0$ である．以下，「解答」と同じ．

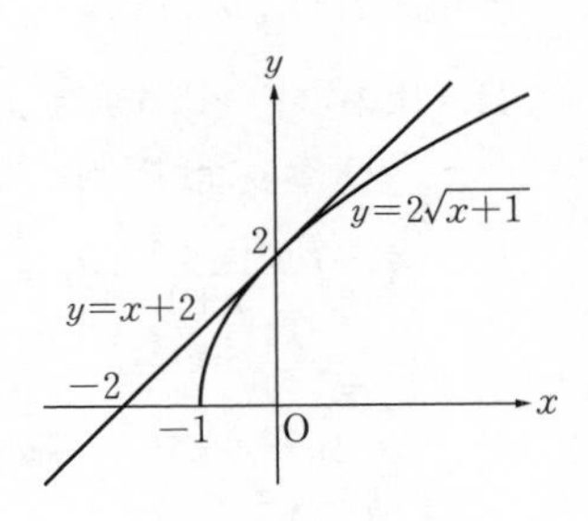

▶また，(*)から

$$g'(x)=\frac{x+2-2\sqrt{1+x}}{2(1+x)\sqrt{1+x}}=\frac{(\sqrt{1+x}-1)^2}{2(1+x)\sqrt{1+x}}$$

と平方を作れることに気づけば，③，つまり $g'(x)\geqq 0$ の説明が手早くできるでしょう．

積分法(計算中心)

数学	Ⅲ
問題頁	P.10
問題数	14問

26. 定積分の計算①

〈頻出度 ★★★〉

関数 $f(x)=\dfrac{4(x-1)}{(x^2-2)(x^2-2x+2)}$ について，以下の問いに答えよ.

(1) $\displaystyle\int_{-1}^{0}\frac{dx}{x^2+1}$ を求めよ.

(2) $f(x)=\dfrac{Ax+B}{x^2-2}+\dfrac{Cx+D}{x^2-2x+2}$ が成り立つように定数 A，B，C，D の値を定めよ.

(3) $\displaystyle\int_{0}^{1}f(x)\,dx$ を求めよ.

(大阪教育大 改題)

着眼 VIEWPOINT

多項式 $f(x)$，$g(x)$ による分数式 $\dfrac{f(x)}{g(x)}$ の積分の問題です．分数式の積分においては，次のポイントを押さえておきましょう.

・$f(x)$ を $g(x)$ で割って，(分母の次数) $>$ (分子の次数) となる項を作る.

例
$$\int\frac{x^2+x-1}{x+1}dx=\int\frac{(x+1)x-1}{x+1}dx=\int\left(x-\frac{1}{x+1}\right)dx$$
$$=\frac{1}{2}x^2-\log|x+1|+C$$

・$\displaystyle\int\frac{f'(x)}{f(x)}dx=\log|\,f(x)\,|+C$ (分母の微分が分子)の形を作る.

例
$$\int\frac{2x}{x^2+1}dx=\log(x^2+1)+C$$

・分母が因数分解可能であれば，部分分数分解する.

例
$$\int\frac{3x+4}{(x+1)(x+2)}dx=\int\left(\frac{1}{x+1}+\frac{2}{x+2}\right)dx$$
$$=\log|x+1|+2\log|x+2|+C$$

・$\displaystyle\int\frac{dx}{x^2+a^2}$ の形になれば，$x=a\tan\theta$ と置換する.

本問は長丁場の計算ですが，これらの組合せに他なりません.

解答 ANSWER

(1) $x=\tan\theta$ と置換する．このとき，

$$dx=\frac{d\theta}{\cos^2\theta},$$

x	$-1 \longrightarrow 0$
θ	$-\frac{\pi}{4} \longrightarrow 0$

より

$$\int_{-1}^{0}\frac{dx}{x^2+1}=\int_{\theta=-\frac{\pi}{4}}^{\theta=0}\frac{1}{\tan^2\theta+1}\cdot\frac{1}{\cos^2\theta}d\theta$$

← $\tan^2\theta+1=\frac{1}{\cos^2\theta}$

$$=\int_{-\frac{\pi}{4}}^{0}d\theta$$

$$=0-\left(-\frac{\pi}{4}\right)=\boldsymbol{\frac{\pi}{4}}$$ ……**答**

(2)
$$\frac{Ax+B}{x^2-2}+\frac{Cx+D}{x^2-2x+2}$$

$$=\frac{(Ax+B)(x^2-2x+2)+(Cx+D)(x^2-2)}{(x^2-2)(x^2-2x+2)}$$

$$=\frac{(A+C)x^3+(B-2A+D)x^2+(2A-2B-2C)x+(2B-2D)}{(x^2-2)(x^2-2x+2)}$$

したがって，$f(x)=\frac{Ax+B}{x^2-2}+\frac{Cx+D}{x^2-2x+2}$（……①）の両辺に

$(x^2-2)(x^2-2x+2)$ を掛けると

$$4x-4=(A+C)x^3+(B-2A+D)x^2+(2A-2B-2C)x+(2B-2D) \quad \cdots\cdots ②$$

である．②がどのような実数 x でも成り立つならば，①で $x^2\neq2$，つまり $x\neq\pm\sqrt{2}$ を満たすどのような実数 x でも等式は成り立つ．したがって，①が成り立つために

$A+C=0$ ……③　かつ　$B-2A+D=0$ ……④

かつ　$2A-2B-2C=4$ ……⑤　かつ　$2B-2D=-4$ ……⑥

が必要である．

③，⑥より $C=-A$，$D=B+2$ なので，④，⑤に代入して

$$\begin{cases} B-2A+(B+2)=0 \\ A-B-(-A)=2 \end{cases}$$ すなわち　$(A,\ B)=(1,\ 0)$

③，⑥より，$C=-1$，$D=2$ であり，このとき①の右辺は

$\frac{4(x-1)}{(x^2-2)(x^2-2x+2)}$ となる．したがって

$$\boldsymbol{(A,\ B,\ C,\ D)=(1,\ 0,\ -1,\ 2)}$$ ……**答**

(3) (2)より

$$\int_0^1 f(x)\,dx$$

$$=\int_0^1\left(\frac{x}{x^2-2}+\frac{-x+2}{x^2-2x+2}\right)dx$$

$$=\int_0^1\frac{x}{x^2-2}dx+\int_0^1\frac{-x+2}{x^2-2x+2}dx$$

$$=\frac{1}{2}\int_0^1\frac{2x}{x^2-2}dx+\int_0^1\frac{-\frac{1}{2}(2x-2)+1}{x^2-2x+2}dx$$

$\int\frac{(x^2-2x+2)'}{x^2-2x+2}dx=\int\frac{2x-2}{x^2-2x+2}dx$ を作ることを考え，分子から$2x-2$をとり出している．

$$=\underbrace{\frac{1}{2}\int_0^1\frac{2x}{x^2-2}dx}-\underbrace{\frac{1}{2}\int_0^1\frac{2x-2}{x^2-2x+2}dx}+\underbrace{\int_0^1\frac{1}{(x-1)^2+1}dx}$$

ここで，〜〜の部分を左から順にI_1，I_2，I_3とすれば

$$I_1=\frac{1}{2}\int_0^1\frac{(x^2-2)'}{x^2-2}dx=\frac{1}{2}\Big[\log|x^2-2|\Big]_0^1$$

$$=\frac{1}{2}(\log 1-\log 2)$$

$$=-\frac{1}{2}\log 2$$

$$I_2=\frac{1}{2}\int_0^1\frac{(x^2-2x+2)'}{x^2-2x+2}dx=\frac{1}{2}\Big[\log(x^2-2x+2)\Big]_0^1$$

$$=\frac{1}{2}(\log 1-\log 2)$$

$$=-\frac{1}{2}\log 2$$

である．I_3について$x-1=t$と置換することで，(1)より，

$$I_3=\int_{-1}^0\frac{dt}{t^2+1}=\frac{\pi}{4}$$

である．したがって，求める値は

$$\int_0^1 f(x)\,dx=I_1-I_2+I_3=\boldsymbol{\frac{\pi}{4}}$$ ……**答**

27. 定積分の計算②

〈頻出度 ★★★〉

[1] m, n は正の整数とする. $\int_{-\pi}^{\pi} \sin mx \sin nx dx$ を求めよ.

(鹿児島大)

[2] (1) $\int_{0}^{\frac{\pi}{2}} x \sin x dx$ を求めよ.

(2) $\int_{0}^{\frac{\pi}{2}} x^2 \cos x dx$ を求めよ.

(和歌山大)

[3] $\int_{0}^{\frac{\pi}{4}} \frac{dx}{\cos x}$ を求めよ.

(京都大)

着眼 VIEWPOINT

三角関数の積分計算は, 次のポイントを最低限クリアしておきたいところです.

- 積は積和の公式で和(差)の形に直して計算する. ([1], ☞詳説)
- 「多項式との積」は, 部分積分により計算する. ([2])
- $\int f(g(x))g'(x)dx = F(g(x)) + C$ の形を作る. ([3])

これらの原則を押さえておかないと, 「手が詰まったら, やみくもに置換積分」という泥沼に陥りかねません.

解答 ANSWER

[1] $\int_{-\pi}^{\pi} \sin mx \sin nx dx = -\frac{1}{2}\int_{-\pi}^{\pi} \{\cos(m+n)x - \cos(m-n)x\} dx$ である.

(i) $m = n$ のとき

$$\int_{-\pi}^{\pi} \sin mx \sin nx dx = -\frac{1}{2}\int_{-\pi}^{\pi} (\cos 2mx - 1) dx$$

$$= -\frac{1}{2}\left[\frac{\sin 2mx}{2m} - x\right]_{-\pi}^{\pi} = \boldsymbol{\pi} \quad \cdots\cdots \text{答}$$

(ii) $m \neq n$ のとき

$$\int_{-\pi}^{\pi} \sin mx \sin nx dx = -\frac{1}{2}\left[\frac{\sin(m+n)x}{m+n} - \frac{\sin(m-n)x}{m-n}\right]_{-\pi}^{\pi}$$

$$= \mathbf{0} \quad \cdots\cdots \text{答}$$

2 (1) 部分積分により,

$$\int_0^{\frac{\pi}{2}} x\sin x dx = \Big[x\cdot(-\cos x)\Big]_0^{\frac{\pi}{2}} - \int_0^{\frac{\pi}{2}}(-\cos x)dx = \Big[\sin x\Big]_0^{\frac{\pi}{2}}$$

$$= \mathbf{1} \quad \cdots\cdots \text{答}$$

(2) (1)の定積分を I_1 とする. 部分積分により,

$$\int_0^{\frac{\pi}{2}} x^2\cos x dx = \Big[x^2\sin x\Big]_0^{\frac{\pi}{2}} - \int_0^{\frac{\pi}{2}} 2x\sin x dx = \frac{\pi^2}{4} - 2I_1$$

$$= \boldsymbol{\frac{\pi^2}{4} - 2} \quad \cdots\cdots \text{答}$$

3

$$\int_0^{\frac{\pi}{4}} \frac{dx}{\cos x} = \int_0^{\frac{\pi}{4}} \frac{\cos x}{\cos^2 x}dx = \int_0^{\frac{\pi}{4}} \frac{\cos x}{(1+\sin x)(1+\sin x)}dx$$

$$= \frac{1}{2}\int_0^{\frac{\pi}{4}} \left(\frac{\cos x}{1+\sin x} + \frac{\cos x}{1-\sin x}\right)dx$$

$$= \frac{1}{2}\int_0^{\frac{\pi}{4}} \left\{\frac{(1+\sin x)'}{1+\sin x} - \frac{(1-\sin x)'}{1-\sin x}\right\}dx$$

$$= \frac{1}{2}\Big[\log(1+\sin x) - \log(1-\sin x)\Big]_0^{\frac{\pi}{4}}$$

$$= \frac{1}{2}\Big[\log\frac{1+\sin x}{1-\sin x}\Big]_0^{\frac{\pi}{4}}$$

$$= \frac{1}{2}\log\frac{1+\frac{\sqrt{2}}{2}}{1-\frac{\sqrt{2}}{2}}$$

$$\frac{1+\frac{\sqrt{2}}{2}}{1-\frac{\sqrt{2}}{2}} = \frac{2+\sqrt{2}}{2-\sqrt{2}} = \frac{(2+\sqrt{2})^2}{2^2-2} = (1+\sqrt{2})^2$$

$$= \frac{1}{2}\log(1+\sqrt{2})^2$$

$$= \mathbf{\log(1+\sqrt{2})} \quad \cdots\cdots \text{答}$$

詳説 EXPLANATION

▶1 積和の公式は複雑で，なかなか暗記して使えるようなものではありません．以下のように，加法定理から導いて考えるとよいでしょう．$\cos(mx \pm nx)$ の加法定理から $\sin mx \sin nx$ を得られるので，次のように，2 本の加法定理の式で辺々の差をとれば，積和の公式が得られます．

$$\begin{array}{rrcl} & \cos(mx-nx) &=& \cos mx\cos nx + \sin mx\sin nx \\ -) & \cos(mx+nx) &=& \cos mx\cos nx - \sin mx\sin nx \\ \hline & \cos(m-n)x - \cos(m+n)x &=& 2\sin mx\sin nx \end{array}$$

慣れてくれば頭の中の計算でも導けるようになるでしょうが，最初のうちは，書いて導きましょう．

▶3　このような分数型の三角関数の定積分は，次の置換積分による方法も有名です．別解の(*)の置換はなかなか自力では思いつきにくいものですが，(*)の置換で計算するように誘導がつくこともあります．まずは見ながらでもよいので，練習しておきましょう．

別解

$\tan\frac{x}{2}=t$ (……(*))とする．このとき

$$\cos x=\frac{\cos^2\frac{x}{2}-\sin^2\frac{x}{2}}{\cos^2\frac{x}{2}+\sin^2\frac{x}{2}}=\frac{1-t^2}{1+t^2},$$

$$\sin x=\frac{2\sin\frac{x}{2}\cos\frac{x}{2}}{\cos^2\frac{x}{2}+\sin^2\frac{x}{2}}=\frac{2t}{1+t^2}$$

である．また，(*)から，　　　　◀ $\cos 2\theta=2\cos^2\theta-1,\ \theta=\frac{x}{2}$

$$dt=\frac{1}{2\cos^2\frac{x}{2}}dx \quad \text{より} \quad dx=\frac{2}{1+t^2}dt \quad \cdots\cdots(**)$$

である．$x=\frac{\pi}{4}$ のとき $t=\tan\frac{\pi}{8}$ であり，$\tan\frac{\pi}{4}=\frac{2\tan\frac{\pi}{8}}{1-\tan^2\frac{\pi}{8}}$ より

$$1=\frac{2t}{1-t^2} \quad \text{かつ} \quad t>0 \iff t^2+2t-1=0 \quad \text{かつ} \quad t>0$$

$$\iff t=-1+\sqrt{2}$$

つまり，$\tan\frac{\pi}{8}=-1+\sqrt{2}$ である．したがって，(**)に注意して t に置換すると

$$\int_{x=0}^{x=\frac{\pi}{4}}\frac{dx}{\cos x}=\int_{t=0}^{t=-1+\sqrt{2}}\frac{1+t^2}{1-t^2}\cdot\frac{2}{1+t^2}dt$$

$$=\int_0^{-1+\sqrt{2}}\frac{2}{1-t^2}dt$$

$$=\int_0^{-1+\sqrt{2}}\left(\frac{1}{1-t}+\frac{1}{1+t}\right)dt$$

$$= \Big[-\log|1-t| + \log|1+t| \Big]_0^{-1+\sqrt{2}}$$

$$= -\log(2-\sqrt{2}) + \log\sqrt{2}$$

$$= \log\frac{\sqrt{2}}{2-\sqrt{2}}$$

$$= \mathbf{\log(1+\sqrt{2})} \quad \cdots\cdots \text{答}$$

$\int \frac{dt}{1-t} = -\log|1-t| + C$，の"−"の符号に注意.

また，$\tan\frac{\pi}{8} = -1+\sqrt{2}$ を求める部分は，次のように処理してもよいでしょう．

$$\tan^2\frac{\pi}{8} = \frac{\sin^2\left(\frac{1}{2}\cdot\frac{\pi}{4}\right)}{\cos^2\left(\frac{1}{2}\cdot\frac{\pi}{4}\right)} = \frac{1-\cos\frac{\pi}{4}}{2}\cdot\frac{2}{1+\cos\frac{\pi}{4}} = \frac{2-\sqrt{2}}{2+\sqrt{2}}$$

$$= (-1+\sqrt{2})^2$$

なので，$\tan\frac{\pi}{8} > 0$ より，$\tan\frac{\pi}{8} = -1+\sqrt{2}$ である．

▶やや上級者向けですが，

$$\int \frac{dx}{\cos x} = \log\left|\frac{1}{\cos x} + \tan x\right| + C \quad (C\text{は積分定数})$$

となります(微分で確認できます)．これを知っていれば，3の計算は容易です．まずは「解答」「別解」のように，地道に計算を進められるようになりましょう．

28. 定積分の計算③

〈頻出度 ★★★〉

関数 $f(x)=2\log(1+e^x)-x-\log 2$ を考える．ただし，対数は自然対数であり，e は自然対数の底とする．

(1) $f(x)$ の第 2 次導関数を $f''(x)$ とする．等式 $\log f''(x)=-f(x)$ が成り立つことを示せ．

(2) 定積分 $\displaystyle\int_0^{\log 2}(x-\log 2)e^{-f(x)}dx$ を求めよ．

(大阪大)

着眼 VIEWPOINT

(1)の微分計算が，(2)の定積分のヒントになっています．**微分計算と積分計算がセットになっているときは，どこかで微分計算の結果を使うかもしれない，**と疑ってかかりましょう．また，早い段階で代入計算にもち込もうとすると混乱します．**可能な限り式を整理してから代入することは，**積分に限らず数値計算の鉄則です．

解答 ANSWER

(1)
$$f'(x)=\frac{2e^x}{1+e^x}-1=\frac{e^x-1}{1+e^x}\quad\cdots\cdots①$$

$$\therefore\quad f''(x)=\frac{e^x(1+e^x)-(e^x-1)\cdot e^x}{(1+e^x)^2}=\frac{2e^x}{(1+e^x)^2}$$

$$\begin{aligned}\log f''(x)&=\log\frac{2e^x}{(1+e^x)^2}\\&=\log 2e^x-\log(1+e^x)^2\\&=\log 2+\log e^x-2\log(1+e^x)\\&=-\{2\log(1+e^x)-x-\log 2\}\\&=-f(x)\quad\text{（証明終）}\end{aligned}$$

(2) $\log f''(x)=-f(x)$ より，$e^{-f(x)}=f''(x)$ なので

$$\int_0^{\log 2}(x-\log 2)e^{-f(x)}dx=\int_0^{\log 2}(x-\log 2)f''(x)dx$$

← 早々に代入しようとせず，$(f'(x))'=f''(x)$ より，部分積分する．

$$\begin{aligned}&=\Big[(x-\log 2)f'(x)\Big]_0^{\log 2}-\int_0^{\log 2}1\cdot f'(x)dx\\&=0-\Big[f(x)\Big]_0^{\log 2}\\&=f(0)-f(\log 2)\quad\text{（①より，}f'(0)=0\text{）}\\&=2\log 2-0-\log 2-(2\log 3-\log 2-\log 2)\\&=\mathbf{3\log 2-2\log 3}\quad\cdots\cdots\text{答}\end{aligned}$$

29. 置換積分による積分の等式証明とその利用

〈頻出度 ★★★〉

次の問いに答えよ.

(1) $f(x)$ を連続関数とするとき, $\int_0^{\pi} xf(\sin x)\,dx = \frac{\pi}{2}\int_0^{\pi} f(\sin x)\,dx$ が成り立つことを示せ.

(2) 定積分 $\int_0^{\pi} \frac{x\sin^3 x}{\sin^2 x + 8}\,dx$ の値を求めよ.

(横浜国立大)

着眼 VIEWPOINT

この問題では, 定積分に関する等式の証明をし, その等式を用いることで, 計算が難しい定積分の値を求めます. (1)は $x=\frac{\pi}{2}$ での対称性を示すもので, $\pi - x = t$ と置換すればうまくいきますが, 初見ではなかなか思いつくものではありません. 解説も参考にしつつ, 何度か自分で書いてみながら理解するほかないでしょう. (2)は積分する式を $x\cdot\frac{\sin^3 x}{\sin^2 x+8}$ とみれば, (1)が利用できることがわかるはずです. (1)を用いて x を「消す」ことで, 問題27 3 と同じ要領で, 「$\sin x\,dx$」の形を残し, あとは $\cos x$ で整理すればよいでしょう.

解答 ANSWER

(1) $\pi - x = t$ と置換する. $x = \pi - t$ より,

$dx = -dt$,

x	$0 \longrightarrow \pi$
t	$\pi \longrightarrow 0$

なので, $I = \int_0^{\pi} xf(\sin x)\,dx$ とすると,

$$
\begin{aligned}
I &= \int_0^{\pi} xf(\sin x)\,dx \\
&= \int_{\pi}^{0} (\pi - t)f(\sin(\pi - t))\cdot(-1)\,dt \\
&= \int_0^{\pi} (\pi - t)f(\sin t)\,dt \\
&= \pi\int_0^{\pi} f(\sin t)\,dt - \int_0^{\pi} tf(\sin t)\,dt = \pi\int_0^{\pi} f(\sin x)\,dx - I
\end{aligned}
$$

すなわち，

$$I=\pi\int_0^{\pi}f(\sin x)\,dx-I$$

$$2I=\pi\int_0^{\pi}f(\sin x)\,dx$$

$$\therefore\quad I=\frac{\pi}{2}\int_0^{\pi}f(\sin x)\,dx \quad \text{(証明終)}$$

(2)　関数$\dfrac{x^3}{x^2+8}$は連続関数なので，(1)で$f(x)=\dfrac{x^3}{x^2+8}$とすると，

$$\begin{aligned}
\int_0^{\pi}\frac{x\sin^3x}{\sin^2x+8}dx&=\frac{\pi}{2}\int_0^{\pi}\frac{\sin^3x}{\sin^2x+8}dx\\
&=\frac{\pi}{2}\int_0^{\pi}\frac{\sin^2x\cdot\sin x}{9-\cos^2x}dx\\
&=\frac{\pi}{2}\int_0^{\pi}\frac{1-\cos^2x}{9-\cos^2x}\sin x\,dx\\
&=\frac{\pi}{2}\int_0^{\pi}\frac{(9-\cos^2x)-8}{9-\cos^2x}\sin x\,dx\\
&=\frac{\pi}{2}\int_0^{\pi}\left\{1-\frac{8}{(3+\cos x)(3-\cos x)}\right\}\sin x\,dx\\
&=\frac{\pi}{2}\int_0^{\pi}\left\{\sin x-\frac{4}{3}\left(-\frac{-\sin x}{3+\cos x}+\frac{\sin x}{3-\cos x}\right)\right\}dx\\
&=\frac{\pi}{2}\Big[-\cos x-\frac{4}{3}\{-\log(3+\cos x)+\log(3-\cos x)\}\Big]_0^{\pi}\\
&=\frac{\pi}{2}\left\{2-\frac{4}{3}(-\log2+\log4)+\frac{4}{3}(-\log4+\log2)\right\}\\
&=\boldsymbol{\pi\left(1-\frac{4}{3}\log2\right)}\quad\cdots\cdots\text{答}
\end{aligned}$$

詳説 EXPLANATION

▶一般に，実数定数aと連続関数$f(x)$に関して，次の関係が成り立ちます．

$$\int_0^{a}f(x)\,dx=\int_0^{a}f(a-x)\,dx \quad\cdots\cdots(*)$$

(*)は，定積分を面積とみることで納得できます．$y=f(x)$と$y=f(a-x)$のグラフは，$x=\dfrac{a}{2}$で対称であることから，これらの$0\leqq x\leqq a$における面積は一致する，と述べているにすぎません．

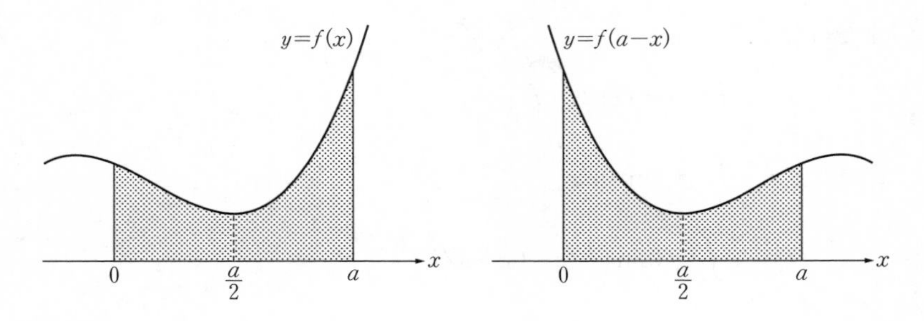

(より一般には $\int_a^b f(x)\,dx=\int_a^b f(a+b-x)\,dx$ ですが，(＊)で十分でしょう．)

(1)の置換，$\pi-x=t$ が突拍子もなく見える人もいたかと思いますが，左辺の定積分を $x=\frac{\pi}{2}$ で対称に変換している，と考えれば納得はできるでしょう．

実際，$g(x)=f(\sin x)$ とおくと，$\sin x=\sin(\pi-x)$ より $g(x)=g(\pi-x)$ となり，$y=g(x)$，$y=g(\pi-x)$ のグラフは $x=\frac{\pi}{2}$ に関して対称になります．

30. 定積分と漸化式①

〈頻出度 ★★★〉

自然数nに対して，$I_n=\int_0^{\frac{\pi}{2}}\sin^n x dx$とおく．次の問いに答えよ．

(1) 定積分I_1，I_2，I_3を求めよ．

(2) 次の不等式を証明せよ．$I_n \geqq I_{n+1}$

(3) 次の漸化式が成り立つことを証明せよ．$I_{n+2}=\dfrac{n+1}{n+2}I_n$

(4) 次の極限値を求めよ．$\displaystyle\lim_{n\to\infty}\frac{I_{2n+1}}{I_{2n}}$

(大阪教育大)

着眼 VIEWPOINT

定積分の値を，漸化式を通じて考える問題の中では最もよく出題される形の1つです．十分に練習をしておきましょう．

(1)は問題ないでしょう．I_3は，問題27 3と同じ要領で，

$(\cos^3 x)'=-3\cos^2 x\sin x$から$\int\cos^2 x\sin x dx=-\dfrac{1}{3}\cos^3 x+C$を作ります．

(2)は，「絶対値が1より小さい値を何度も掛けたらより小さくなる」という当然のことを，定積分で説明するまでです．(3)のような定積分の漸化式は，部分積分で「指数の調整」を行うのが大原則です．ただ，問題30，31のような最頻出の形に関しては，まず練習して慣れておく，という割り切りは大切でしょう．

解答 ANSWER

(1)

$$I_1=\int_0^{\frac{\pi}{2}}\sin x dx=\Big[-\cos x\Big]_0^{\frac{\pi}{2}}=\mathbf{1} \quad \cdots\cdots \text{答}$$

$$I_2=\int_0^{\frac{\pi}{2}}\sin^2 x dx=\frac{1}{2}\int_0^{\frac{\pi}{2}}(1-\cos 2x)dx=\frac{1}{2}\Big[x-\frac{1}{2}\sin 2x\Big]_0^{\frac{\pi}{2}}$$

$$=\boldsymbol{\frac{\pi}{4}} \quad \cdots\cdots \text{答}$$

$$I_3=\int_0^{\frac{\pi}{2}}\sin^3 x dx$$

$$=\int_0^{\frac{\pi}{2}}(1-\cos^2 x)\sin x dx$$

← 「$\int\sin x\cos^n x dx$を作れないか？」と疑ってかかる．

$$=\int_0^{\frac{\pi}{2}}(\sin x-\sin x\cos^2 x)\,dx$$

$$=\left[-\cos x+\frac{1}{3}\cos^3 x\right]_0^{\frac{\pi}{2}}$$

← $(\cos^3 x)'=-3\sin x\cos^2 x$

$$=\frac{2}{3}$$ ……**答**

(2)　$0\leqq x\leqq\frac{\pi}{2}$ で $0\leqq\sin x\leqq 1$ だから，$\sin^n x\geqq\sin^{n+1}x$ である．

$0\leqq x\leqq\frac{\pi}{2}$ の範囲で辺々を定積分して，

$$\int_0^{\frac{\pi}{2}}\sin^n x\,dx\geqq\int_0^{\frac{\pi}{2}}\sin^{n+1}x\,dx$$

すなわち，$n=1$，2，3　……で　$I_n\geqq I_{n+1}$ (……①) が成り立つ．　（証明終）

(3)　部分積分により

$$I_{n+2}=\int_0^{\frac{\pi}{2}}\sin^{n+1}x\cdot\sin x\,dx$$

$$=\int_0^{\frac{\pi}{2}}\sin^{n+1}x(-\cos x)'\,dx$$

$$=\left[\sin^{n+1}x\cdot(-\cos x)\right]_0^{\frac{\pi}{2}}-\int_0^{\frac{\pi}{2}}(n+1)\sin^n x\cdot\cos x\cdot(-\cos x)\,dx$$

$$=0+(n+1)\int_0^{\frac{\pi}{2}}\sin^n x\cdot\cos^2 x\,dx$$

$$=(n+1)\int_0^{\frac{\pi}{2}}\sin^n x\cdot(1-\sin^2 x)\,dx$$

$$=(n+1)\int_0^{\frac{\pi}{2}}\sin^n x\,dx-(n+1)\int_0^{\frac{\pi}{2}}\sin^{n+2}x\,dx$$

$$=(n+1)I_n-(n+1)I_{n+2}$$

すなわち，

$$I_{n+2}=(n+1)I_n-(n+1)I_{n+2}$$

$$(n+2)I_{n+2}=(n+1)I_n$$

$$I_{n+2}=\frac{n+1}{n+2}I_n$$ ……②　（証明終）

(4)　①より，$I_{2n+2}\leqq I_{2n+1}\leqq I_{2n}$ (……③) である．

また，$0\leqq x\leqq\frac{\pi}{2}$ で $\sin x\geqq 0$ であり，等号は $x=0$ でのみ成り立つ．つまり，

$I_n=\int_0^{\frac{\pi}{2}}\sin^n x\,dx>0$ である．③の辺々を I_{2n} で割って，

$$\frac{I_{2n+2}}{I_{2n}} \leqq \frac{I_{2n+1}}{I_{2n}} \leqq 1$$

を得る．また，②より $\frac{I_{2n+2}}{I_{2n}} = \frac{2n+1}{2n+2}$ なので，

$$\frac{2n+1}{2n+2} \leqq \frac{I_{2n+1}}{I_{2n}} \leqq 1$$

である．

$\lim_{n\to\infty} \frac{2n+1}{2n+2} = 1$ なので，挟みうちの原理より，$\lim_{n\to\infty} \frac{I_{2n+1}}{I_{2n}} = \mathbf{1}$ ……答

詳説 EXPLANATION

▶②の漸化式 $I_{n+2} = \frac{n+1}{n+2} I_n$ から，n が偶数であれば

$$\begin{aligned} I_n &= \frac{n-1}{n} I_{n-2} = \frac{n-1}{n} \cdot \frac{n-3}{n-2} I_{n-4} \\ &= \cdots\cdots = \frac{n-1}{n} \cdot \frac{n-3}{n-2} \cdots\cdots \frac{5}{6} \cdot \frac{3}{4} I_2 \\ &= \frac{n-1}{n} \cdot \frac{n-3}{n-2} \cdots\cdots \frac{5}{6} \cdot \frac{3}{4} \cdot \frac{\pi}{4} \end{aligned}$$

また，n が奇数であれば

$$\begin{aligned} I_n &= \frac{n-1}{n} I_{n-2} = \frac{n-1}{n} \cdot \frac{n-3}{n-2} I_{n-4} \\ &= \cdots\cdots = \frac{n-1}{n} \cdot \frac{n-3}{n-2} \cdots\cdots \frac{4}{5} \cdot \frac{2}{3} I_1 \\ &= \frac{n-1}{n} \cdot \frac{n-3}{n-2} \cdots\cdots \frac{4}{5} \cdot \frac{2}{3} \cdot 1 \end{aligned}$$

と，I_n を得られます．

$$n!! = \begin{cases} n(n-2)(n-4)\cdots\cdots 4\cdot 2 & (n\text{が偶数のとき}) \\ n(n-2)(n-4)\cdots\cdots 3\cdot 1 & (n\text{が奇数のとき}) \end{cases}$$

という記号を用いると

$$I_n = \int_0^{\frac{\pi}{2}} \sin^n x dx = \begin{cases} \dfrac{(n-1)!!}{n!!} \cdot \dfrac{\pi}{2} & (n\text{が偶数のとき}) \\ \dfrac{(n-1)!!}{n!!} & (n\text{が奇数のとき}) \end{cases}$$

と，結果をまとめられます．この式は，ウォリスの公式と呼ばれています．

31. 定積分と漸化式②

〈頻出度 ★★★〉

数列 $\{I_n\}$ を関係式 $I_0=\int_0^1 e^{-x}dx$，$I_n=\dfrac{1}{n!}\int_0^1 x^n e^{-x}dx$ $(n=1,\ 2,\ 3,\ \cdots\cdots)$ で定めるとき，次の問いに答えよ．

(1) I_0 を求めよ．

(2) I_1 を求めよ．

(3) $n\geqq 2$ のとき，I_n-I_{n-1} を n の式で表せ．

(4) $\displaystyle\lim_{n\to\infty} I_n$ を求めよ．

(5) $S_n=\displaystyle\sum_{k=0}^{n}\frac{1}{k!}$ とするとき，$\displaystyle\lim_{n\to\infty} S_n$ を求めよ．

(岡山理科大)

着眼 VIEWPOINT

問題30と同様, 定積分を漸化式を利用して考察する問題です．部分積分により「指数の調整」をしてみましょう．

解答 ANSWER

(1)

$$I_0=\int_0^1 e^{-x}dx=\Big[-e^{-x}\Big]_0^1=-e^{-1}+1=\boldsymbol{1-\frac{1}{e}} \quad \cdots\cdots \text{答}$$

(2) 部分積分により，

$$I_1=\frac{1}{1!}\int_0^1 xe^{-x}dx=\int_0^1 x(-e^{-x})'dx$$

$$=\Big[-xe^{-x}\Big]_0^1+\int_0^1 e^{-x}dx$$

$$=-\frac{1}{e}+\left(1-\frac{1}{e}\right)$$

$$=\boldsymbol{1-\frac{2}{e}} \quad \cdots\cdots \text{答}$$

(3) 部分積分により，$n\geqq 2$で

$$I_n=\frac{1}{n!}\int_0^1 x^n e^{-x}dx$$

$$=\frac{1}{n!}\int_0^1 x^n(-e^{-x})'dx$$

← I_{n-1} を作りたいので，x^n を「微分する」側にみる．

$$=\frac{1}{n!}\Big[-x^ne^{-x}\Big]_0^1+\frac{1}{(n-1)!}\int_0^1 x^{n-1}e^{-x}dx$$

$$=-\frac{e^{-1}}{n!}+I_{n-1}$$

$$=I_{n-1}-\frac{1}{n!e}$$

つまり，$I_n-I_{n-1}=-\boldsymbol{\frac{1}{n!e}}$ ……**答**

(4) $0\leqq x\leqq 1$ において $0\leqq x^n\leqq 1$ が成り立つので，辺々にe^{-x}を掛けて

$$0\leqq x^ne^{-x}\leqq e^{-x} \quad \cdots\cdots①$$

①の辺々を $0\leqq x\leqq 1$ で定積分して

$$0\leqq \int_0^1 x^ne^{-x}dx\leqq \int_0^1 e^{-x}dx$$

$$0\leqq \frac{1}{n!}\int_0^1 x^ne^{-x}dx\leqq \frac{1}{n!}\int_0^1 e^{-x}dx$$

$$\therefore\quad 0\leqq I_n\leqq \frac{1}{n!}\int_0^1 e^{-x}dx \quad \cdots\cdots②$$

ここで，

$$\lim_{n\to\infty}\frac{1}{n!}\int_0^1 e^{-x}dx=\lim_{n\to\infty}\frac{1}{n!}\left(1-\frac{1}{e}\right)=0$$

なので，②に関して，挟みうちの原理より $\displaystyle\lim_{n\to\infty}I_n=\boldsymbol{0}$ ……**答**

(5) (3)より，$n\geqq 2$ で $I_n-I_{n-1}=-\dfrac{1}{n!e}$ (……③)であり，(1)(2)より

$$I_1-I_0=\left(1-\frac{2}{e}\right)-\left(1-\frac{1}{e}\right)=-\frac{1}{e}$$

なので，③は $n=1$ でも成り立つ．したがって，③より

$$I_n=I_0+\sum_{k=1}^{n}(I_k-I_{k-1})$$

$$=\left(1-\frac{1}{e}\right)-\frac{1}{e}\sum_{k=1}^{n}\frac{1}{k!}$$

$$=\left(1-\frac{1}{e}\right)-\frac{1}{e}\left(-1+\sum_{k=0}^{n}\frac{1}{k!}\right)$$

← $\dfrac{1}{0!}=1$

$$=1-\frac{1}{e}\sum_{k=0}^{n}\frac{1}{k!}$$

したがって，

$$I_n=1-\frac{1}{e}\sum_{k=0}^{n}\frac{1}{k!}\quad \text{すなわち}\quad \sum_{k=0}^{n}\frac{1}{k!}=e-eI_n$$

である．また，(4)より，$\displaystyle\lim_{n\to\infty}I_n=0$ である．以上より，

$$\lim_{n\to\infty}S_n=\lim_{n\to\infty}\sum_{k=0}^{n}\frac{1}{k!}=\boldsymbol{e}\quad \cdots\cdots \text{答}$$

詳説 EXPLANATION

▶(4)は，最右辺を$\displaystyle\int_0^1 x^n\,dx$とするように評価してもよいでしょう．

別解

$0\leqq x\leqq 1$で$e^{-1}\leqq e^{-x}\leqq 1$，つまり$0\leqq e^{-x}\leqq 1$が成り立つので，辺々に$x^n$を掛けて

$$0\leqq e^{-x}x^n\leqq x^n\quad \cdots\cdots ④$$

④の辺々を$0\leqq x\leqq 1$で定積分すると

$$0\leqq\int_0^1 e^{-x}x^n\,dx\leqq\int_0^1 x^n\,dx$$

$$0\leqq\frac{1}{n!}\int_0^1 e^{-x}x^n\,dx\leqq\frac{1}{n!}\cdot\frac{1}{n+1}$$

$$\therefore\quad 0\leqq I_n\leqq\frac{1}{(n+1)!}\quad \cdots\cdots ⑤$$

$\displaystyle\lim_{n\to\infty}\frac{1}{(n+1)!}=0$なので，⑤について挟みうちの原理より

$$\lim_{n\to\infty}I_n=\boldsymbol{0}\quad \cdots\cdots \text{答}$$

32. 定積分と漸化式③

〈頻出度 ★★★〉

負でない整数 m, n に対して，$B(m,\ n)=\int_0^1 x^m(1-x)^n dx$ と定義する．このとき，以下の問いに答えよ．

(1) $B(3,\ 2)$ を求めよ．

(2) $B(m,\ n)$ を $B(m+1,\ n-1)$ を使って表せ（ただし，$n\geqq 1$ とする）．

(3) $B(m,\ n)$ を求めよ．

(4) a, b を相異なる実数とする．このとき，$\int_a^b (x-a)^m(x-b)^n dx$ を求めよ．

（横浜市立大）

着眼 VIEWPOINT

2 変数の積分漸化式です．(2)は見た目に負けず，定石どおりに部分積分すればよいでしょう．「x^m の指数を大きく，$(1-x)^n$ の指数を小さくすればよいから…」と，目標の式との違いを見ながら考えれば，部分積分する方針が自分でたてられるはずです．(4)で，また一から部分積分する必要はありません．(3)までに示したことを使えるように，置換積分します．（☞詳説）

解答 ANSWER

(1)

$$
\begin{aligned}
B(3,\ 2)&=\int_0^1 x^3(1-x)^2 dx\\
&=\int_0^1 (x^3-2x^4+x^5)\,dx\\
&=\left[\frac{x^4}{4}-\frac{2}{5}x^5+\frac{x^6}{6}\right]_0^1\\
&=\mathbf{\frac{1}{60}}\quad\cdots\cdots\text{答}
\end{aligned}
$$

(2) $n\geqq 1$ のとき，部分積分から

$$
\begin{aligned}
B(m,\ n)&=\int_0^1 x^m(1-x)^n dx\\
&=\left[\frac{x^{m+1}}{m+1}\cdot(1-x)^n\right]_0^1-\int_0^1\frac{x^{m+1}}{m+1}\cdot\{-n(1-x)^{n-1}\}\,dx
\end{aligned}
$$

$$= \frac{n}{m+1}\int_0^1 x^{m+1}(1-x)^{n-1}dx$$

$$= \boldsymbol{\frac{n}{m+1}B(m+1,\ n-1)} \quad \cdots\cdots ① \text{答}$$

(3) ①を繰り返し用いると，$m \geqq 0$，$n \geqq 0$ のとき，

$$B(m,\ n) = \frac{n}{m+1}B(m+1,\ n-1)$$

$$= \frac{n}{m+1}\cdot\frac{n-1}{m+2}B(m+2,\ n-2)$$

$$\vdots$$

$$= \frac{n}{m+1}\cdot\frac{n-1}{m+2}\cdots\cdots\frac{1}{m+n}B(m+n,\ 0)$$

である．ここで，

$$B(m+n,\ 0) = \int_0^1 x^{m+n}dx = \left[\frac{x^{m+n+1}}{m+n+1}\right]_0^1 = \frac{1}{m+n+1}$$

であることから，

$$B(m,\ n) = \frac{n}{m+1}\cdot\frac{n-1}{m+2}\cdot\ \cdots\cdots\ \cdot\frac{1}{m+n}\cdot\frac{1}{m+n+1}$$

$$= \boldsymbol{\frac{m!n!}{(m+n+1)!}} \quad \cdots\cdots ② \text{答}$$

(4) $t = \dfrac{1}{b-a}(x-a)$ すなわち $x = (b-a)t + a$ $\cdots\cdots(*)$

とおく．このとき

$dx = (b-a)dt$，

x	$a \longrightarrow b$
t	$0 \longrightarrow 1$

であることから $x-a = (b-a)t$，$x-b = -(b-a)(1-t)$ に注意すると，

$$\int_a^b (x-a)^m(x-b)^n dx$$

$$= \int_0^1 \{(b-a)t\}^m\{-(b-a)(1-t)\}^n\cdot(b-a)dt$$

$$= (-1)^n(b-a)^{m+n+1}\int_0^1 t^m(1-t)^n dt$$

$$= (-1)^n(b-a)^{m+n+1}B(m,\ n)$$

$$= \boldsymbol{\frac{(-1)^n m!n!}{(m+n+1)!}(b-a)^{m+n+1}} \quad \cdots\cdots \text{答} \quad (②\text{より})$$

詳説 EXPLANATION

▶(4)の置換(*)が，唐突に感じる人もいることでしょう．これは，次の図のように考えれば自分でも思いつくはずです．

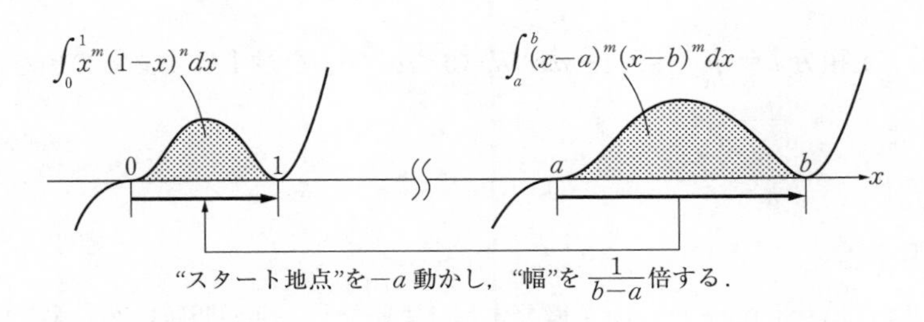

▶(4)の結果で，$n=m=1$とすれば

$$\int_a^b (x-a)(x-b)\,dx=-\frac{1}{6}(b-a)^3 \quad \cdots\cdots(*)$$

となり，2次の定積分の計算公式としてよく使われる形(いわゆる「$\frac{1}{6}$公式」)が得られます．この式の一般形を証明する問題ということです．なお，問題文の$B(m,\ n)$はベータ関数と呼ばれています．$m,\ n$としていろいろな値を考えると，(*)以外にもさまざまな「公式」を作れます．

33. 定積分で表された関数の最大・最小

〈頻出度 ★★★〉

次の問いに答えよ.

(1)　$0<x<\pi$ のとき，$\sin x - x\cos x > 0$ を示せ.

(2)　定積分 $I=\int_0^{\pi} |\sin x - ax|\,dx\ (0<a<1)$ を最小にする a の値を求めよ.

(横浜国立大)

着眼 VIEWPOINT

(1)は $f(x)=\sin x - x\cos x$ を微分すればよいでしょう．問題は(2)です．「解答」では(1)を利用する形で，つまり「$\sin x - ax$ の大小はわかりにくいので，$x\left(\dfrac{\sin x}{x}-a\right)$ として $\dfrac{\sin x}{x}$ と a の大小を調べる」ことにしていますが，$y=\sin x$ と $y=ax$ の大小を，直接グラフから判断してもよいでしょう．(☞詳説)

解答 ANSWER

(1)　$f(x)=\sin x - x\cos x$ とする.

$$f'(x)=\cos x - 1\cdot\cos x - x\cdot(-\sin x) = x\sin x$$

$0<x<\pi$ で $f'(x)>0$ なので，$f(x)$ はこの区間では常に増加する.

$$f(x)>f(0)=0$$

より，$0<x<\pi$ で $\sin x - x\cos x > 0$ が成り立つ.　(証明終)

(2)　まず，$x>0$ で

$$\sin x - ax = x\left(\frac{\sin x}{x}-a\right)$$

←「定数 a を分ける」ための変形.

なので，この区間において $\sin x - ax$ と $\dfrac{\sin x}{x}-a$ の符号は同じ．ここで，

$g(x)=\dfrac{\sin x}{x}\ (0<x<\pi)$ とおくと，

$$g'(x)=\frac{\cos x\cdot x - \sin x\cdot 1}{x^2} = -\frac{f(x)}{x^2}$$

(1)より，$0<x<\pi$ で $f(x)>0$ なので，$0<x<\pi$ で $g'(x)<0$ である.
したがって，$0<x<\pi$ で $g(x)$ は常に減少する．また

$$\lim_{x\to+0} g(x) = \lim_{x\to+0}\frac{\sin x}{x} = 1,$$

$$\lim_{x \to \pi - 0} g(x) = 0$$

なので，$y=g(x)$ のグラフは右図のようになる．
$0<a<1$ のとき，$g(x)=a$ を満たす x が $0<x<\pi$ にただ1つ存在する．この値を α とすれば，

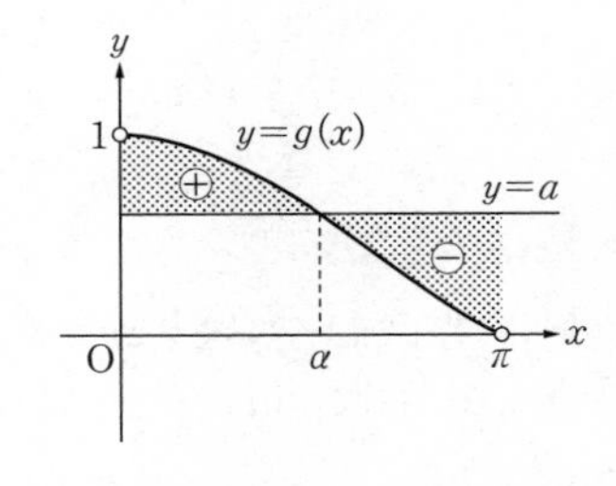

$$a=\frac{\sin\alpha}{\alpha} \quad \cdots\cdots ① \quad (0<\alpha<\pi)$$

が成り立つ．
$x=\alpha$ で $g(x)-a$，つまり $\sin x - ax$ の符号が正から負に変化することから，求める定積分 I は

$$I=\int_0^{\pi} |\sin x - ax|\, dx$$

$$=\int_0^{\alpha} (\sin x - ax)\, dx + \int_{\alpha}^{\pi} \{-(\sin x - ax)\}\, dx \quad \cdots\cdots (*)$$

$$=\left[-\cos x - \frac{a}{2}x^2\right]_0^{\alpha} + \left[-\cos x - \frac{a}{2}x^2\right]_{\pi}^{\alpha}$$

$$=2\left(-\cos\alpha - \frac{a}{2}\alpha^2\right)+1-\left(1-\frac{a}{2}\pi^2\right)$$

$$=-2\cos\alpha + a\left(\frac{\pi^2}{2}-\alpha^2\right)$$

a は α の関数であることに注意する．

$$=-2\cos\alpha + \frac{\sin\alpha}{\alpha}\left(\frac{\pi^2}{2}-\alpha^2\right) \quad (①より)$$

したがって

$$\frac{dI}{d\alpha}=2\sin\alpha + \frac{\cos\alpha\cdot\alpha - \sin\alpha\cdot 1}{\alpha^2}\left(\frac{\pi^2}{2}-\alpha^2\right)+\frac{\sin\alpha}{\alpha}\cdot(-2\alpha)$$

$$=-\frac{f(\alpha)}{\alpha^2}\left(\frac{\pi^2}{2}-\alpha^2\right)$$

$f(\alpha)<0$ であり，$\dfrac{\pi^2}{2}-\alpha^2$ は右図のように符号が変化する．したがって，I の増減は次のとおり．

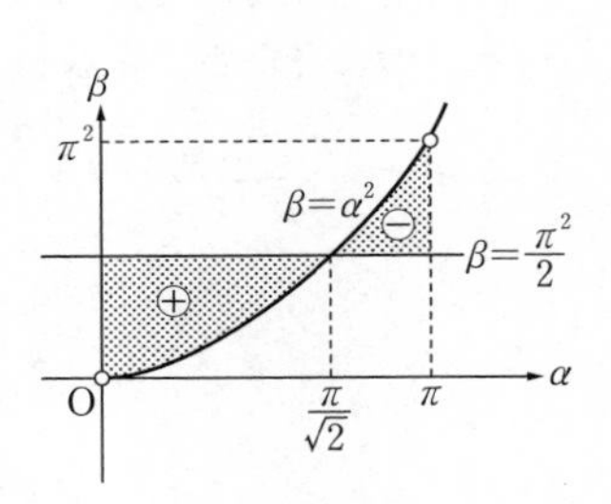

α	(0)	$\cdots$	$\frac{\pi}{\sqrt{2}}$	$\cdots$	(π)
$\frac{dI}{d\alpha}$		$-$	0	$+$	
I		↘	極小	↗	

ゆえに，I は $\alpha=\dfrac{\pi}{\sqrt{2}}$ のときに極小かつ最小になる．①より，このときの a は

$$a=\frac{\sqrt{2}}{\pi}\sin\frac{\pi}{\sqrt{2}}\quad\cdots\cdots\text{答}$$

詳説 EXPLANATION

▶「解答」では，(1)を生かす形で(2)を考えています．つまり，(2)で $\sin x-ax$ と $g(x)-a$ の符号が同じであることから，$g(x)=\dfrac{\sin x}{x}$ と a の大小に着目して説明しています．しかし，((1)を無視しても) $y=\sin x$，$y=x$ のグラフの関係から（右図），これらの大小は直接説明できます．($y=x$ が $y=\sin x$ の原点における接線になっていることは頭に入れておきたいところです．)

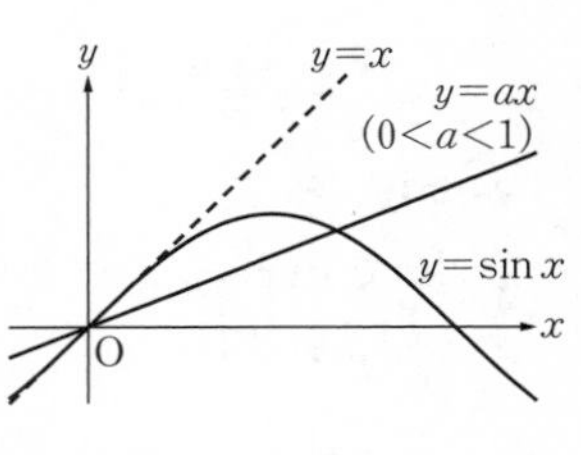

▶問題文の定積分 $I=\displaystyle\int_0^{\pi}|\sin x-ax|\,dx$ は，下図の網目部分の面積を表しています．つまり，この面積が最も小さくなるような a を調べているということです．答案で左下の図をかいておき，ここから，(*)のように絶対値が外れることを説明しても問題はないでしょう．

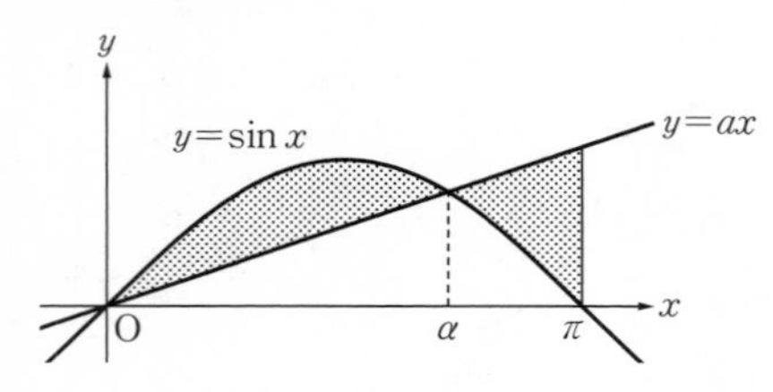

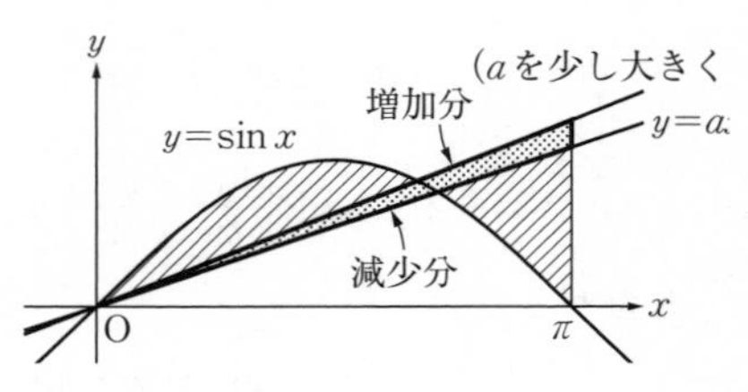

なお，a を少し大きくすることで，右上図のように $I=\displaystyle\int_0^{\pi}|\sin x-ax|\,dx$ の表す面積の一部が減少し，また一部が増加します．この問題では，「増減が釣り合う」ときの a を求めているということです．右上図の網目部分を三角形で近似したとき，$a=\dfrac{\pi}{\sqrt{2}}$ とあたりをつけられます．

34. 等式を満たす関数 $f(x)$ の決定①

〈頻出度 ★★★〉

$f(x)=\cos x+\int_0^{\pi}\sin(x-t)f(t)\,dt$ を満たす関数 $f(x)$ を求めよ.

（福島県立医科大）

着眼 VIEWPOINT

等式を満たす関数 $f(x)$ を決める問題は，「どの文字が変数なのかを確認すること」，「$f(x)$ の構造を見抜くこと」の 2 点が大切です．まず，与えられた式をみると

$$f(x)=\cos x+\int_0^{\pi}\sin(x-t)f(t)\,dt$$

関数 $f(x)$ の変数は x　　積分の変数は t

とわかりますから，ひとまず，$\cos x$ と $\sin x$ で整理しましょう，と考えるのはごく自然です．整理してしまえば，$f(x)=$●$\sin x+$▲$\cos x$（●，▲に x を含まない），の形になるので，●と▲が決まればよいな，とわかります．

この手の問題は，積分の式だけ見て，盲目的にパターンに分類しようとする人が多いです．式の構造をよく考える，という基本的な姿勢を忘れないようにしましょう．

解答 ANSWER

$$\begin{aligned}f(x)&=\cos x+\int_0^{\pi}\sin(x-t)f(t)\,dt\\&=\cos x+\int_0^{\pi}(\sin x\cos t-\cos x\sin t)f(t)\,dt\\&=\cos x+\sin x\int_0^{\pi}f(t)\cos t\,dt-\cos x\int_0^{\pi}f(t)\sin t\,dt\\&=\sin x\int_0^{\pi}f(t)\cos t\,dt+\cos x\left\{1-\int_0^{\pi}f(t)\sin t\,dt\right\}\end{aligned}$$

であるから，

$$A=\int_0^{\pi}f(t)\cos t\,dt,\quad B=1-\int_0^{\pi}f(t)\sin t\,dt \quad \cdots\cdots①$$

とおくと，A，B は定数であり，

$f(x)=A\sin x+B\cos x$（……②）と表される．このとき，①，②より

$$
\begin{aligned}
A &= \int_0^{\pi} f(t)\cos t\,dt \\
&= \int_0^{\pi} (A\sin t\cos t + B\cos^2 t)\,dt \\
&= \int_0^{\pi} \left(\frac{A}{2}\sin 2t + B\cdot\frac{1+\cos 2t}{2}\right)dt \\
&= \left[-\frac{A}{4}\cos 2t + \frac{B}{2}\left(t+\frac{1}{2}\sin 2t\right)\right]_0^{\pi} \\
&= \frac{\pi}{2}B \quad \cdots\cdots③
\end{aligned}
$$

$$
\begin{aligned}
B &= 1-\int_0^{\pi} f(t)\sin t\,dt \\
&= 1-\int_0^{\pi} (A\sin^2 t + B\sin t\cos t)\,dt \\
&= 1-\int_0^{\pi} \left(A\cdot\frac{1-\cos 2t}{2} + \frac{B}{2}\sin 2t\right)dt \\
&= 1-\left[\frac{A}{2}\left(t-\frac{1}{2}\sin 2t\right) - \frac{B}{4}\cos 2t\right]_0^{\pi} \\
&= 1-\frac{\pi}{2}A \quad \cdots\cdots④
\end{aligned}
$$

つまり，③，④から

$$
\begin{cases}
A = \dfrac{\pi}{2}B \\
B = 1-\dfrac{\pi}{2}A
\end{cases}
\quad \text{すなわち} \quad (A,\ B) = \left(\frac{2\pi}{\pi^2+4},\ \frac{4}{\pi^2+4}\right)
$$

②より，$f(x) = \boldsymbol{\dfrac{2\pi}{\pi^2+4}\sin x + \dfrac{4}{\pi^2+4}\cos x}$ ……**答**

35. 等式を満たす関数 $f(x)$ の決定②

〈頻出度 ★★★〉

次の問いに答えよ.

(1) 不定積分 $\int xe^{-x}dx$ を求めよ.

(2) (1)の結果を用いて，不定積分 $\int x^2e^{-x}dx$ を求めよ.

(3) 次の等式を満たす連続関数 $f(x)$ を求めよ.

$$f(x)=x^3e^{-x}+\int_0^x f(x-t)e^{-t}dt$$

（静岡大）

着眼 VIEWPOINT

積分区間に変数 x を含む場合です. (1)(2)は，典型的な部分積分です. (2)は，(1)の結果を使うようにしましょう. (3)がやや厄介です. まず，**被積分関数に正体不明の f(●) が x を含んだままでは扱いづらい**ので，$x-t=u$ などと置換して追い出してしまいましょう. あとは，一般に

$$\frac{dF(x)}{dx}=f(x) \text{ のとき，} \frac{d}{dx}\int_a^x f(u)du=\frac{d}{dx}(F(x)-F(a))=f(x)$$

が成り立つことから両辺を微分したいところですが，微分した後のことを考え，先に e^x を両辺に掛けて e^{-x} を払っておくとよいでしょう.

解答 ANSWER

(1) 以下，C を積分定数とする. 部分積分から

$$\int xe^{-x}dx=x\cdot(-e^{-x})-\int 1\cdot(-e^{-x})dx$$
$$=-xe^{-x}-e^{-x}+C$$
$$=\boldsymbol{-(x+1)e^{-x}+C} \quad \cdots\cdots ① \text{答}$$

(2)
$$\int x^2e^{-x}dx=x^2\cdot(-e^{-x})-\int 2x\cdot(-e^{-x})dx$$
$$=-x^2e^{-x}+2\int xe^{-x}dx$$
$$=-x^2e^{-x}-2(x+1)e^{-x}+C \quad (①\text{より})$$
$$=\boldsymbol{-(x^2+2x+2)e^{-x}+C} \quad \cdots\cdots \text{答}$$

①を「そのまま」代入すると
$-x^2e^{-x}+2\{-(x+1)e^{-x}+C\}$
$=-x^2e^{-x}-2(x+1)e^{-x}+2C$
だが，C は「他に条件が与えられなければ決まらない定数」にすぎないので，〰〰を C とおき直している. (1), (2)の積分定数を C_1, C_2 と分けてもよい.

(3) $x-t=u$ とおく．このとき，$t=x-u$ から

$dt=-du$,

t	$0 \to x$
u	$x \to 0$

なので，

$$\int_0^x f(x-t)e^{-t}dt=\int_x^0 f(u)e^{-x+u}\cdot(-1)du=e^{-x}\int_0^x e^u f(u)du$$

である．したがって，与えられた等式は，

$$f(x)=x^3e^{-x}+e^{-x}\int_0^x e^u f(u)du \quad \cdots\cdots②$$

すなわち，

$$e^x f(x)=x^3+\int_0^x e^u f(u)du \quad \cdots\cdots③$$

となる．③の両辺を x で微分して，

$$e^x f(x)+e^x f'(x)=3x^2+e^x f(x)$$

$$\therefore \quad f'(x)=3x^2e^{-x}$$

(2)より，

$$f(x)=3\int x^2e^{-x}dx=-3(x^2+2x+2)e^{-x}+C \quad \cdots\cdots④$$

と表せる．

(1)，(2)とは異なるCなので，C_3 などとおいてもよい．

ここで，与式より $f(0)=0$ である．④で $x=0$ とすれば，

$$f(0)=-3\cdot2\cdot e^{-0}+C \quad すなわち \quad C=6$$

である．したがって，④より，$f(x)=\boldsymbol{-3(x^2+2x+2)e^{-x}+6}$ ……答

詳説 EXPLANATION

▶一般的に，I 上で微分可能な関数 $f(x)$，$g(x)$ に対し，

区間 I 上で，常に $f(x)=g(x)$ が成り立つ

$\Longrightarrow$ 区間 I 上で，常に $f'(x)=g'(x)$ が成り立つ

ですが，逆は成り立ちません．$y=f(x)$，$y=g(x)$ のグラフをイメージすればわかるでしょう．同値に読みかえると，

区間 I 上で，常に $f(x)=g(x)$ が成り立つ

$\Longleftrightarrow$ 区間 I 上で，常に $f'(x)=g'(x)$ かつ $f(a)=g(a)$ となる a が I 上に存在する ……(*)

となります．「解答」で，両辺を微分するだけでは $f(x)$ が決まらず(式④の部分)，$f(0)=0$ から積分定数の C を決めているのは，(*)の読みかえによるところです．

36. 数列の和の評価①

〈頻出度 ★★★〉

次の問いに答えよ．ただし，対数は自然対数とする．

(1)　n が 2 以上の自然数のとき，次の不等式を示せ．

$$\log n \leqq \sum_{k=1}^{n} \frac{1}{k} \leqq 1+\log n$$

(2)　極限 $\displaystyle\lim_{n\to\infty} \frac{1}{\log n} \sum_{k=1}^{n} \frac{1}{k}$ を求めよ．

（福岡教育大 改題）

着眼 VIEWPOINT

数列の和の極限を調べる問題です．問題9の解説にもある通り，和の計算ができない，区分求積にももち込めないとなれば，うまく収束してくれる「何か」で和を評価するほかありません．

右の図のように，「幅 1，高さ $\dfrac{1}{k}$ の長方形の面積の和 $\displaystyle\sum_{k=1}^{n} \frac{1}{k}$ を，曲線 $y=\dfrac{1}{x}$ を境界とする図形の面積で評価する」ということです．左右に「ハミ出た」部分は，足し引きして調整します．まずは右の図をイメージできるように，自分でも何度もかいてみましょう．実際，右の図でも説明にはなっているのですが，次の「解答」ではより慎重に説明を与えてみようと思います．

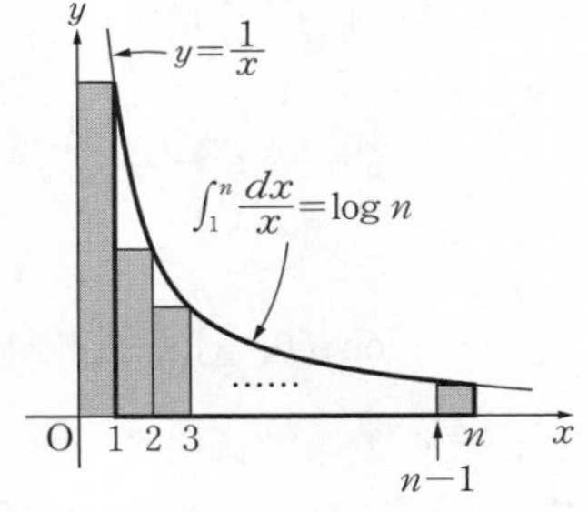

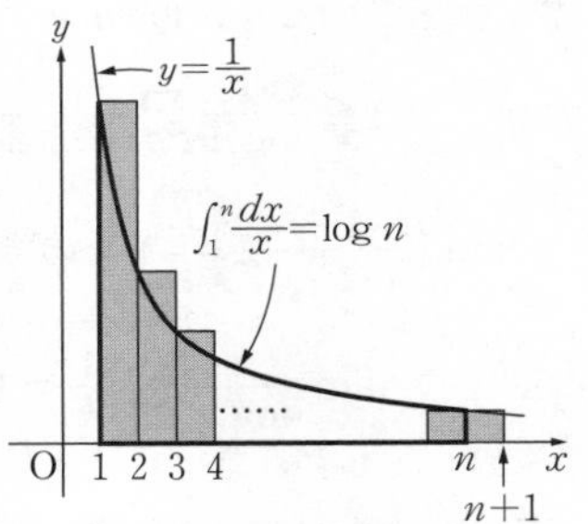

解答 ANSWER

(1)　$x>0$ において，関数 $f(x)=\dfrac{1}{x}$ は常に減少するので，$k \leqq x \leqq k+1$ で

$f(k+1) \leqq f(x) \leqq f(k)$ が成り立つ．つまり，$\dfrac{1}{k+1} \leqq \dfrac{1}{x} \leqq \dfrac{1}{k}$ が成り立つので，

$k \leqq x \leqq k+1$ で辺々定積分して

$$\frac{1}{k+1} \leqq \int_k^{k+1} \frac{1}{x}dx \leqq \frac{1}{k} \quad \cdots\cdots①$$

ここで，①の右側の不等式について，$k=1,\ 2,\ \cdots\cdots,\ n-1$ について辺々の和をとり

$$\int_1^n \frac{1}{x}dx \leqq \sum_{k=1}^{n-1} \frac{1}{k}$$

両辺に$\dfrac{1}{n}$を加えて,

$$\frac{1}{n}+\int_1^n \frac{1}{x}dx \leqq \sum_{k=1}^{n} \frac{1}{k} \quad \cdots\cdots ②$$

また,①の左側の不等式について,$k=1,\ 2,\ \cdots,\ n-1$ について辺々の和をとると

$$\sum_{k=1}^{n-1} \frac{1}{k+1} \leqq \int_1^n \frac{1}{x}dx$$

すなわち,

$$\sum_{k=1}^{n} \frac{1}{k} \leqq 1+\int_1^n \frac{1}{x}dx \quad \cdots\cdots ③$$

②,③と,$\displaystyle\int_1^n \frac{1}{x}dx=\Big[\log x\Big]_1^n=\log n$ より,$n \geqq 2$ で

$$\frac{1}{n}+\log n \leqq \sum_{k=1}^{n} \frac{1}{k} \leqq 1+\log n$$

⬅ $\displaystyle\sum_{k=1}^{n-1} \frac{1}{k+1}$
$\displaystyle=\frac{1}{2}+\frac{1}{3}+\cdots\cdots+\frac{1}{k}$
$\displaystyle=\sum_{k=1}^{n} \frac{1}{k}-1$

つまり

$$\log n \leqq \sum_{k=1}^{n} \frac{1}{k} \leqq 1+\log n \quad \cdots\cdots ④$$

が成り立つ.(証明終)

⬅ $\dfrac{1}{n}>0$ より,
$\log n<\dfrac{1}{n}+\log n$

(2)　$n \geqq 2$ のとき,$\log n>0$ なので,④より

$$1 \leqq \frac{1}{\log n}\sum_{k=1}^{n} \frac{1}{k} \leqq \frac{1}{\log n}+1 \quad \cdots\cdots ⑤$$

$\displaystyle\lim_{n\to\infty}\left(\frac{1}{\log n}+1\right)=1$ なので,⑤について,挟みうちの原理より,

$$\lim_{n\to\infty} \frac{1}{\log n}\sum_{k=1}^{n} \frac{1}{k}=\mathbf{1} \quad \cdots\cdots \text{答}$$

詳説 EXPLANATION

▶①の右側の不等式から,$\left(\displaystyle\sum_{k=1}^{n} \frac{1}{k}\text{ を作るために}\right)k=1,\ 2,\ \cdots\cdots,\ n$ で辺々の和をとると

$$\int_1^{n+1} \frac{1}{x}dx \leqq \sum_{k=1}^{n} \frac{1}{k} \quad \text{すなわち} \quad \log(n+1) \leqq \sum_{k=1}^{n} \frac{1}{k}$$

となります.それでも,$n \geqq 2$ で $\log(n+1)>\log n$ なので

$$\sum_{k=1}^{n} \frac{1}{k} \geqq \log(n+1)>\log n$$

とすれば,④の左側の不等式を得られます.

37. 数列の和の評価②

〈頻出度 ★★★〉

数列 $\{a_n\}$ の一般項を $a_n=\dfrac{1}{\sqrt[3]{n^2}}$ $(n=1,\ 2,\ 3,\ \cdots\cdots)$ とする．また，数列 $\{a_n\}$ の初項 a_1 から第 n 項 a_n までの和を S_n とする．このとき，$S_{1000000}$ の整数部分を求めよ．

（名古屋市立大）

着眼 VIEWPOINT

$\dfrac{1}{\sqrt[3]{1^2}}+\dfrac{1}{\sqrt[3]{2^2}}+\dfrac{1}{\sqrt[3]{3^3}}+\cdots\cdots$ と足していくわけにはいかないでしょう．問題36と同じ要領で考えたいところ．つまり，和の計算ができない，区分求積は無理，となれば，「上下から評価する」ほかありません．$f(x)=\dfrac{1}{\sqrt[3]{x^2}}$ として，（$S_{1000000}$ の値そのものはわからなくても，）$y=f(x)$ のグラフをかき，このグラフを境界とした図形の面積で「$S_{1000000}$ はこの範囲に入っている」と説明したいところです．

解答 ANSWER

$S_{1000000}=\displaystyle\sum_{k=1}^{10^6}\frac{1}{\sqrt[3]{k^2}}$ であることに注意する．

k を正の整数とする．$k\leqq x\leqq k+1$ のとき，$f(x)=\dfrac{1}{\sqrt[3]{x^2}}$ が $x>0$ で常に減少するから

$$f(k+1)\leqq f(x)\leqq f(k)\quad \text{すなわち}\quad \frac{1}{\sqrt[3]{(k+1)^2}}\leqq\frac{1}{\sqrt[3]{x^2}}\leqq\frac{1}{\sqrt[3]{k^2}}\quad\cdots\cdots①$$

が成り立つ．①の等号は $x=k$ または $x=k+1$ のときにのみ成り立つので，$k\leqq x\leqq k+1$ で辺々を定積分することで

$$\int_k^{k+1}\frac{1}{\sqrt[3]{(k+1)^2}}dx<\int_k^{k+1}\frac{1}{\sqrt[3]{x^2}}dx<\int_k^{k+1}\frac{1}{\sqrt[3]{k^2}}dx$$

すなわち，

$$\frac{1}{\sqrt[3]{(k+1)^2}}<\int_k^{k+1}\frac{1}{\sqrt[3]{x^2}}dx<\frac{1}{\sqrt[3]{k^2}}\quad\cdots\cdots②$$

を得る．

②の右側の不等式に関して，$\dfrac{1}{\sqrt[3]{k^2}}>\displaystyle\int_k^{k+1}\frac{1}{\sqrt[3]{x^2}}dx$ から，

$k=1,\ 2,\ \cdots\cdots,\ 999999$ まで辺々の和をとると

$$\sum_{k=1}^{999999}\frac{1}{\sqrt[3]{k^2}}>\int_1^{10^6}\frac{1}{\sqrt[3]{x^2}}dx=\left[3x^{\frac{1}{3}}\right]_1^{10^6}=3(10^2-1)=297$$

辺々に $\dfrac{1}{\sqrt[3]{(10^6)^2}}=\dfrac{1}{10^4}$ を加えて，$\displaystyle\sum_{k=1}^{10^6}\frac{1}{\sqrt[3]{k^2}}>297+\frac{1}{10^4}$ (……③)を得る．

次に，②の左側の不等式に関して，$k=1,\ 2,\ \cdots\cdots,\ 999999$ まで辺々の和をとる．

$$\sum_{k=1}^{999999}\frac{1}{\sqrt[3]{(k+1)^2}}<\int_1^{10^6}\frac{1}{\sqrt[3]{x^2}}dx=297$$

つまり

$$\sum_{k=2}^{10^6}\frac{1}{\sqrt[3]{k^2}}<297$$

であり，辺々に 1 を加えることで $\displaystyle\sum_{k=1}^{10^6}\frac{1}{\sqrt[3]{k^2}}<298$ (……④)を得る．③，④より

$$297+\frac{1}{10^4}<\sum_{k=1}^{10^6}\frac{1}{\sqrt[3]{k^2}}<298$$

なので，$S_{1000000}$ の整数部分は **297**　……答

詳説 EXPLANATION

▶③，④は次のように面積で評価することと同じことです．

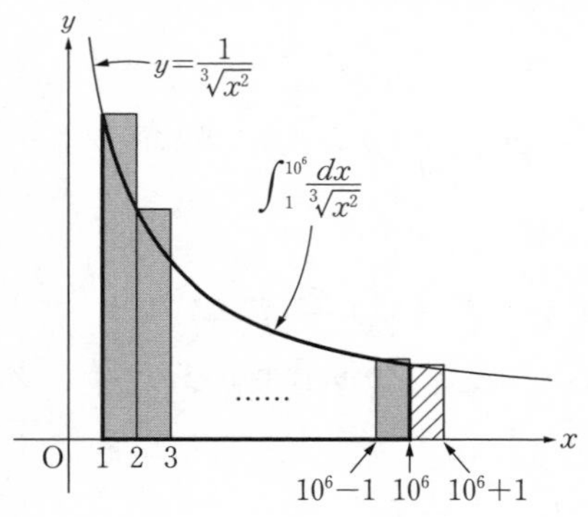

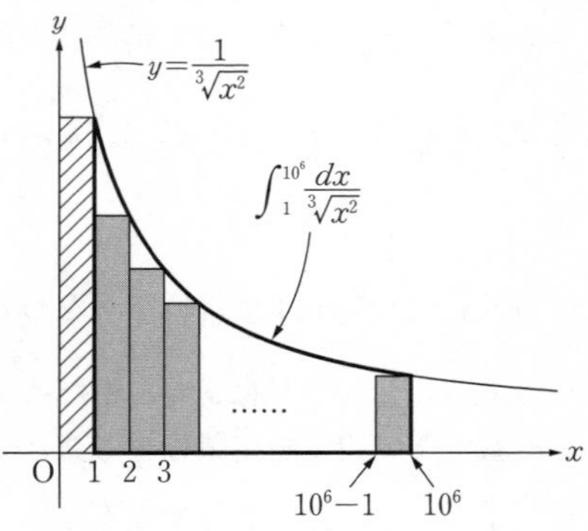

▶②の不等式まではよいとして，「ここから $S_{1000000}=\displaystyle\sum_{k=1}^{10^6}\frac{1}{\sqrt[3]{k^2}}$ を作るのだから，辺々に，$k=1,\ 2,\ \cdots\cdots,\ 10^6$ を代入する」と考えがちです．(それでも遠回りすればできなくはないですが)「解答」のように，「$\sqrt[3]{}$ が外れる範囲」で不等式を利用して，$S_{1000000}$ からずれている分は後から加えればよいわけです．

38. 定積分と級数①

〈頻出度 ★★★〉

$n=1,\ 2,\ 3,\ \cdots\cdots$に対して$I_n=(-1)^{n-1}\displaystyle\int_0^1\frac{x^{2(n-1)}}{x^2+1}dx$とおく.

(1) I_1の値を求めよ.

(2) $I_n-I_{n+1}\ (n=1,\ 2,\ 3,\ \cdots)$の値を$n$を用いて表せ.

(3) $|I_n|\leqq\dfrac{1}{2n-1}\ (n=1,\ 2,\ 3,\ \cdots)$を示せ.

(4) 極限$\displaystyle\lim_{n\to\infty}\sum_{k=1}^{n}\frac{(-1)^{k-1}}{2k-1}$を求めよ.

(青山学院大　改題)

着眼 VIEWPOINT

定積分の評価を通じて，無限級数の和を求める頻出問題です.

(3)は，I_nの式と$\dfrac{1}{2n-1}$をよく見比べることが大切です. $\displaystyle\int_0^1 x^{2n-2}dx=\frac{1}{2n-1}$

であることに気づけば，$\dfrac{1}{x^2+1}$を定数で評価する方針が見えてきます. また，(4)はそれまでの問題との関係が見えづらいかもしれません. (2)で求めた値が(4)で和をとる式と対応していることに気づけば，和をとって互いに打ち消しあう形であることがわかります.

解答 ANSWER

$$I_n=(-1)^{n-1}\int_0^1\frac{x^{2(n-1)}}{x^2+1}dx\quad\cdots\cdots①$$

(1) ①で$n=1$として，$I_1=\displaystyle\int_0^1\frac{1}{x^2+1}dx$である. $x=\tan\theta$と置換すると，

$$dx=\frac{1}{\cos^2\theta}d\theta$$

x	$0\longrightarrow 1$
θ	$0\longrightarrow\frac{\pi}{4}$

である. したがって，

$$I_1=\int_0^{\frac{\pi}{4}}\frac{1}{1+\tan^2\theta}\cdot\frac{d\theta}{\cos^2\theta}=\int_0^{\frac{\pi}{4}}d\theta=\boldsymbol{\frac{\pi}{4}}\quad\cdots\cdots答$$

(2)　①より，

$$I_n - I_{n+1} = (-1)^{n-1}\int_0^1 \frac{x^{2(n-1)}}{x^2+1}dx - (-1)^n\int_0^1 \frac{x^{2n}}{x^2+1}dx$$

$$= (-1)^{n-1}\int_0^1 \frac{x^{2(n-1)}(1+x^2)}{x^2+1}dx$$

$$= (-1)^{n-1}\int_0^1 x^{2(n-1)}dx$$

$$= (-1)^{n-1}\left[\frac{x^{2n-1}}{2n-1}\right]_0^1$$

$$= \boldsymbol{\frac{(-1)^{n-1}}{2n-1}} \quad \cdots\cdots ②$$ **答**

(3)　$0 \leqq x \leqq 1$ において，$\frac{1}{x^2+1} \leqq 1$ より $0 \leqq \frac{x^{2(n-1)}}{x^2+1} \leqq x^{2(n-1)}$ である．したがって

$$|I_n| = \left|(-1)^{n-1}\int_0^1 \frac{x^{2(n-1)}}{x^2+1}dx\right|$$

$$= \left|\int_0^1 \frac{x^{2(n-1)}}{x^2+1}dx\right|$$

$$= \int_0^1 \frac{x^{2(n-1)}}{x^2+1}dx$$

$$\leqq \int_0^1 x^{2(n-1)}dx = \frac{1}{2n-1} \quad \cdots\cdots ③$$ (証明終)

(4)　②より，

$$\sum_{k=1}^{n} \frac{(-1)^{k-1}}{2k-1} = \sum_{k=1}^{n}(I_k - I_{k+1}) = I_1 - I_{n+1} \quad \cdots\cdots ④$$

さらに，③より，

$$0 \leqq |I_{n+1}| \leqq \frac{1}{2n+1} \quad \cdots\cdots ⑤$$

である．$\lim_{n\to\infty}\frac{1}{2n+1} = 0$ だから，⑤に関して，挟みうちの原理より，

$$\lim_{n\to\infty}|I_{n+1}| = 0 \quad \text{すなわち} \quad \lim_{n\to\infty} I_{n+1} = 0$$

である．したがって，④と(1)の結果より

$$\lim_{n\to\infty}\sum_{k=1}^{n} \frac{(-1)^{k-1}}{2k-1} = \lim_{n\to\infty}(I_1 - I_{n+1}) = I_1 = \boldsymbol{\frac{\pi}{4}} \quad \cdots\cdots$$ **答**

39. 定積分と級数②

〈頻出度 ★★★〉

自然数 n に対し，定積分 $I_n=\int_0^1 \frac{x^n}{x^2+1}dx$ を考える．このとき，次の問いに答えよ．

(1) $I_n+I_{n+2}=\frac{1}{n+1}$ を示せ．

(2) $0 \leqq I_{n+1} \leqq I_n \leqq \frac{1}{n+1}$ を示せ．

(3) $\lim_{n\to\infty} nI_n$ を求めよ．

(4) $S_n=\sum_{k=1}^{n}\frac{(-1)^{k-1}}{2k}$ とする．このとき(1), (2)を用いて $\lim_{n\to\infty} S_n$ を求めよ．

（名古屋大）

着眼 VIEWPOINT

問題38と同様，無限級数の和を求める問題です．(2), (3)は「絶対値が1未満の値は，何度も掛ければ小さくなる」という当然の事実を表しているにすぎません．

解答 ANSWER

(1)

$$
\begin{aligned}
I_n+I_{n+2}&=\int_0^1 \frac{x^n}{x^2+1}dx+\int_0^1 \frac{x^{n+2}}{x^2+1}dx\\
&=\int_0^1 \frac{x^n(x^2+1)}{x^2+1}dx\\
&=\int_0^1 x^n dx\\
&=\left[\frac{x^{n+1}}{n+1}\right]_0^1=\boldsymbol{\frac{1}{n+1}} \quad \cdots\cdots①
\end{aligned}
$$
答

(2) $0 \leqq x \leqq 1$ では $0 \leqq x^{n+1} \leqq x^n$ が成り立つことより，

$$0 \leqq \frac{x^{n+1}}{x^2+1} \leqq \frac{x^n}{x^2+1}$$

$0 \leqq x \leqq 1$ で辺々を定積分すると，

$$0 \leqq \int_0^1 \frac{x^{n+1}}{x^2+1}dx \leqq \int_0^1 \frac{x^n}{x^2+1}dx \quad \cdots\cdots②$$

また，$0 \leqq x \leqq 1$ で $\dfrac{1}{x^2+1} \leqq 1$ より $\dfrac{x^n}{x^2+1} \leqq x^n$ であるから，

$$\int_0^1 \frac{x^n}{x^2+1}dx \leqq \int_0^1 x^n dx = \frac{1}{n+1} \quad \cdots\cdots③$$

②，③より，

$$0 \leqq I_{n+1} \leqq I_n \leqq \frac{1}{n+1} \quad (\text{証明終}) \quad \cdots\cdots④$$

(3)　④より，$n \geqq 3$ で $I_{n+2} \leqq I_n \leqq I_{n-2}$ が成り立つので，

$$I_n + I_{n+2} \leqq I_n + I_n \leqq I_n + I_{n-2}$$

したがって，①より

$$\frac{1}{n+1} \leqq 2I_n \leqq \frac{1}{n-1} \qquad \therefore \quad \frac{n}{2(n+1)} \leqq nI_n \leqq \frac{n}{2(n-1)} \quad \cdots\cdots⑤$$

ここで，$\displaystyle\lim_{n\to\infty} \frac{n}{2(n+1)} = \frac{1}{2}$，$\displaystyle\lim_{n\to\infty} \frac{n}{2(n-1)} = \frac{1}{2}$ なので，⑤に関して，挟みうちの原理より，

$$\lim_{n\to\infty} nI_n = \mathbf{\frac{1}{2}} \quad \cdots\cdots 答$$

(4)　①より，k を正の整数として $I_{2k-1} + I_{2k+1} = \dfrac{1}{2k}$ が成り立つので，

$$(-1)^{k-1}I_{2k-1} + (-1)^{k-1}I_{2k+1} = \frac{(-1)^{k-1}}{2k}$$

$$(-1)^{k-1}I_{2(k-1)+1} - (-1)^k I_{2k+1} = \frac{(-1)^{k-1}}{2k}$$

← $(-1)^2(-1)^{k-1} = -(-1)^k$

したがって，

$$S_n = \sum_{k=1}^{n} \{(-1)^{k-1}I_{2(k-1)+1} - (-1)^k I_{2k+1}\} = I_1 - (-1)^n I_{2n+1}$$

③より $0 \leqq I_n \leqq \dfrac{1}{n+1}$ が成り立つ．$\displaystyle\lim_{n\to\infty} \frac{1}{n+1} = 0$ なので，挟みうちの原理より，

$\displaystyle\lim_{n\to\infty} I_n = 0$，つまり，$\displaystyle\lim_{n\to\infty} I_{2n+1} = 0$ が成り立つので，

$$\lim_{n\to\infty} S_n = I_1 = \int_0^1 \frac{x}{x^2+1}dx$$

$$= \left[\frac{1}{2}\log(x^2+1)\right]_0^1 = \mathbf{\frac{1}{2}\log 2} \quad \cdots\cdots 答$$

詳説 EXPLANATION

▶この問題で扱った($\displaystyle\lim_{n\to\infty} 2S_n$ に相当する)無限級数

$$\sum_{n=1}^{\infty}\frac{(-1)^{n-1}}{n}=1-\frac{1}{2}+\frac{1}{3}-\frac{1}{4}+\cdots\cdots+\frac{(-1)^{n-1}}{n}+\cdots\cdots=\log 2$$

はメルカトル級数と呼ばれています．定積分の評価による方法も有名ですが，次の方法もよく知られています．

まず，$S_n=\sum_{k=1}^{n}\frac{(-1)^{k-1}}{k}$ として，$S_{2n}=\sum_{k=1}^{n}\frac{1}{n+k}$ を証明します．次のように，「先に $\frac{1}{k}$ をすべて足しておいて，あとから余分に引く」ことで示せます．

$$\begin{aligned}
S_{2n}&=\sum_{k=1}^{2n}\frac{(-1)^{k-1}}{k}\\
&=1-\frac{1}{2}+\frac{1}{3}-\frac{1}{4}+\frac{1}{5}-\frac{1}{6}+\cdots\cdots+\frac{1}{2n-1}-\frac{1}{2n}\\
&=1+\frac{1}{2}+\frac{1}{3}+\frac{1}{4}+\frac{1}{5}+\frac{1}{6}+\cdots\cdots+\frac{1}{2n-1}+\frac{1}{2n}\\
&\quad-2\left(\frac{1}{2}+\frac{1}{4}+\frac{1}{6}\cdots\cdots+\frac{1}{2n}\right)\\
&=1+\frac{1}{2}+\frac{1}{3}+\frac{1}{4}+\cdots\cdots+\frac{1}{n}+\frac{1}{n+1}+\cdots\cdots+\frac{1}{2n}\\
&\quad-\left(1+\frac{1}{2}+\frac{1}{3}+\frac{1}{4}+\cdots\cdots+\frac{1}{n}\right)\\
&=\frac{1}{n+1}+\cdots\cdots+\frac{1}{2n}\\
&=\sum_{k=1}^{n}\frac{1}{n+k}
\end{aligned}$$

次に，区分求積法により $\lim_{n\to\infty}S_{2n}=\log 2$ を示します．

$$\lim_{n\to\infty}S_{2n}=\lim_{n\to\infty}\frac{1}{n}\sum_{k=1}^{n}\frac{1}{1+\frac{k}{n}}=\int_0^1\frac{dx}{1+x}=\Big[\log|1+x|\Big]_0^1=\log 2 \quad\cdots\cdots(*)$$

最後に，$\lim_{n\to\infty}S_{2n-1}=\log 2$ を示します．

$$\lim_{n\to\infty}S_{2n-1}=\lim_{n\to\infty}\left(S_{2n}-\frac{1}{2n}\right)=\log 2-0=\log 2 \quad\cdots\cdots(**)$$

(*)，(**)から，$\lim_{n\to\infty}S_n=\log 2$，つまり $\sum_{n=1}^{\infty}\frac{(-1)^{n-1}}{n}=\log 2$ が示されました．

解説 第4章 積分法(面積, 体積など)

数学	Ⅲ
問題頁	P.15
問題数	21問

40. 基本的な面積の計算

〈頻出度 ★★★〉

[1] 座標平面上の2つの曲線 $y=\dfrac{x-3}{x-4}$, $y=\dfrac{1}{4}(x-1)(x-3)$ をそれぞれ C_1, C_2 とする. このとき, C_1 と C_2 で囲まれた図形の面積を求めよ.

(神戸大 改題)

[2] 曲線 $y=e^x+\dfrac{6}{e^x+1}$ と直線 $y=4$ で囲まれた部分の面積を求めよ.

ただし, e は自然対数の底である. (弘前大)

[3] 方程式 $y^2=x^6(1-x^2)$ が表す図形で囲まれた面積を求めなさい.

(大分大)

着眼 VIEWPOINT

面積計算では, **必要な情報だけを端的に説明すること**を意識しましょう.

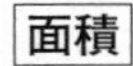

面積

区間 $a \leqq x \leqq b$ で常に $f(x) \geqq g(x)$ のとき, この区間において2曲線 $y=f(x)$ と $y=g(x)$ に挟まれる部分の面積を S とすると,

$$S=\int_a^b \{f(x)-g(x)\}\,dx$$

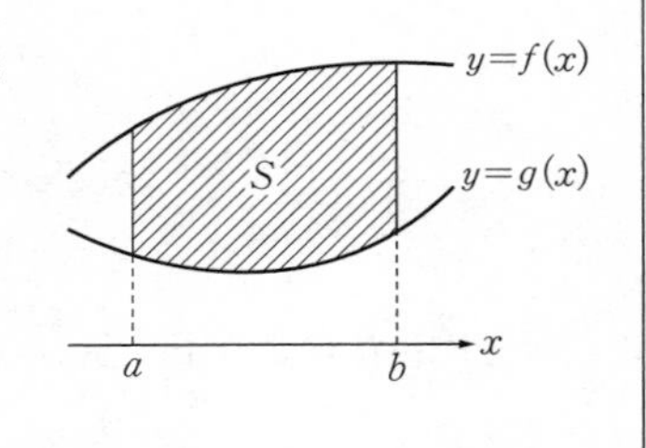

具体的には,

- **積分区間の確認**(囲まれている部分はどこにあるか)
- **境界の上下関係の判断**(どちらが上にあるか, を説明できるか)

の2点です. 逆に, それ以外のことを説明しようとすると, 妙な遠回りをしかねません. 「曲線の概形がよくわからないからとりあえず微分する」はこの典型でしょう.

解答 ANSWER

1　2 曲線 C_1, C_2 の交点の x 座標は，$\dfrac{x-3}{x-4}=\dfrac{1}{4}(x-1)(x-3)$ より，

$$4(x-3)=(x-1)(x-3)(x-4)$$
$$(x-3)\{(x-1)(x-4)-4\}=0$$
$$x(x-3)(x-5)=0$$
$$\therefore\quad x=0,\ 3,\ 5$$

← $x=4$ がこの等式を満たさないことに注意．

したがって，2 曲線の交点は，$\left(0,\ \dfrac{3}{4}\right)$, $(3,\ 0)$, $(5,\ 2)$ である．

また，曲線 C_1 の方程式は $y=\dfrac{1}{x-4}+1$ であり，$x=4$, $y=1$ が漸近線である．これらより，C_1, C_2 の概形は右図のようになる．

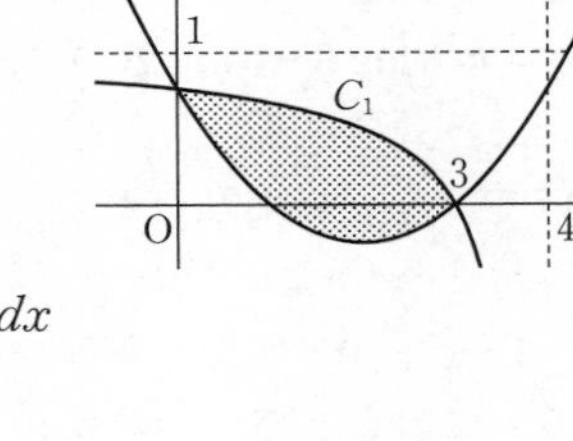

C_1 と C_2 で囲まれた部分は図の網目部分である．求める面積を S とすると，

$$S=\int_0^3\left\{\frac{1}{x-4}+1-\frac{1}{4}(x-1)(x-3)\right\}dx$$
$$=\int_0^3\left(\frac{1}{x-4}-\frac{1}{4}x^2+x+\frac{1}{4}\right)dx$$
$$=\left[\log|x-4|-\frac{1}{12}x^3+\frac{1}{2}x^2+\frac{1}{4}x\right]_0^3$$
$$=\mathbf{3-2\log 2}\quad\cdots\cdots\text{答}$$

2　$f(x)=e^x+\dfrac{6}{e^x+1}$ とおく．このとき，

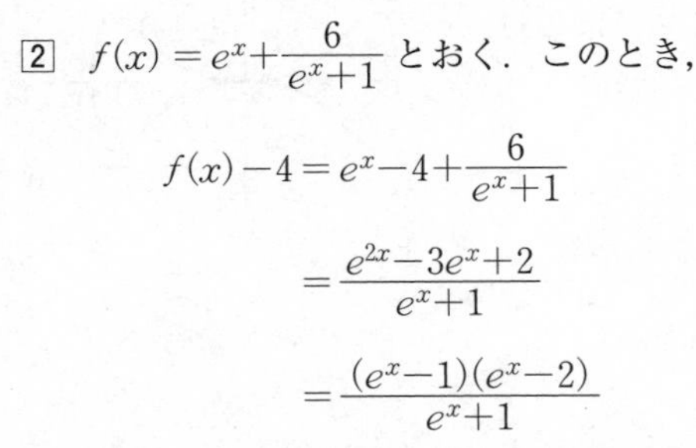

$$f(x)-4=e^x-4+\frac{6}{e^x+1}$$
$$=\frac{e^{2x}-3e^x+2}{e^x+1}$$
$$=\frac{(e^x-1)(e^x-2)}{e^x+1}$$

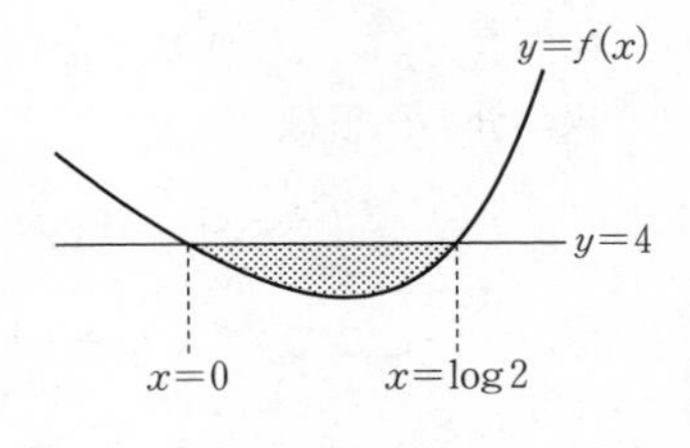

$f(x)-4$ と $(e^x-1)(e^x-2)$ の符号は一致する．したがって，$y=f(x)$ と $y=4$ は $e^x=1$, 2 すなわち $x=0$, $\log 2$ で交差し，$0\leqq x\leqq \log 2$ で $f(x)\leqq 4$ である．

したがって，求める面積を S とすると，

$$S=\int_0^{\log 2}\{4-f(x)\}\,dx$$

$$=\int_0^{\log 2}\left(4-e^x-\frac{6}{e^x+1}\right)dx$$

$$=\int_0^{\log 2}\left(4-e^x+\frac{-6e^{-x}}{1+e^{-x}}\right)dx$$

$$=\int_0^{\log 2}\left\{4-e^x+6\cdot\frac{(1+e^{-x})'}{1+e^{-x}}\right\}dx$$

$$=\Big[4x-e^x+6\log(1+e^{-x})\Big]_0^{\log 2}$$

$$=4\log 2-(2-1)+6\left\{\log\left(1+\frac{1}{2}\right)-\log 2\right\}$$

$$=4\log 2-1+6(\log 3-\log 2)-6\log 2$$

$$=\mathbf{6\log 3-8\log 2-1}\quad\cdots\cdots\text{答}$$

← $\int\frac{(1+e^{-x})'}{1+e^{-x}}dx$，つまり $\int\frac{-e^{-x}}{1+e^{-x}}dx$ を作りたいので，$\frac{1}{e^x+1}$ の分母，分子を e^x で割っている．

3　　$y^2=x^6(1-x^2)$　……①

において，x，y は実数だから，左辺は 0 以上の値をとる．x のとりうる値の範囲は，$x^6(1-x^2)\geqq 0$ より

$1-x^2\geqq 0$　すなわち　$-1\leqq x\leqq 1$

である．このもとで，①より $y=\pm x^3\sqrt{1-x^2}$ である．

点 $(x,\ y)$ が①の表すグラフ上にあるとき，点 $(\pm x,\ \pm y)$（複号任意）も①上にあるので，①のグラフは x 軸，y 軸に関して対称である．

以下，$x\geqq 0$，$y\geqq 0$ で考えると，

$f(x)=x^3\sqrt{1-x^2}$ は $0\leqq x\leqq 1$ で常に 0 以上である．したがって，求める面積を S とする．図の斜線部分の面積は

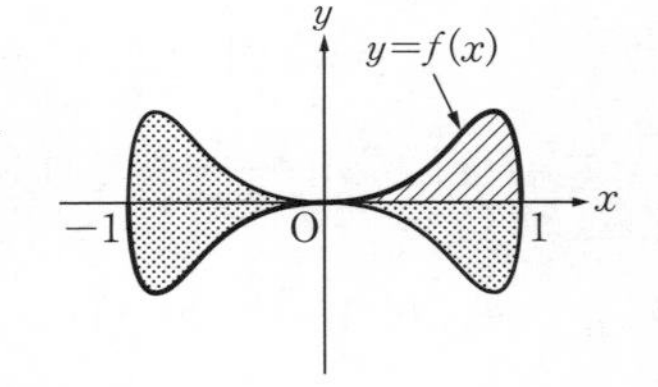

$$\frac{S}{4}=\int_0^1 x^3\sqrt{1-x^2}\,dx$$

である．ここで，$t=1-x^2$ と置換する．$dt=-2xdx$ より

$$\frac{S}{4}=\int_1^0(1-t)\sqrt{t}\cdot\left(-\frac{1}{2}\right)dt$$

$$\therefore\quad S=2\int_0^1(\sqrt{t}-t\sqrt{t})\,dt=2\left[\frac{2}{3}t^{\frac{3}{2}}-\frac{2}{5}t^{\frac{5}{2}}\right]_0^1=\mathbf{\frac{8}{15}}\quad\cdots\cdots\text{答}$$

詳説 EXPLANATION

▶1　境界同士の上下の説明を，共有点を求めることと同時に行うのであれば，次のように進めればよいでしょう．

$$\frac{x-3}{x-4}-\frac{1}{4}(x-1)(x-3)=-\frac{x(x-3)(x-5)}{4(x-4)}$$

$x=0$, 3, 4, 5 で $-\dfrac{x(x-3)(x-5)}{x-4}$ の符号が切りかわることからC_1, C_2の上下関係を判断できます.

ただし，直角双曲線 $y=\dfrac{x-3}{x-4}$ と放物線 $y=\dfrac{1}{4}(x-1)(x-3)$ であればグラフの概形はすぐにわかりますから，あまり神経質に考える必要はありません．「解答」のように交点を求めればよいでしょう.

▶2 定積分$\displaystyle\int_0^{\log 2}\frac{dx}{e^x+1}$は,「解答」のように$\displaystyle\int\frac{f'(x)}{f(x)}dx$の形が見えてほしいところですが，次のように置換積分で進めてもよいでしょう.

別解

Sの立式までは「解答」と同じ.

$I=\displaystyle\int_0^{\log 2}\frac{1}{e^x+1}dx$ とおく．$e^x=t$ と置換すると，$x=\log t$ から

$dx=\dfrac{1}{t}dt$,

x	$0 \longrightarrow \log 2$
t	$1 \longrightarrow 2$

である．したがって,

$$I=\int_1^2\frac{1}{t+1}\cdot\frac{1}{t}dt$$

$$=\int_1^2\left(\frac{1}{t}-\frac{1}{t+1}\right)dt$$

$$=\Big[\log|t|-\log|t+1|\Big]_1^2=2\log 2-\log 3$$

以下，「解答」と同じ.

▶3 本問で$f(x)$の増減を述べる必要はありませんが, 次のように調べられます.

$$f'(x)=3x^2\sqrt{1-x^2}+x^3\cdot\frac{-2x}{2\sqrt{1-x^2}}=-\frac{x^2(4x^2-3)}{\sqrt{1-x^2}}$$

より，$0<x\leqq 1$ において$f'(x)=0$ となるのは

$x=\dfrac{\sqrt{3}}{2}$のときのみである.

x	0	…	$\frac{\sqrt{3}}{2}$	…	1
$f'(x)$		+	0	−	
$f(x)$	0	↗	極大	↘	0

以下，「解答」と同じ.

41. 曲線と接線で囲まれた図形の面積

〈頻出度 ★★★〉

$f(x)=\log(2x)$ とし，曲線 $y=f(x)$ を C とする．曲線 C と x 軸との交点における曲線 C の接線 l の方程式を $y=g(x)$ とする．

(1)　直線 l の方程式を求めよ．

(2)　$h(x)=g(x)-f(x)$ $(x>0)$ とおくと，$h(x)\geqq 0$ $(x>0)$ であることを示せ．また，$h(x)=0$ となる x の値を求めよ．

(3)　曲線 C と直線 l と直線 $x=\frac{1}{2}e$ で囲まれた部分の面積 S を求めよ．

(大分大)

着眼 VIEWPOINT

誘導に従って接線の方程式を求めます．(2)の不等式証明は，問題23などのように微分して示せばよいでしょう．(2)から境界同士の上下が説明できているので，(3)で定積分の式はすぐに立てられる，ということでしょう．(☞詳説)

解答 ANSWER

(1)　曲線 C と x 軸との交点をPとする．P の x 座標は，$\log 2x=0$ から

$$2x=1 \quad \text{すなわち} \quad x=\frac{1}{2}$$

したがって，点Pの座標は $\left(\frac{1}{2},\ 0\right)$ である．また，

$$f(x)=\log 2x=\log 2+\log x\,,\quad f'(x)=\frac{1}{x}$$

したがって，直線 l の方程式は，

$$y=2\left(x-\frac{1}{2}\right) \quad \text{すなわち} \quad \boldsymbol{y=2x-1} \quad \cdots\cdots \text{答}$$

(2)　(1)より，$g(x)=2x-1$．したがって，$x>0$ において

$$h(x)=g(x)-f(x)=2x-1-\log 2-\log x$$

$$h'(x)=2-\frac{1}{x}=\frac{2x-1}{x}$$

$x>0$ より，$h'(x)$ の符号は $2x-1$ の符号と同じである．つまり，$x>0$ における $h(x)$ の増減は次のとおり．

x	0	$\cdots$	$\frac{1}{2}$	$\cdots$
$h'(x)$	＼	$-$	0	$+$
$h(x)$	＼	↘	0	↗

つまり，$x>0$ で $h(x) \geqq h\left(\frac{1}{2}\right)=0$ が成り立つ．（証明終）

また，$h(x)=0$ となる x の値は，$\boldsymbol{x=\frac{1}{2}}$ ……**答**

(3) (2)より，$x>0$ において $g(x) \geqq f(x)$ である．したがって，面積を求める部分は，右図の網目部分である．

$$S=\int_{\frac{1}{2}}^{\frac{1}{2}e}(2x-1-\log 2-\log x)\,dx$$
$$=\Big[x^2-x\log 2-x\log x\Big]_{\frac{1}{2}}^{\frac{1}{2}e}$$
$$=\boldsymbol{\frac{1}{4}(e^2-2e-1)} \quad \cdots\cdots \textbf{答}$$

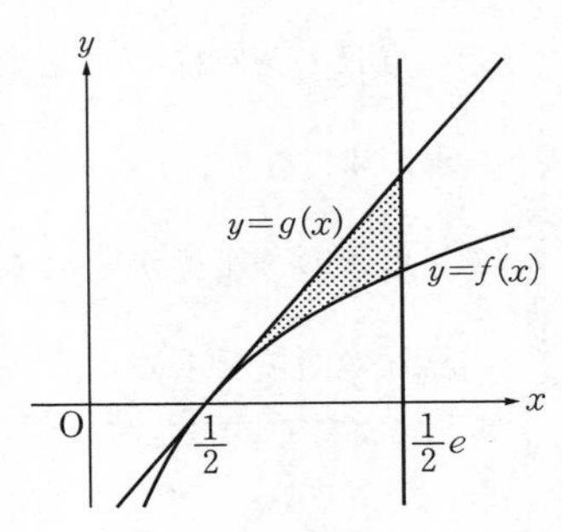

Chapter 4 積分法（面積，体積など）

詳説 EXPLANATION

▶$y=\log 2x(=\log 2+\log x)$ は上に凸なグラフなので，(2)の証明をするまでもなく，(3)のように $x>0$ で $g(x) \geqq f(x)$ であることは判断できます．

▶(3)の計算では，$\int \log x\,dx=x\log x-x+C$ を用いています．なお，この「公式」は部分積分により，次のように導くこともできます．

$$\int \log x\,dx=\int (x)'\log x\,dx$$
$$=x\log x-\int x\cdot\frac{1}{x}\,dx$$
$$=x\log x-x+C \quad（C\text{は積分定数}）$$

42. 接線を共有する2曲線の囲む図形と面積

〈頻出度 ★★★〉

2つの定数 a，b $(a>0)$ に対して，$f(x)=\log(ax+1)$ $(x\geqq 0)$，$g(x)=x^2+b$ とおく．座標平面上の2曲線 $C_1 : y=f(x)$，$C_2 : y=g(x)$ が，ある点Pを共有し，その点Pで共通の接線 l をもつとする．ただし，log は自然対数を表す．

(1)　点Pの x 座標を t とするとき，a を用いて t を表せ．

(2)　点Pの x 座標が $\dfrac{1}{2}$ となるとき，a と b の値，および直線 l の方程式を求めよ．

(3)　点Pの x 座標が $\dfrac{1}{2}$ となるとき，2曲線 C_1，C_2 および y 軸で囲まれた部分の面積を求めよ．

（東京理科大）

着眼 VIEWPOINT

ある点で接線を共有する2つのグラフと，それらに囲まれた面積の計算です．次のことは既知として解き進めてよいでしょう．

2つのグラフが共有点で接線を共有する

$y=f(x)$，$y=g(x)$ のグラフが $x=t$ 上の点で接線を共有するとき

$$f(t)=g(t) \quad かつ \quad f'(t)=g'(t)$$

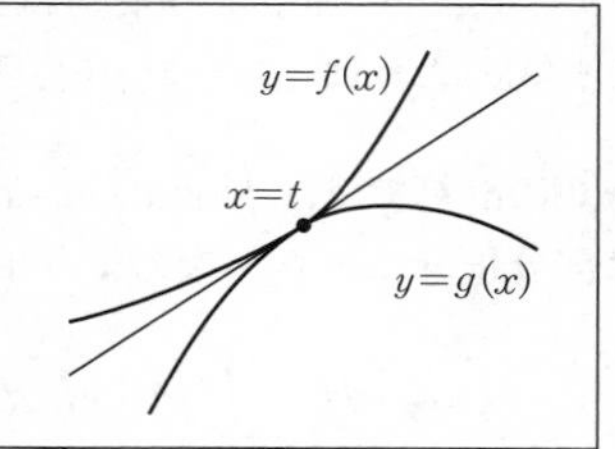

解答 ANSWER

(1)　$f'(x)=\dfrac{a}{ax+1}$，$g'(x)=2x$

点Pにおいて C_1，C_2 が接線を共有することから

$$f(t)=g(t) \quad かつ \quad f'(t)=g'(t) \quad \cdots\cdots(*)$$

が成り立つ．つまり，

$$\begin{cases} \log(at+1)=t^2+b & \cdots\cdots ① \\ \dfrac{a}{at+1}=2t & \cdots\cdots ② \end{cases}$$

②より,

$$2at^2+2t-a=0 \quad \cdots\cdots ③$$

$a>0$ のとき，tの方程式③は$t \geqq 0$ にただ1つの解

$$\boldsymbol{t=\frac{-1+\sqrt{1+2a^2}}{2a}} \quad \cdots\cdots \text{答}$$

をもつ.

(2) $t=\dfrac{1}{2}$ のとき，③より,

$$2a\cdot\frac{1}{4}+2\cdot\frac{1}{2}-a=0 \quad \text{すなわち} \quad a=\boldsymbol{2} \quad \cdots\cdots \text{答}$$

$t=\dfrac{1}{2}$，$a=2$を①に代入して,

$$b=\log\left(2\cdot\frac{1}{2}+1\right)-\frac{1}{4}=\boldsymbol{\log 2-\frac{1}{4}} \quad \cdots\cdots \text{答}$$

$g'\left(\dfrac{1}{2}\right)=1$ より，点$\mathrm{P}\left(\dfrac{1}{2},\ \log 2\right)$ における接線 l の方程式は,

$$y-\log 2=x-\frac{1}{2} \quad \text{すなわち} \quad \boldsymbol{y=x-\frac{1}{2}+\log 2} \quad \cdots\cdots \text{答}$$

(3) C_1は上に凸，C_2は下に凸なので，点Pの x 座標が$\dfrac{1}{2}$のとき，C_1，C_2の概形は右下図のようになる．求める面積をSとすると,

$$S=\int_0^{\frac{1}{2}}\left\{x^2+\log 2-\frac{1}{4}-\log(2x+1)\right\}dx$$

$$=\left[\frac{1}{3}x^3+\left(\log 2-\frac{1}{4}\right)x-\frac{1}{2}(2x+1)\log(2x+1)+x\right]_0^{\frac{1}{2}}$$

$$=\frac{1}{3}\cdot\frac{1}{8}+\frac{1}{2}\left(\log 2-\frac{1}{4}\right)-\log 2+\frac{1}{2}$$

$$=\boldsymbol{\frac{5}{12}-\frac{1}{2}\log 2} \quad \cdots\cdots \text{答}$$

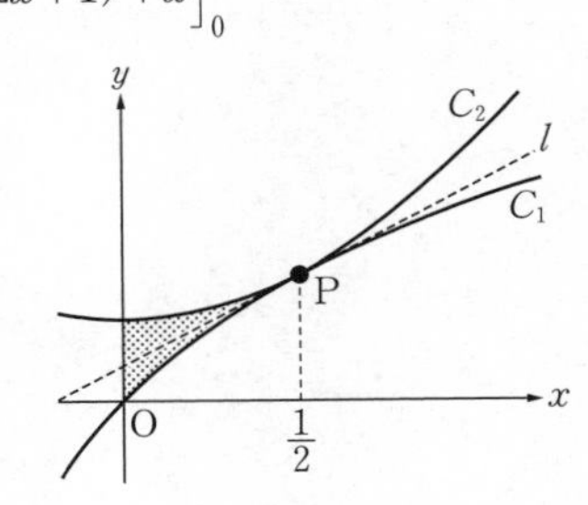

詳説 EXPLANATION

▶2曲線 $C_1 : y=f(x)$，$C_2 : y=g(x)$ で別々に接線の方程式を立て，一致する条件を考えても結果的には(*)と同じ式を得ることになります．$x=t$ 上の点におけるそれぞれの接線は

$$y-f(t)=f'(t)(x-t) \quad \text{すなわち} \quad y=f'(t)\cdot x+\{f(t)-tf'(t)\} \quad \cdots\cdots(**)$$

$$y-g(t)=g'(t)(x-t) \quad \text{すなわち} \quad y=g'(t)\cdot x+\{g(t)-tg'(t)\} \quad \cdots\cdots(***)$$

と表され，(**)，(***)が一致する条件は

$$f'(t)=g'(t) \quad \text{かつ} \quad f(t)-tf'(t)=g(t)-tg'(t)$$

$$\Longleftrightarrow f'(t)=g'(t) \quad \text{かつ} \quad f(t)=g(t)$$

となり，(*)を得られます．

43. 2曲線と共通接線で囲まれた図形の面積

〈頻出度 ★★★〉

2つの曲線 $C_1 : y = x\log x$, $C_2 : y = 2x\log x$ について，次の問いに答えよ．ただし，$x > 0$ である．

(1) C_1 と C_2 に共通する接線 l の方程式を求めよ．

(2) C_1, C_2 および l で囲まれた部分の面積 S を求めよ．　　（富山県立大）

着眼 VIEWPOINT

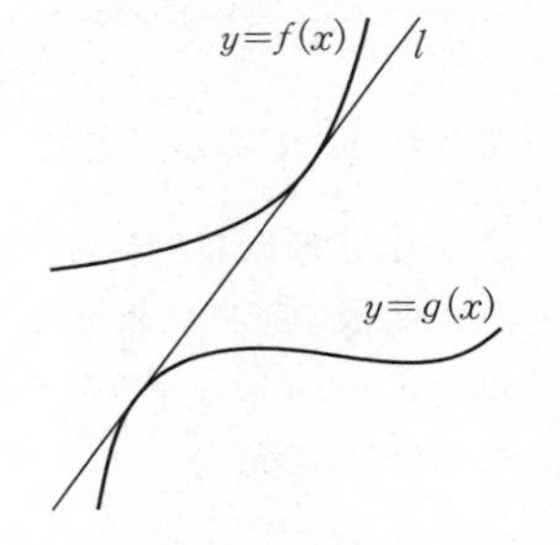

2つのグラフの共通接線 l を求めます. 問題42と異なり，接点が異なる場合も含めることに注意します. 次の方針が考えられます.

1. 接点をグラフごとに別々の文字で設定，接線の方程式を立て，それらが一致する条件を考える.
2. 一方のグラフで接点を設定，接線の方程式を立て，他方のグラフと接する条件を考える.

2.の方針は，「他方のグラフ」が放物線など，接する条件が与えやすいものであればよいのですが，考えにくいことも多いです. ここは1.で進めてみましょう.

解答 ANSWER

(1) C_1 について，

$$y' = 1\cdot\log x + x\cdot\frac{1}{x} = \log x + 1 \quad \cdots\cdots ①$$

①より，$y = x\log x$ の $x = t$ における接線の方程式は，

$$y - t\log t = (\log t + 1)(x - t)$$

すなわち

$$y = (\log t + 1)x - t \quad \cdots\cdots ②$$

である. 同様に，C_2 について，$y' = 2(\log x + 1)$ より，$y = 2x\log x$ の $x = u$ における接線の方程式は，

$$y - 2u\log u = 2(\log u + 1)(x - u)$$

すなわち

$$y = 2(\log u + 1)x - 2u \quad \cdots\cdots ③$$

である. ②，③が一致するための条件は，

$$\begin{cases} \log t+1=2(\log u+1) & \cdots\cdots④ \\ t=2u & \cdots\cdots⑤ \end{cases}$$

⑤を④に代入して，

$$\log 2u+1=2\log u+2$$
$$\log 2+\log u+1=2\log u+2$$
$$\log u=\log\frac{2}{e}$$

⇐ $\log 2-1=\log 2-\log e$
$=\log\frac{2}{e}$

$$\therefore\quad u=\frac{2}{e}$$

これを，③に代入して，接線 l の方程式は，$\boldsymbol{y=2(\log 2)x-\frac{4}{e}}$ ……**答**

(2) $u>0$ である．また，⑤より，$u<t$ である．①より $y''=\dfrac{1}{x}$ であり，$x>0$ で $y''>0$ であることから，C_1，C_2 はともに下に凸である．つまり，接線 l はそれぞれの曲線の下側に接する．

以上より，C_1，C_2 のグラフと l の関係は次のとおり．面積を求める部分は図の網目部分である．

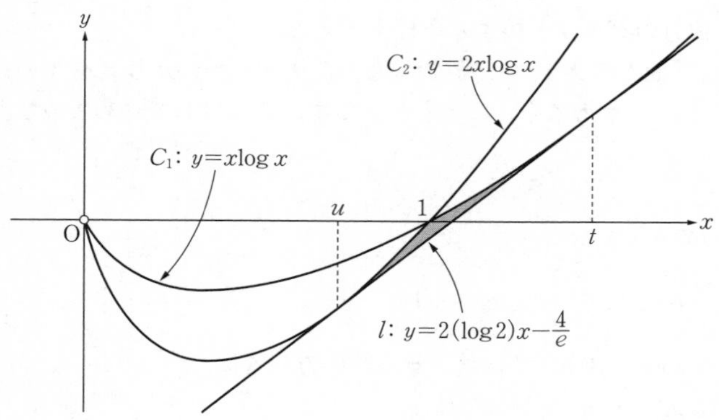

よって，

$$S=\int_u^1\left\{2x\log x-2(\log 2)x+\frac{4}{e}\right\}dx+\int_1^t\left\{x\log x-2(\log 2)x+\frac{4}{e}\right\}dx$$
$$=2\int_{\frac{2}{e}}^1 x\log x\,dx+\int_1^{\frac{4}{e}} x\log x\,dx-2\log 2\int_{\frac{2}{e}}^{\frac{4}{e}} x\,dx+\frac{4}{e}\left(\frac{4}{e}-\frac{2}{e}\right)$$

ここで，部分積分により，Cを積分定数として

$$\int x\log x dx=\int\left(\frac{x^2}{2}\right)'\log x dx$$

$$=\frac{x^2}{2}\log x-\int\frac{x^2}{2}\cdot\frac{1}{x}dx$$

$$=\frac{x^2}{2}\log x-\frac{1}{2}\int x dx$$

$$=\frac{x^2}{2}\log x-\frac{x^2}{4}+C$$

したがって，

$$S=2\left[\frac{x^2}{2}\log x-\frac{x^2}{4}\right]_{\frac{2}{e}}^{1}+\left[\frac{x^2}{2}\log x-\frac{x}{4}\right]_{1}^{\frac{4}{e}}-2\log 2\left[\frac{x^2}{2}\right]_{\frac{2}{e}}^{\frac{4}{e}}+\frac{4}{e}\cdot\frac{2}{e}$$

$$=\boldsymbol{\frac{2}{e^2}-\frac{1}{4}}$$ ……**答**

詳説 EXPLANATION

▶「解答」のグラフは，$\displaystyle\lim_{x\to+0}x\log x=0$ を前提としてかいています．これを知らなくても，面積を求めることには支障ないでしょう．（グラフの概形が見えれば安心感がありますし，この極限は知っておいた方がよいでしょう．）

なお，$\displaystyle\lim_{x\to+0}x\log x=0$ を示すのであれば，次の手順で行います．

まず，$x>0$ で $e^x>1+x+\frac{1}{2}x^2>\frac{1}{2}x^2$ が成り立ちます．（これは，差をとって微分，で容易に示せます．）これより，

$$0<\frac{1}{e^x}<\frac{2}{x^2}\quad すなわち\quad 0<\frac{x}{e^x}<\frac{2}{x}$$

なので，挟みうちの原理から $\displaystyle\lim_{x\to+\infty}\frac{x}{e^x}=0$（……(*)）が導かれます．

ここで，$\log x=-t$ とおくと $x=e^{-t}$ です．$x\to+0$ のとき $t\to+\infty$ なので，(*)より

$$\lim_{x\to+0}x\log x=\lim_{t\to+\infty}te^{-t}=\lim_{t\to+\infty}\frac{t}{e^t}=0$$

を得ます．

44. 境界に円弧を含む図形の面積

〈頻出度 ★★★〉

xy 平面上に円 C と双曲線 L が次の式で与えられている．

$$C : (x-1)^2+(y-1)^2=8 \qquad L : xy=1$$

次の問いに答えよ．

(1)　円 C と双曲線 L の共有点をすべて求めよ．

(2)　円 C の中心を P とし，(1)で求めた共有点のうち，x 座標が最も大きいものを Q，その次に大きいものを R とする．このとき，∠QPR を求めよ．

(3)　以下の領域の面積を求めよ．$\begin{cases}(x-1)^2+(y-1)^2 \leqq 8 \\ xy \leqq 1\end{cases}$

（埼玉大）

着眼 VIEWPOINT

境界に円弧の一部を含む図形の面積を調べます．どうしても定積分の計算をしなくてはならないケースもないわけではないですが，多くの場合，**中心角が有名角になる扇形を切り出して考える**と計算量を減らせます．

解答 ANSWER

$$C : (x-1)^2+(y-1)^2=8 \quad \cdots\cdots①$$

$$L : xy=1 \quad \cdots\cdots②$$

(1)　①より，

$$x^2+y^2-2(x+y)-6=0$$

$$(x+y)^2-2xy-2(x+y)-6=0$$

←①，②が文字 x，y に関して対称なので，①を基本対称式で表そうとしている．

②を代入して，

$$(x+y)^2-2(x+y)-8=0$$

$$(x+y+2)(x+y-4)=0$$

$$x+y=-2 \quad \cdots\cdots③ \quad \text{または} \quad x+y=4 \quad \cdots\cdots④$$

②，③より，解と係数の関係ゆえ，x，y は t の 2 次方程式 $t^2+2t+1=0$ の解なので，この方程式が $t=-1$ を重解にもつことから，$(x,\ y)=(-1,\ -1)$（……⑤）である．

②，④と，解と係数の関係より，x，y は t の 2 次方程式 $t^2-4t+1=0$ の解である．この方程式が $t=2\pm\sqrt{3}$ を解にもつことから，

$(x,\ y)=(2+\sqrt{3},\ 2-\sqrt{3})$，$(2-\sqrt{3},\ 2+\sqrt{3})$（……⑥）である．

⑤，⑥より，C と L の交点の座標は，

$\boldsymbol{(-1,\ -1)}$，$\boldsymbol{(2+\sqrt{3},\ 2-\sqrt{3})}$，$\boldsymbol{(2-\sqrt{3},\ 2+\sqrt{3})}$ ……**答**

(2) P(1, 1), Q$(2+\sqrt{3},\ 2-\sqrt{3})$, R$(2-\sqrt{3},\ 2+\sqrt{3})$ より,

$$\overrightarrow{\mathrm{PQ}}=(1+\sqrt{3},\ 1-\sqrt{3}),\ \overrightarrow{\mathrm{PR}}=(1-\sqrt{3},\ 1+\sqrt{3})$$

したがって,

$$|\overrightarrow{\mathrm{PQ}}|=|\overrightarrow{\mathrm{PR}}|=2\sqrt{2} \quad \cdots\cdots ⑦$$

$$\overrightarrow{\mathrm{PQ}}\cdot\overrightarrow{\mathrm{PR}}=(1+\sqrt{3})(1-\sqrt{3})+(1-\sqrt{3})(1+\sqrt{3})=-4 \quad \cdots\cdots ⑧$$

⑦, ⑧より

$$\cos\angle\mathrm{QPR}=\frac{\overrightarrow{\mathrm{PQ}}\cdot\overrightarrow{\mathrm{PR}}}{|\overrightarrow{\mathrm{PQ}}||\overrightarrow{\mathrm{PR}}|}=\frac{-4}{2\sqrt{2}\cdot 2\sqrt{2}}=-\frac{1}{2}$$

$0<\angle\mathrm{QPR}<\pi$ より, $\angle\mathrm{QPR}=\boldsymbol{\frac{2}{3}\pi}$ ……**答**

(3) 面積を求める部分は, 左下図の網目部分である.

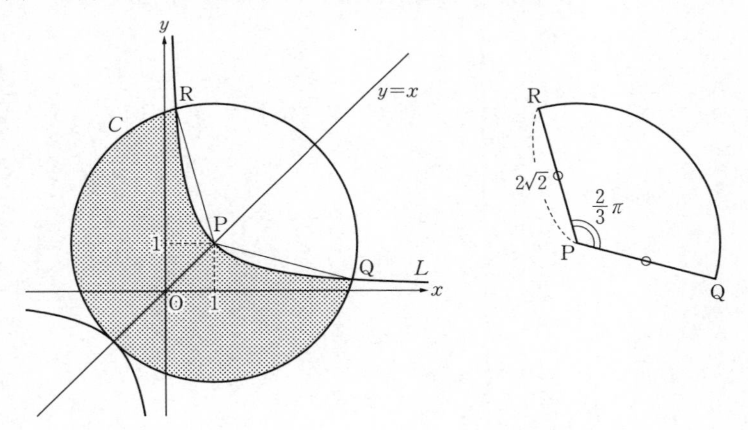

扇形PQRの面積をS_1とすると, S_1は右上図を参考にして,

$$S_1=\frac{1}{2}\cdot(2\sqrt{2})^2\cdot\frac{2}{3}\pi=\frac{8}{3}\pi$$

また, 直線PQと曲線Lで囲まれた部分Uの面積をS_2とする. 右図の太線で囲まれた台形から境界Lよりも下にある部分Wの面積を除いて,

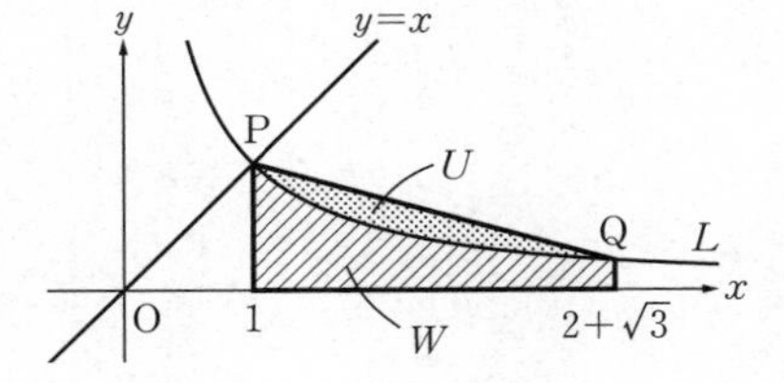

$$S_2=\frac{1}{2}\{1+(2-\sqrt{3})\}\{(2+\sqrt{3})-1\}-\int_1^{2+\sqrt{3}}\frac{1}{x}dx$$

$$=\sqrt{3}-\Big[\log x\Big]_1^{2+\sqrt{3}}$$

$$=\sqrt{3}-\log(2+\sqrt{3})$$

したがって, 求める面積をSとすると, 円Cの面積から扇形PQRと「図形Uを

2 つ分」の面積を除くことで，

$$S=(2\sqrt{2})^2\pi-S_1-2S_2$$

$$=8\pi-\frac{8}{3}\pi-2\{\sqrt{3}-\log(2+\sqrt{3})\}$$

$$=\boldsymbol{\frac{16}{3}\pi-2\sqrt{3}+2\log(2+\sqrt{3})}$$ ……答

45. 減衰振動曲線と x 軸が囲む部分の面積

〈頻出度 ★★★〉

自然対数の底を e とする．区間 $x \geqq 0$ 上で定義される関数 $f(x)=e^{-x}\sin x$ を考え，曲線 $y=f(x)$ と x 軸との交点を，x座標の小さい順に並べる．それらを，P_0, P_1, P_2, ………… とする．点P_0は原点である．

自然数 n $(n=1, 2, 3, \cdots\cdots)$ に対して，線分 $P_{n-1}P_n$ と $y=f(x)$ で囲まれた図形の面積をS_nとする．以下の問いに答えよ．

(1) 点P_nの x 座標を求めよ．

(2) 面積S_nを求めよ．

(3) $I_n=\sum_{k=1}^{n} S_k$ とする．このとき，I_nと $\lim_{n\to\infty} I_n$ を求めよ．

（長崎大）

着眼 VIEWPOINT

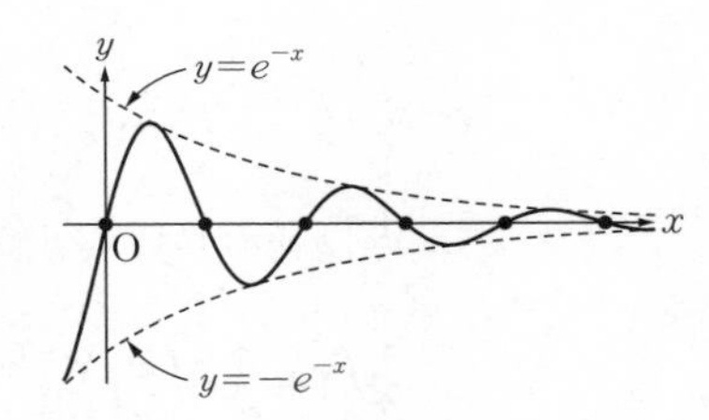

$y=e^{-x}\sin x$ のグラフはさまざまな「良い性質」をもっていることから，入試問題の題材にされることが非常に多いです．まず，**微分なしで右図程度のグラフはかけるようにしておきましょう．**

$y=e^{-x}$, $y=-e^{-x}$ の間でうねうねと動くイメージで，$e^{-x} \neq 0$ より，x 軸との交点は $\sin x=0$ から決まります. 面積の計算は本問の誘導通りに進めていけばよいですが，区間ごとにできる「山」の面積が等比数列になることを置換積分により説明することもできます. (☞詳説)

解答 ANSWER

(1)

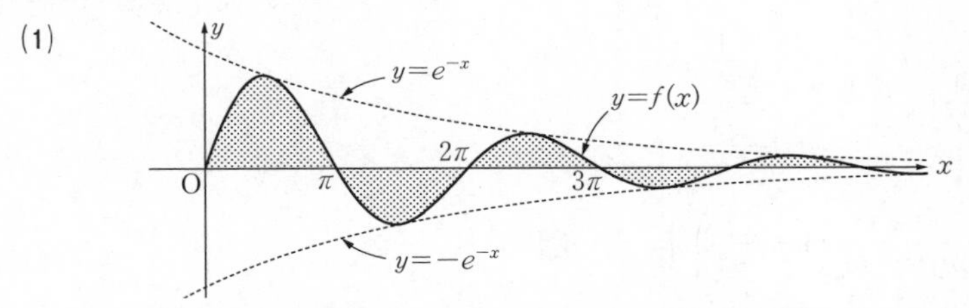

$e^{-x} \neq 0$ より，$y=f(x)$ と x 軸の共有点の x 座標は，$\sin x=0$ の解である．小さい順に並べると　$x=0, \pi, 2\pi, 3\pi, \cdots\cdots$ である．

これより，P_nの x 座標は　　$\boldsymbol{n\pi}$　……答

(2) $(n-1)\pi < x < n\pi$ で $e^{-x}\sin x$ の符号が変化しないことから，

$$S_n = \int_{(n-1)\pi}^{n\pi} \left| e^{-x}\sin x \right| dx = \left| \int_{(n-1)\pi}^{n\pi} e^{-x}\sin x dx \right|$$

である．ここで，$I = \int e^{-x}\sin x dx$ とおく．部分積分から

$$I = -e^{-x}\sin x + \int e^{-x}\cos x dx$$

$$= -e^{-x}\sin x - e^{-x}\cos x - \int e^{-x}\sin x dx$$

$$= -e^{-x}\sin x - e^{-x}\cos x - I$$

$$\therefore \quad I = -\frac{1}{2}e^{-x}(\sin x + \cos x) + C \quad (C\text{は積分定数})$$

したがって

$$S_n = \left| -\frac{1}{2}\left[e^{-x}\sin x + e^{-x}\cos x \right]_{(n-1)\pi}^{n\pi} \right|$$

$$= \frac{1}{2}\left| e^{-n\pi}\cos n\pi - e^{-(n-1)\pi}\cos(n-1)\pi \right|$$

$$= \frac{1}{2}\left| e^{-n\pi}(-1)^n - e^{-(n-1)\pi}(-1)^{n-1} \right|$$

$$= \boldsymbol{\frac{1}{2}\left(1+\frac{1}{e^{\pi}}\right)\left(\frac{1}{e^{\pi}}\right)^{n-1}} \quad \cdots\cdots①\text{答}$$

(3) ①より，$\{S_n\}$ は初項 $\frac{1}{2}\left(1+\frac{1}{e^{\pi}}\right)$，公差 $\frac{1}{e^{\pi}}$ の等比数列である．したがって

$$I_n = \sum_{k=1}^{n} S_k$$

$$= \sum_{k=1}^{n} \frac{1}{2}\left(1+\frac{1}{e^{\pi}}\right)\left(\frac{1}{e^{\pi}}\right)^{k-1}$$

$$= \frac{1}{2}\left(1+\frac{1}{e^{\pi}}\right)\frac{1-\left(\frac{1}{e^{\pi}}\right)^n}{1-\frac{1}{e^{\pi}}}$$

$$= \boldsymbol{\frac{e^{\pi}+1}{2(e^{\pi}-1)}\left\{1-\left(\frac{1}{e^{\pi}}\right)^n\right\}} \quad \cdots\cdots\text{答}$$

$0 < \frac{1}{e^{\pi}} < 1$ より $\lim_{n\to\infty}\left(\frac{1}{e^{\pi}}\right)^n = 0$ なので，$\lim_{n\to\infty} I_n = \boldsymbol{\frac{e^{\pi}+1}{2(e^{\pi}-1)}}$ ……答

詳説 EXPLANATION

▶(2)で部分積分により$\int e^{-x}\sin x dx$を調べていますが，次のように積の微分から処理してもよいでしょう．

別解

$$\begin{cases}(e^{-x}\sin x)'=-e^{-x}\sin x+e^{-x}\cos x\\(e^{-x}\cos x)'=-e^{-x}\cos x-e^{-x}\sin x\end{cases}$$

なので，2式の辺々の和をとることで

$$(e^{-x}\sin x+e^{-x}\cos x)'=-2e^{-x}\sin x$$

$$\therefore\quad e^{-x}\sin x=\left\{-\frac{1}{2}(e^{-x}\sin x+e^{-x}\cos x)\right\}'$$

したがって，$S_n=\left|-\frac{1}{2}\Big[e^{-x}\sin x+e^{-x}\cos x\Big]_{(n-1)\pi}^{n\pi}\right|$である．

以下，「解答」と同じ．

▶$S_n=\left|\int_{(n-1)\pi}^{n\pi}e^{-x}\sin x dx\right|$について，$x-(n-1)\pi=t$と置換すると，$dx=dt$から$S_n$を次のように書き換えられます．

$$\begin{aligned}S_n&=\left|\int_{t=0}^{t=\pi}e^{-\{t+(n-1)\pi\}}\sin\{t+(n-1)\pi\}dt\right|\\&=\left|\int_0^{\pi}e^{-(n-1)\pi}\cdot e^{-t}\cdot(-1)^{n-1}\cdot\sin t dt\right|\\&=(e^{-\pi})^{n-1}\left|\int_0^{\pi}e^{-t}\sin t dt\right|\\&=(e^{-\pi})^{n-1}\cdot S_0\quad\cdots\cdots(*)\end{aligned}$$

$(*)$より，$\{S_n\}$が初項S_0，公比$e^{-\pi}$の等比数列であることがわかります．

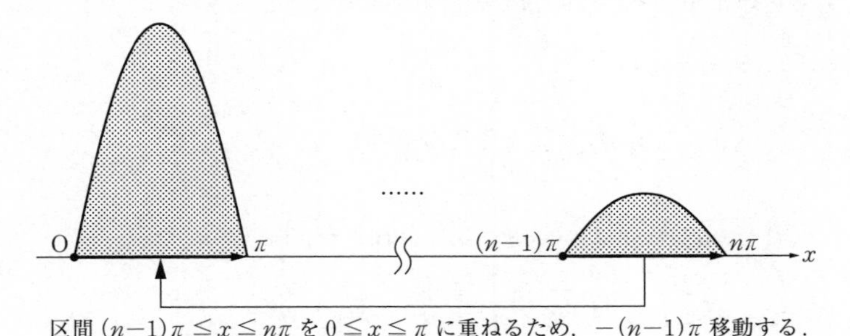

区間$(n-1)\pi\leqq x\leqq n\pi$を$0\leqq x\leqq\pi$に重ねるため，$-(n-1)\pi$移動する．

このようなイメージができれば，$x-(n-1)\pi=t$と置換することにも納得がいくでしょう．

46. 座標軸を中心とした回転体の体積①

〈頻出度 ★★★〉

[1]　$f(x)=\dfrac{x}{2}+\sin x$，$g(x)=\dfrac{x}{2}+\cos x$ とする．

$\dfrac{\pi}{4}\leqq x\leqq\dfrac{5}{4}\pi$ において曲線 $y=f(x)$ と曲線 $y=g(x)$ で囲まれた部分を x 軸の周りに 1 回転してできる立体の体積を求めよ．　(津田塾大 改題)

[2]　曲線 $y=x^4-x^2$ と x 軸で囲まれた部分を y 軸の周りに 1 回転させてできる立体の体積を求めよ．　(弘前大)

着眼 VIEWPOINT

基本的な，回転体(図形を定直線を中心に回転したときの通過部分としてできる立体)の体積の計算問題です．

体積

平面 $x=X$ による切り口の面積が $S(X)$ である立体 F の $a\leqq x\leqq b$ に含まれる部分の体積 V は，

$$V=\int_a^b S(x)\,dx$$

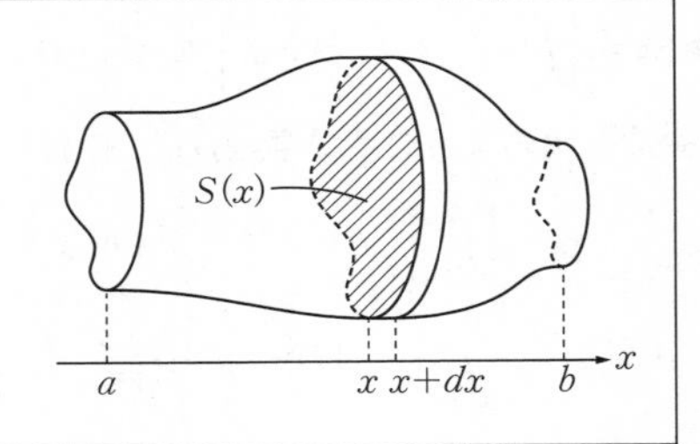

体積計算の細かい技術はさまざまあります．ただ，回転体の体積計算における大原則は**回転軸に垂直な立体の切り口の面積を確認し，これを定積分する**ことです．回転体に垂直な切り口は必ず円になるので，半径さえ確認できれば定積分の計算にもち込めます．あとは，積分の計算力次第です．

解答 ANSWER

[1]　$\dfrac{\pi}{4}\leqq x\leqq\dfrac{5}{4}\pi$ のとき $0\leqq x-\dfrac{\pi}{4}\leqq\pi$ だから，

$$f(x)-g(x)=\sin x-\cos x=\sqrt{2}\sin\left(x-\frac{\pi}{4}\right)\geqq 0$$

したがって，$\dfrac{\pi}{4}\leqq x\leqq\dfrac{5}{4}\pi$ で $f(x)\geqq g(x)$ が成り立つ．

また，$g'(x)=\frac{1}{2}-\sin x$ より，$g(x)$ の増減は次のようになる．

x	$\frac{\pi}{4}$	$\cdots$	$\frac{5}{6}\pi$	$\cdots$	$\frac{5}{4}\pi$
$g'(x)$		$-$	0	$+$	
$g(x)$		↘	極小	↗	

ここで，$3<\pi$，$\sqrt{3}<2$ より

$$g\left(\frac{5\pi}{6}\right)=\frac{5\pi}{12}-\frac{\sqrt{3}}{2}=\frac{5\pi-6\sqrt{3}}{12}>\frac{5\cdot3-6\cdot2}{12}>0$$

である．以上から，$\frac{\pi}{4}\leqq x\leqq\frac{5}{4}\pi$ で $f(x)\geqq g(x)>0$ であり，$y=f(x)$，$y=g(x)$ のグラフの概形は次のとおり．

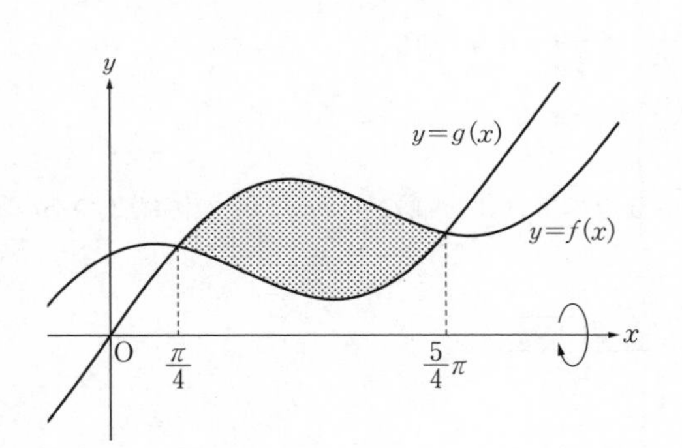

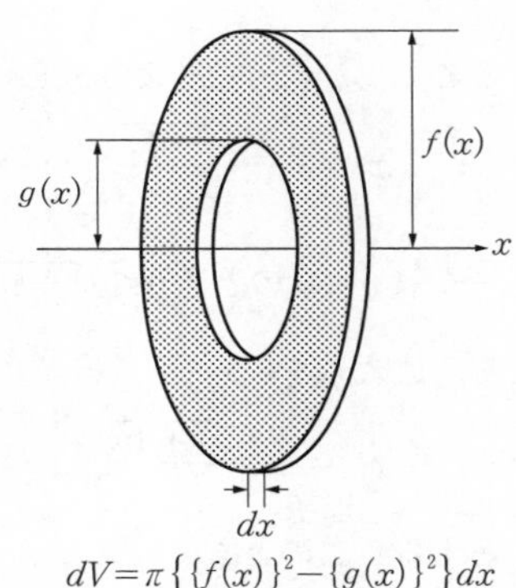

$dV=\pi\{\{f(x)\}^2-\{g(x)\}^2\}dx$

$$\{f(x)\}^2-\{g(x)\}^2=\left(\frac{x}{2}+\sin x\right)^2-\left(\frac{x}{2}+\cos x\right)^2$$
$$=x(\sin x-\cos x)-(\cos^2 x-\sin^2 x)$$
$$=x(\sin x-\cos x)-\cos 2x$$

したがって，求める体積を V とすると，部分積分により，

$$V=\pi\int_{\frac{\pi}{4}}^{\frac{5\pi}{4}}\{\{f(x)\}^2-\{g(x)\}^2\}dx$$
$$=\pi\int_{\frac{\pi}{4}}^{\frac{5}{4}\pi}\{x(-\cos x-\sin x)'-\cos 2x\}dx$$
$$=\pi\left\{\Big[x(-\cos x-\sin x)\Big]_{\frac{\pi}{4}}^{\frac{5}{4}\pi}-\int_{\frac{\pi}{4}}^{\frac{5}{4}\pi}1\cdot(-\cos x-\sin x)dx-\left[\frac{1}{2}\sin 2x\right]_{\frac{\pi}{4}}^{\frac{5}{4}\pi}\right\}$$
$$=\boldsymbol{\frac{3\sqrt{2}}{2}\pi^2}$$ ……**答**

2
$$y=x^4-x^2=x^2(x^2-1)=x^2(x-1)(x+1)$$
$$y'=4x^3-2x=4x\left(x^2-\frac{1}{2}\right)=4x\left(x-\frac{1}{\sqrt{2}}\right)\left(x+\frac{1}{\sqrt{2}}\right)$$

より，$C: y=x^4-x^2$ の概形は次のとおり．

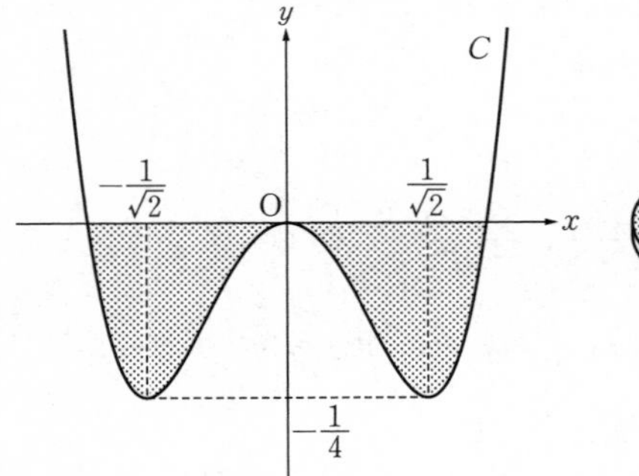

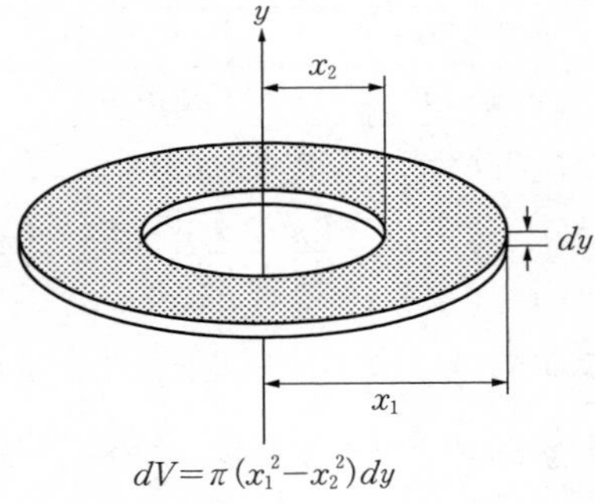

ここで，$y=x^4-x^2$ より，$(x^2)^2-x^2-y=0$ なので，

$$x^2=\frac{1\pm\sqrt{1+4y}}{2}\quad \cdots\cdots ①$$

$-\frac{1}{4}<y<0$ のとき $0<\sqrt{1+4y}<1$ なので，①を満たす $x^2(\geqq 0)$ の値は 2 つある．これらを

$$x_1{}^2=\frac{1+\sqrt{1+4y}}{2},\quad x_2{}^2=\frac{1-\sqrt{1+4y}}{2}$$

とする．このとき，

$$x_1{}^2-x_2{}^2=\sqrt{1+4y}$$

である．つまり，求める体積を V とすると，

$$V=\int_{-\frac{1}{4}}^{0}\pi(x_1{}^2-x_2{}^2)dy$$
$$=\int_{-\frac{1}{4}}^{0}\pi(1+4y)^{\frac{1}{2}}dy$$
$$=\pi\left[\frac{1}{4}\cdot\frac{2}{3}(1+4y)^{\frac{3}{2}}\right]_{-\frac{1}{4}}^{0}$$
$$=\boldsymbol{\frac{\pi}{6}}\quad \cdots\cdots \text{答}$$

47. 座標軸を中心とした回転体の体積②

〈頻出度 ★★★〉

座標平面上において，曲線 $y=-\cos\dfrac{x}{2}\,(0\leqq x\leqq 2\pi)$ と曲線 $y=\sin\dfrac{x}{4}\,(0\leqq x\leqq 2\pi)$ と y 軸とで囲まれた領域を D とする．

(1) 領域 D の面積を求めよ．

(2) 領域 D を x 軸の周りに 1 回転してできる立体の体積を求めよ．

(3) 領域 D を y 軸の周りに 1 回転してできる立体の体積を求めよ．

（久留米大）

着眼 VIEWPOINT

こちらも問題46と同様，座標軸を中心とした回転体の体積の計算です．

(2)は，領域 D が回転軸をまたいでいるのが厄介です．平面領域を一回転させると，「軸から遠い側」の点で回転体の切り口の半径が決まるので，回転させる領域の境界について，軸からの距離にのみ注意すればよいことがわかります．つまり，領域を x 軸に関して $y\geqq 0$ 側に折り返してから回転させても同じ図形が得られます．その方が，回転軸からの距離の大小がすぐに判断できるということです．

(3)は問題46 2 と同じように解きたいところですが，$x=$（y の式）の形にできず，このまま定積分にはもち込めません．このようなときは，**いったん $V=\displaystyle\int_{y_1}^{y_2}\pi x^2dy$ で立式してから，置換積分が定石**です．また，微小厚みの円筒状の図形の和に読みかえる方法もよく知られています．（☞詳説）

解答 ANSWER

$$C_1 : y=-\cos\frac{x}{2}\,(0\leqq x\leqq 2\pi),\ C_2 : y=\sin\frac{x}{4}\,(0\leqq x\leqq 2\pi)$$

(1) $0\leqq x\leqq 2\pi$ において，$0\leqq\dfrac{x}{4}\leqq\dfrac{\pi}{2}$ であり，このとき $0\leqq\sin\dfrac{x}{4}\leqq 1$ であることに注意する．

$$\sin\frac{x}{4}-\left(-\cos\frac{x}{2}\right)=\sin\frac{x}{4}+1-2\sin^2\frac{x}{4}$$

$$=\left(1-\sin\frac{x}{4}\right)\left(1+2\sin\frac{x}{4}\right)\quad\cdots\cdots①$$

したがって，C_1とC_2の共有点は，$\sin\dfrac{x}{4}=1$より

$$\frac{x}{4}=\frac{\pi}{2}\quad\text{すなわち}\quad x=2\pi$$

つまり，点$(2\pi,\ 1)$に限られる．①より，

$0\leqq x\leqq 2\pi$の範囲で$\sin\dfrac{x}{4}>-\cos\dfrac{x}{2}$が成り立つので，$D$は右図の網目部分である．

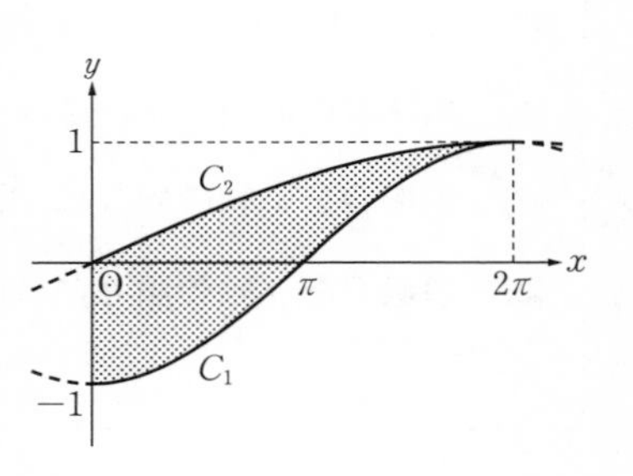

求める面積は，

$$\int_0^{2\pi}\left\{\sin\frac{x}{4}-\left(-\cos\frac{x}{2}\right)\right\}dx$$

$$=\left[-4\cos\frac{x}{4}+2\sin\frac{x}{2}\right]_0^{2\pi}$$

$$=\mathbf{4}\quad\cdots\cdots\text{答}$$

(2) C_1をx軸に関して対称移動してできる曲線は$C_3：y=\cos\dfrac{x}{2}\ (0\leqq x\leqq 2\pi)$である．ここで，

$$\sin\frac{x}{4}-\cos\frac{x}{2}=\sin\frac{x}{4}-1+2\sin^2\frac{x}{4}$$

$$=\left(\sin\frac{x}{4}+1\right)\left(2\sin\frac{x}{4}-1\right)\quad\cdots\cdots②$$

したがって，C_2とC_3の共有点は，$\sin\dfrac{x}{4}=\dfrac{1}{2}$から

$$\frac{x}{4}=\frac{\pi}{6}\quad\text{すなわち}\quad x=\frac{2}{3}\pi$$

つまり，点$\left(\dfrac{2}{3}\pi,\ \dfrac{1}{2}\right)$に限られる．体積を求める図形は，右図の網目部分を$x$軸の周りに1回転してできる立体と同じである．

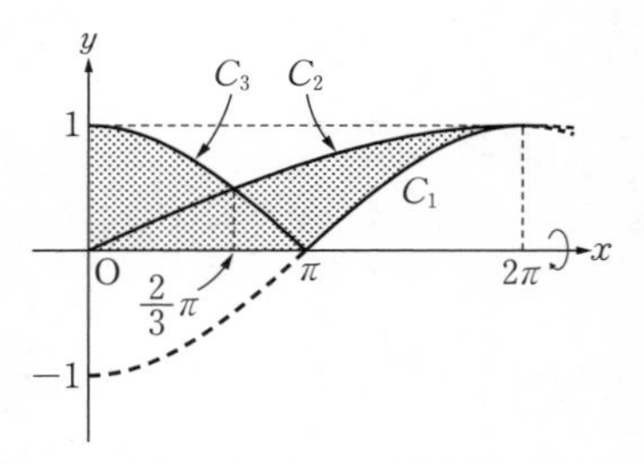

したがって，求める体積をV_1とすると，

$$V_1=\int_0^{\frac{2}{3}\pi}\pi\left(\cos\frac{x}{2}\right)^2dx+\int_{\frac{2}{3}\pi}^{2\pi}\pi\left(\sin\frac{x}{4}\right)^2dx-\int_{\pi}^{2\pi}\pi\left(-\cos\frac{x}{2}\right)^2dx$$

$$=\pi\left\{\int_0^{\frac{2}{3}\pi}\frac{1+\cos x}{2}dx+\int_{\frac{2}{3}\pi}^{2\pi}\frac{1}{2}\left(1-\cos\frac{x}{2}\right)dx-\int_{\pi}^{2\pi}\frac{1+\cos x}{2}dx\right\}$$

$$=\frac{\pi}{2}\left(\Big[x+\sin x\Big]_0^{\frac{2}{3}\pi}+\left[x-2\sin\frac{x}{2}\right]_{\pi}^{2\pi}-\Big[x+\sin x\Big]_{\pi}^{2\pi}\right)$$

$$=\frac{(2\pi+3\sqrt{3})\pi}{4}$$ ……**答**

(3) 次の図のように，C_1上に点$(x_1,\ y)$，C_2上に点$(x_2,\ y)$をとる．
このとき，求める体積V_2は以下のように表される．

$$V_2=\int_{y=-1}^{y=1}\pi x_1{}^2dy-\int_{y=0}^{y=1}\pi x_2{}^2dy$$

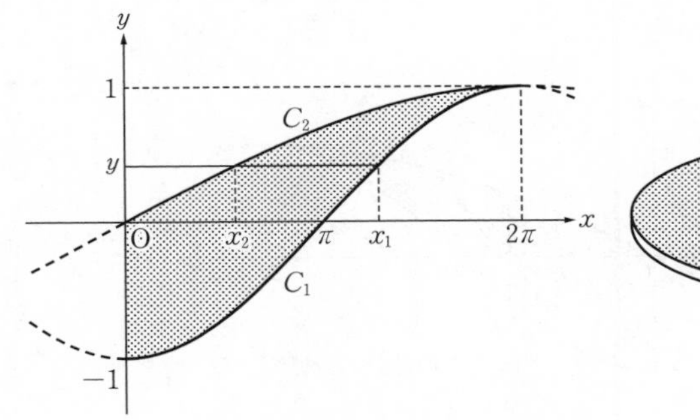

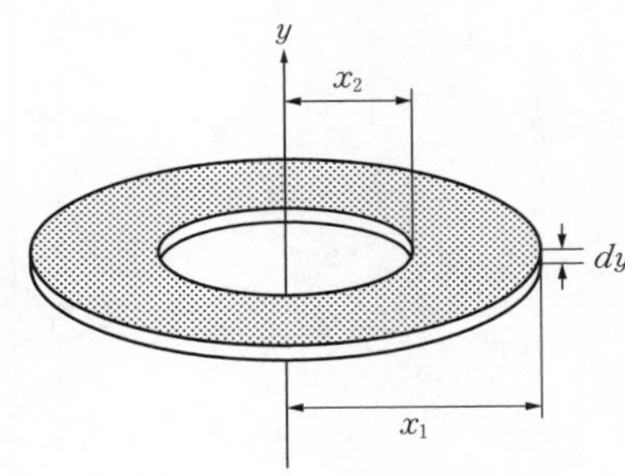

ここで，C_1，C_2それぞれの方程式について，

$y=-\cos\dfrac{x}{2}$ の両辺をxで微分して，$dy=\dfrac{1}{2}\sin\dfrac{x}{2}dx$

$y=\sin\dfrac{x}{4}$ の両辺をxで微分して，　$dy=\dfrac{1}{4}\cos\dfrac{x}{4}dx$

であることから，変数を変換すると

$$V_2=\int_{x=0}^{x=2\pi}\pi x^2\cdot\frac{1}{2}\sin\frac{x}{2}dx-\int_{x=0}^{x=2\pi}\pi x^2\cdot\frac{1}{4}\cos\frac{x}{4}dx$$

$$=\frac{\pi}{4}\int_0^{2\pi}x^2\left(2\sin\frac{x}{2}-\cos\frac{x}{4}\right)dx$$

$$=\frac{\pi}{4}\left\{\left[x^2\left(-4\cos\frac{x}{2}-4\sin\frac{x}{4}\right)\right]_0^{2\pi}-\int_0^{2\pi}2x\left(-4\cos\frac{x}{2}-4\sin\frac{x}{4}\right)dx\right\}$$

$$=\frac{\pi}{4}\left\{0+8\int_0^{2\pi}x\left(\cos\frac{x}{2}+\sin\frac{x}{4}\right)dx\right\}$$

$$=2\pi\int_0^{2\pi}x\left(\cos\frac{x}{2}+\sin\frac{x}{4}\right)dx \quad\cdots\cdots(*)$$

$$=2\pi\left\{\left[x\left(2\sin\frac{x}{2}-4\cos\frac{x}{4}\right)\right]_0^{2\pi}-\int_0^{2\pi}\left(2\sin\frac{x}{2}-4\cos\frac{x}{4}\right)dx\right\}$$

$$=-2\pi\left[-4\cos\frac{x}{2}-16\sin\frac{x}{4}\right]_0^{2\pi}=\mathbf{16\pi}$$ ……**答**

詳説 EXPLANATION

▶次の図のように，回転軸に平行な短冊を回転させた微小厚みの円筒状の図形を足し合わせることでも体積が計算できます．(上から見ると，薄い円筒状の図形を内から外へ重ねたように見えるため，バームクーヘン求積と呼ばれています．)

別解

(3)

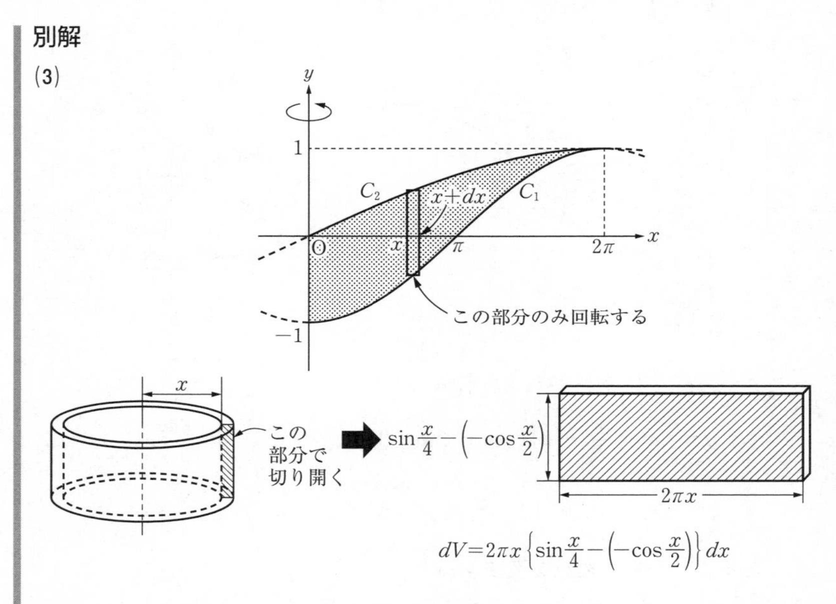

右上図の，微小な厚みの円筒状の柱体を切り開いたことで得られた薄い直方体の微小体積の和を考えて，求める体積は

$$V_2=\int_0^{2\pi}2\pi x\left\{\sin\frac{x}{4}-\left(-\cos\frac{x}{2}\right)\right\}dx$$

$$=2\pi\left[x\left(-4\cos\frac{x}{4}+2\sin\frac{x}{2}\right)-\left(-16\sin\frac{x}{4}-4\cos\frac{x}{2}\right)\right]_0^{2\pi}$$

$$=\boldsymbol{16\pi}$$ ……答

▶別解と「解答」の式を比較するとわかるとおり，別解の方法だと立式の段階で「解答」の(＊)まで一気に進められるため，図形によってはかなり計算量が抑えられます．この方法で説明するのであれば，上の別解のように，**何を微小体積にみているかを，答案で明確にしておくとよい**でしょう．

48. 積分漸化式＋回転体の体積

〈頻出度 ★★★〉

nを 0 以上の整数とする．定積分 $I_n=\int_1^e \frac{(\log x)^n}{x^2}dx$ について，次の問いに答えよ．ただし，eは自然対数の底である．

(1) I_0，I_1の値をそれぞれ求めよ．

(2) I_{n+1} を I_n と n を用いて表せ．

(3) $x>0$ とする．関数 $f(x)=\frac{(\log x)^2}{x}$ の増減表をかけ．ただし，極値も増減表に記入すること．

(4) 座標平面上の曲線 $y=\frac{(\log x)^2}{x}$，x軸と直線 $x=e$ とで囲まれた図形を，x軸の周りに 1 回転させてできる立体の体積 V を求めよ．（立教大）

着眼 VIEWPOINT

定積分の漸化式と，体積計算の融合問題です．個々に行うことは，これまでと変わりません．

(2)のような，定積分の漸化式の原則は「**部分積分で指数の調整**」でした．(4)の回転体の体積計算では，定積分の値にI_4が含まれ，(2)が利用できることがわかります．ただし，漸化式を導いたからといって一般項を考える必要はなく，I_2, I_3, I_4と順に値を調べていけば十分でしょう．

解答 ANSWER

(1) $I_0=\int_1^e \frac{1}{x^2}dx=\left[-\frac{1}{x}\right]_1^e=\mathbf{1-\frac{1}{e}}$ ……答

← $\int \frac{dx}{x^2}=\int x^{-2}dx$
$=-(x^{-1})+C$

また，部分積分により

$$I_1=\int_1^e \frac{\log x}{x^2}dx$$

$$=\int_1^e\left(-\frac{1}{x}\right)'\log x dx$$

$$=\left[\left(-\frac{1}{x}\right)\log x\right]_1^e-\int_1^e\left(-\frac{1}{x}\right)\cdot\frac{1}{x}dx$$

$$= -\frac{1}{e} + I_0$$

$$= \mathbf{1 - \frac{2}{e}}$$ ……**答**

(2)　部分積分により

$$I_{n+1} = \int_1^e \frac{(\log x)^{n+1}}{x^2} dx$$

$$= \int_1^e \left(-\frac{1}{x}\right)' (\log x)^{n+1} dx$$

$$= \left[\left(-\frac{1}{x}\right)(\log x)^{n+1}\right]_1^e - \int_1^e \left(-\frac{1}{x}\right)(n+1)(\log x)^n \cdot \frac{1}{x} dx$$

$$= -\frac{1}{e} + (n+1)\int_1^e \frac{(\log x)^n}{x^2} dx$$

$$= \boldsymbol{-\frac{1}{e} + (n+1) I_n}$$ ……**答**

(3)　$f(x) = \dfrac{(\log x)^2}{x}$ のとき，

$$f'(x) = \frac{2\log x \cdot \frac{1}{x} \cdot x - (\log x)^2 \cdot 1}{x^2} = \frac{(2 - \log x)\log x}{x^2}$$

$f'(x)$ の符号と $(2-\log x)\log x$ の符号は同じ.
$\log x = u$ とすれば，u は実数全体を動く．また, x の増加に伴い u も増加する. $(2-u)u$ は右のように符号変化する.
つまり，$x = e^u$ より $x=1$，e^2 で $f'(x)$ は符号変化するので，$f(x)$ の増減は次のようになる.

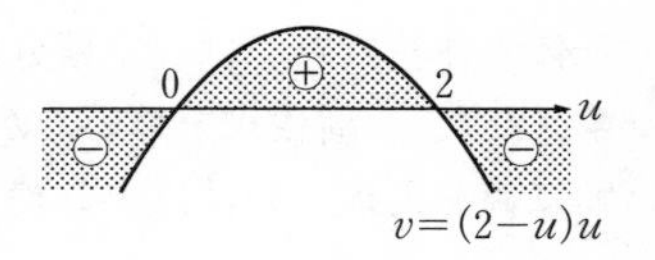

x	(0)	…	1	…	e^2	…
$f'(x)$		−	0	+	0	−
$f(x)$		↘	0	↗	$\frac{4}{e^2}$	↘

……**答**

(4)　(3)と，$\lim_{x \to +0} f(x) = +\infty$，$\lim_{x \to +\infty} f(x) = 0$ より，$y = f(x)$ のグラフの概形は次のとおり．

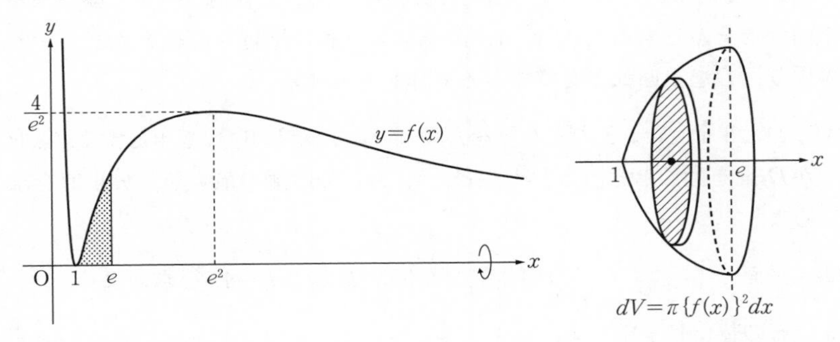

求める体積Vは

$$V = \int_1^e \pi\{f(x)\}^2 dx = \pi\int_1^e \frac{(\log x)^4}{x^2}dx = \pi I_4 \quad \cdots\cdots ①$$

と表される．(2)より，0 以上の整数nで$I_{n+1} = (n+1)I_n - \frac{1}{e}$が成り立つので，

(1)の結果より$n = 1$，2，3として，

$$I_2 = 2I_1 - \frac{1}{e} = 2\left(1 - \frac{2}{e}\right) - \frac{1}{e} = 2 - \frac{5}{e}$$

$$I_3 = 3I_2 - \frac{1}{e} = 3\left(2 - \frac{5}{e}\right) - \frac{1}{e} = 6 - \frac{16}{e}$$

$$I_4 = 4I_3 - \frac{1}{e} = 4\left(6 - \frac{16}{e}\right) - \frac{1}{e} = 24 - \frac{65}{e} \quad \cdots\cdots ②$$

①，②より，求める体積は　$V = \boldsymbol{\pi\left(24 - \frac{65}{e}\right)}$　……答

49. 座標空間における平面図形の回転

〈頻出度 ★★★〉

xyz 空間内において，yz 平面上で放物線 $z=y^2$ と直線 $z=4$ で囲まれる平面図形を D とする．点 $(1,\ 1,\ 0)$ を通り z 軸に平行な直線を ℓ とし，ℓ の周りに D を1回転させてできる立体を E とする．

(1)　D と平面 $z=t$ との交わりを D_t とする．ただし $0 \leqq t \leqq 4$ とする．点Pが D_t 上を動くとき，点Pと点 $(1,\ 1,\ t)$ との距離の最大値，最小値を求めよ．

(2)　平面 $z=t$ による E の切り口の面積 $S(t)$ $(0 \leqq t \leqq 4)$ を求めよ．

(3)　E の体積 V を求めよ．

(筑波大)

着眼 VIEWPOINT

座標空間上で図形を回転させるとき，**体積を求める回転体の見取り図をかく必要はありません**．原則通り，「回転軸に垂直な切り口の面積を調べ，微小厚みの柱体を積み重ねる，つまり，定積分する」のですから，**切り口の半径さえわかればよい，つまり，回転させる図形を先に切り，半径がわかれば十分**という姿勢でいましょう．ただし，回転させる図形と回転軸の位置関係などの図はかけるように練習した方がよいでしょう．

解答 ANSWER

(1)　平面 $z=t$ $(0 \leqq t \leqq 4)$ と yz 平面上の放物線 $z=y^2$ との交点の y 座標は

$$t=y^2 \quad すなわち \quad y=\pm\sqrt{t}$$

より，$\mathrm{A}(0,\ -\sqrt{t},\ t)$，$\mathrm{B}(0,\ \sqrt{t},\ t)$ であり，図形 D_t は線分ABである．

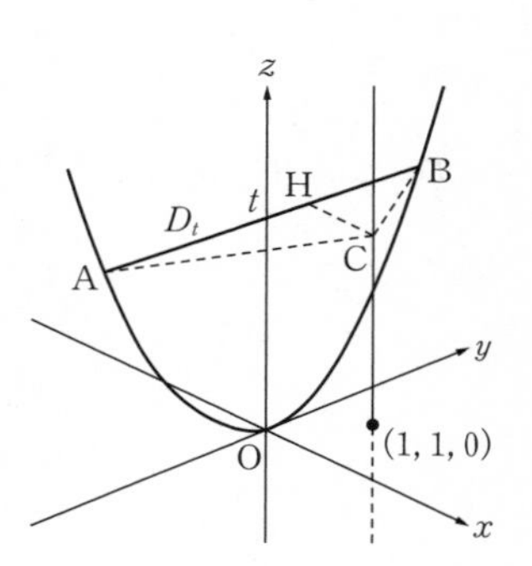

点 $\mathrm{C}(1,\ 1,\ t)$ から直線ABに垂線CHをおろすとき，CH $=1$ である．また，点Hの座標は $\mathrm{H}(0,\ 1,\ t)$ であるから，Hが線分AB上にあるのは

$$\sqrt{t} \geqq 1 \quad かつ \quad 0 \leqq t \leqq 4$$

すなわち，$1 \leqq t \leqq 4$ のときである．Hが線分AB上かどうかで場合分けする．

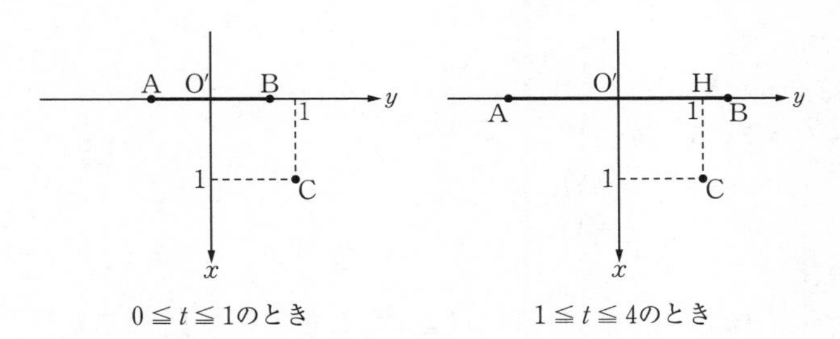

0≦t≦1のとき　　　1≦t≦4のとき

（i）　$0 \leqq t \leqq 1$ のとき

点Pと点Cの距離の最大値は

$$\mathrm{CA}=\sqrt{1+\{1-(-\sqrt{t}\,)\}^2}=\sqrt{t+2\sqrt{t}+2}$$

点Pと点Cの距離の最小値は

$$\mathrm{CB}=\sqrt{1+(1-\sqrt{t}\,)^2}=\sqrt{t-2\sqrt{t}+2}$$

（ii）　$1 \leqq t \leqq 4$ のとき

点Pと点Cの距離の最大値は　　$\mathrm{CA}=\sqrt{t+2\sqrt{t}+2}$

点Pと点Cの距離の最小値は　　$\mathrm{CH}=1$

（i），（ii）より，点Pと点Cの距離の最大値，最小値は

$0 \leqq t \leqq 1$ のとき

最大値　$\sqrt{t+2\sqrt{t}+2}$，最小値　$\sqrt{t-2\sqrt{t}+2}$

$1 \leqq t \leqq 4$ のとき

最大値　$\sqrt{t+2\sqrt{t}+2}$，最小値　1

……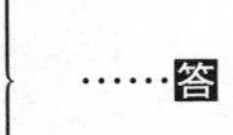

(2)　平面 $z=t$ による E の切り口は，線分ABを直線 ℓ の周りに1回転させてできる図形 K である．点Cは平面 $z=t$ と直線 ℓ の交点であるから，K の面積は平面 $z=t$ 上で，線分ABが点Cを中心に1回転したときに通過する領域の面積に等しい．$0 \leqq t \leqq 1$，$1 \leqq t \leqq 4$ それぞれのとき，ABの通過する部分は図の網目部分である．

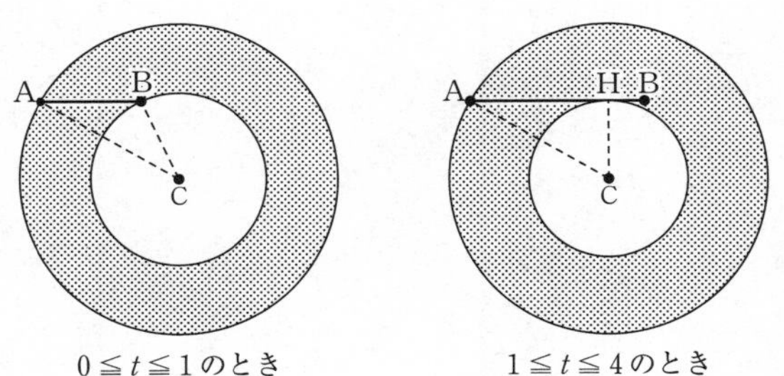

0≦t≦1のとき　　　1≦t≦4のとき

（a）　$0 \leqq t \leqq 1$ のとき

$$\begin{aligned} S(t) &= \pi\mathrm{CA}^2-\pi\mathrm{CB}^2 \\ &= \pi(t+2\sqrt{t}+2)-\pi(t-2\sqrt{t}+2) \end{aligned}$$

$$=4\pi\sqrt{t}$$

(b) $1 \leqq t \leqq 4$ のとき

$$S(t)=\pi\mathrm{CA}^2-\pi\mathrm{CH}^2$$
$$=\pi(t+2\sqrt{t}+2)-\pi$$
$$=\pi(t+2\sqrt{t}+1)$$

(a), (b)より，

$$S(t)=\begin{cases} \boldsymbol{4\pi\sqrt{t}} & (\mathbf{0 \leqq t \leqq 1} \textbf{ のとき}) \\ \boldsymbol{\pi(t+2\sqrt{t}+1)} & (\mathbf{1 \leqq t \leqq 4} \textbf{ のとき}) \end{cases}$$ ……**答**

(3) (2)より，求める体積 V は

$$V=\int_0^4 S(t)\,dt$$
$$=\int_0^1 4\pi\sqrt{t}\,dt+\int_1^4 \pi(t+2\sqrt{t}+1)\,dt$$
$$=4\pi\left[\frac{2}{3}t\sqrt{t}\right]_0^1+\pi\left[\frac{1}{2}t^2+\frac{4}{3}t\sqrt{t}+t\right]_1^4$$
$$=\boldsymbol{\frac{45}{2}\pi}$$ ……**答**

50. 立体の回転

〈頻出度 ★★★〉

空間内にある半径1の球(内部を含む)をBとする．直線lとBが交わっており，その交わりは長さ$\sqrt{3}$の線分である．

(1) Bの中心とlとの距離を求めよ．

(2) lの周りにBを1回転させてできる立体の体積を求めよ．(名古屋大)

着眼 VIEWPOINT

問題49と同様に，回転体の見取り図にこだわらずに，「先に切って，切り口の円の半径を調べて積分」です．ただし，この問題の場合は，もとの図形の切り口も平面図形なので，回転体の切り口や回転体の切り口の半径が読みとりにくいです．

解答 ANSWER

(1) 直線lと球Bの交わりを線分LN，中点をMとする．

Bの中心をKとすると，三角形KLNはKL＝KNの二等辺三角形だから，KM⊥LNが成り立つ．これより，三角形KLMで三平方の定理を用いると，

$$\mathrm{KM}=\sqrt{1^2-\left(\frac{\sqrt{3}}{2}\right)^2}=\mathbf{\frac{1}{2}}$$ ……答

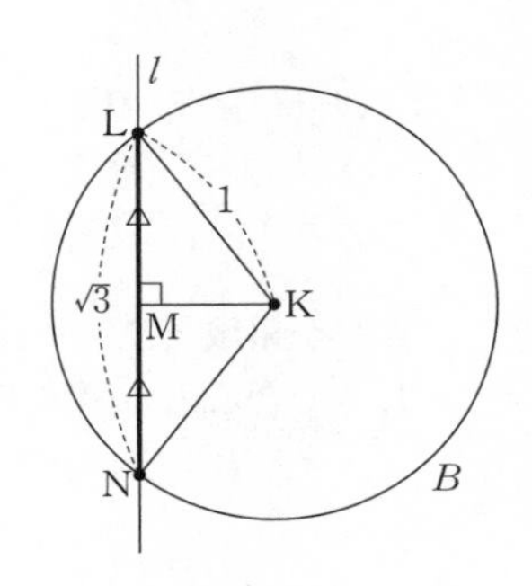

(2) lをz軸とする座標をとり，Mを座標空間の原点，Bの中心を$\mathrm{K}\left(\frac{1}{2},\ 0,\ 0\right)$とすることで，

球B，およびその内部は

$$\left(x-\frac{1}{2}\right)^2+y^2+z^2\leqq 1 \quad \cdots\cdots①$$

と表される．①と平面$z=t\ (0\leqq t\leqq 1)$との交わりは，

$$\left(x-\frac{1}{2}\right)^2+y^2\leqq 1-t^2 \quad \cdots\cdots②$$

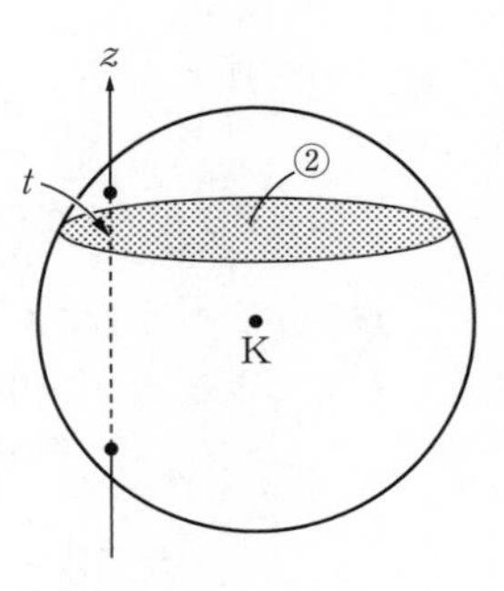

であり，中心$\left(\dfrac{1}{2},\ 0,\ t\right)$，半径 $\sqrt{1-t^2}$ の円板を表す．

円板②を z 軸の周りに回転してできる図形の面積を $S(t)$, $\mathrm{P}(0,\ 0,\ t)$ とする．

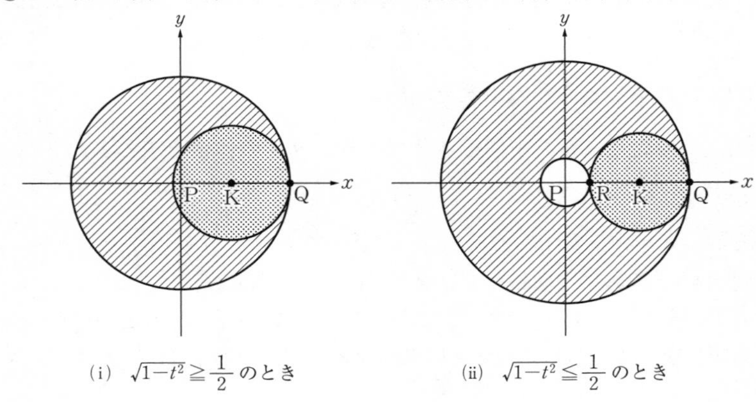

(i)　$\sqrt{1-t^2} \geqq \dfrac{1}{2}$ のとき　　　　(ii)　$\sqrt{1-t^2} \leqq \dfrac{1}{2}$ のとき

(i)　$\sqrt{1-t^2} \geqq \dfrac{1}{2}$ のとき

このとき，$1-t^2 \geqq \left(\dfrac{1}{2}\right)^2$ から $0 \leqq t \leqq \dfrac{\sqrt{3}}{2}$ である．

点Pが領域②に含まれることから，$S(t)$ は左上図の点Qを点Pの周りに回転してできる円の面積である．つまり，

$$\begin{aligned} S(t) &= \pi \mathrm{PQ}^2 \\ &= \pi\left(\frac{1}{2}+\sqrt{1-t^2}\right)^2 \\ &= \pi\left(\frac{5}{4}-t^2+\sqrt{1-t^2}\right) \end{aligned}$$

(ii)　$\sqrt{1-t^2} \leqq \dfrac{1}{2}$ のとき

このとき，$1-t^2 \leqq \left(\dfrac{1}{2}\right)^2$ から $\dfrac{\sqrt{3}}{2} \leqq t \leqq 1$ である．

点Pが②の外部であることから，$S(t)$ は図の点Qと点Rを点Pの周りに回転してできる２つの円に囲まれた部分の面積である．

$$\begin{aligned} S(t) &= \pi(\mathrm{PQ}^2-\mathrm{PR}^2) \\ &= \pi\left\{\left(\frac{1}{2}+\sqrt{1-t^2}\right)^2-\left(\frac{1}{2}-\sqrt{1-t^2}\right)^2\right\} \\ &= 2\pi\sqrt{1-t^2} \end{aligned}$$

Bが平面で $z=0$ に関して対称であることに注意して，求める体積Vは，

$$
\begin{aligned}
V &= 2\int_0^1 S(t)\,dt \\
&= 2\left\{\int_0^{\frac{\sqrt{3}}{2}} \pi\left(\frac{5}{4}-t^2+\sqrt{1-t^2}\right)dt+\int_{\frac{\sqrt{3}}{2}}^1 2\pi\sqrt{1-t^2}\,dt\right\} \\
&= 2\pi\left(\left[\frac{5}{4}t-\frac{1}{3}t^3\right]_0^{\frac{\sqrt{3}}{2}}+\int_0^1\sqrt{1-t^2}\,dt+\int_{\frac{\sqrt{3}}{2}}^1\sqrt{1-t^2}\,dt\right) \quad \cdots\cdots③ \\
&= 2\pi\left\{\frac{5\sqrt{3}}{8}-\frac{\sqrt{3}}{8}+\frac{\pi}{4}+\left(\frac{1}{2}\cdot1^2\cdot\frac{\pi}{6}-\frac{1}{2}\cdot\frac{\sqrt{3}}{2}\cdot\frac{1}{2}\right)\right\} \\
&= \boldsymbol{\pi\left(\frac{2}{3}\pi+\frac{3\sqrt{3}}{4}\right)} \quad \cdots\cdots \text{答}
\end{aligned}
$$

ただし，③の 2 つの定積分は，それぞれ下図の網目部分の面積として考えた．

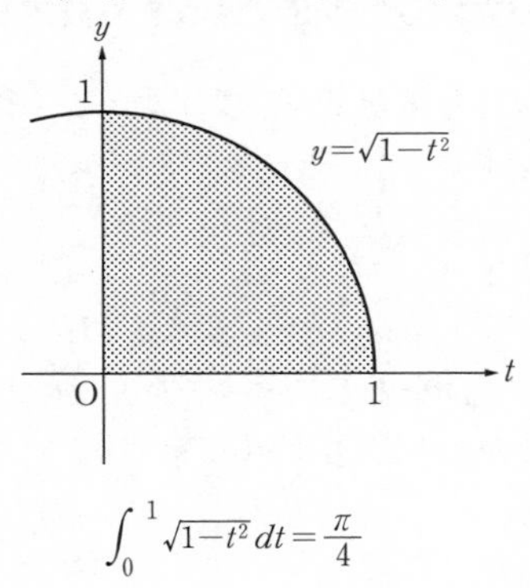

$\displaystyle\int_0^1\sqrt{1-t^2}\,dt=\frac{\pi}{4}$

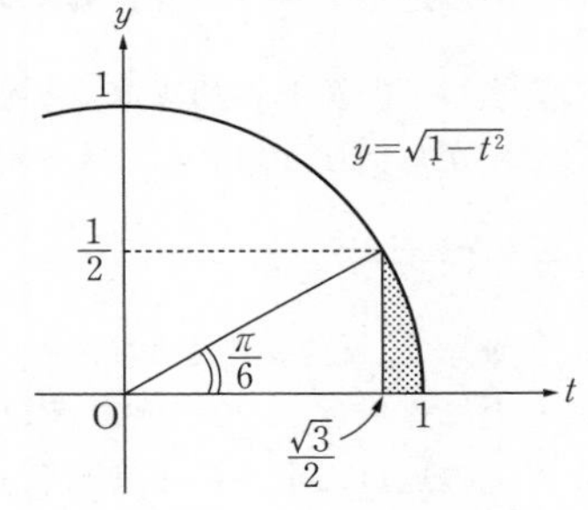

$\displaystyle\int_{\frac{\sqrt{3}}{2}}^1\sqrt{1-t^2}\,dt=\frac{1}{2}\cdot1^2\cdot\frac{\pi}{6}-\frac{1}{2}\cdot\frac{\sqrt{3}}{2}\cdot\frac{1}{2}$

51. 座標軸に平行でない直線を軸とする回転体

〈頻出度 ★★★〉

曲線 $y=x^2-x\ (0\leqq x\leqq 2)$ と直線 $y=x$ で囲まれた部分を直線 $y=x$ の周りに1回転させてできる立体の体積を求めよ．

(産業医科大)

着眼 VIEWPOINT

「斜軸回転」などと呼ばれることもある，座標軸に平行でない直線で回転させる問題です．まずは「回転軸に垂直な切り口(円)の半径を調べ，回転軸の方向に積分」するつもりで考えてみましょう．回転軸方向，それと垂直な方向にX軸，Y軸を定め，**いったん $V=\int_{X_1}^{X_2}\pi Y^2 dX$ の形で立式したうえで，うまく設定したパラメタに置換して計算を進めます**．不慣れなうちはやや大変ですが，よく出題される図形ですから何度か練習しながら理解しましょう．

解答 ANSWER

$C: y=x^2-x$，$L: y=x$ とする．

直線L上に点$\mathrm{P}(t,\ t)$，C上に点$\mathrm{Q}(t,\ t^2-t)$をとる$(0<t<2)$．このとき，点QからL上の点Hに垂線QHを下ろす．このとき$\angle\mathrm{QPH}=45°$ より，

$$\mathrm{QH}=\mathrm{PQ}\times\frac{1}{\sqrt{2}}=\frac{-t^2+2t}{\sqrt{2}}$$

また

$$\begin{aligned}\mathrm{OH}&=\mathrm{OP}-\mathrm{PH}\\&=\mathrm{OP}-\mathrm{QH}\quad(\mathrm{PH}=\mathrm{QH}\text{ より})\\&=\sqrt{2}\,t-\frac{-t^2+2t}{\sqrt{2}}=\frac{t^2}{\sqrt{2}}\end{aligned}$$

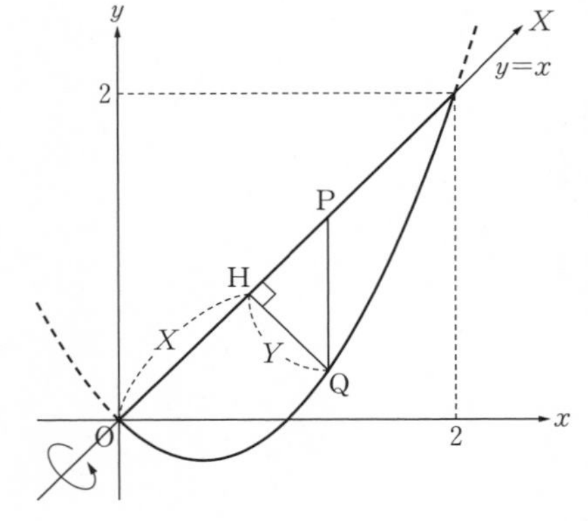

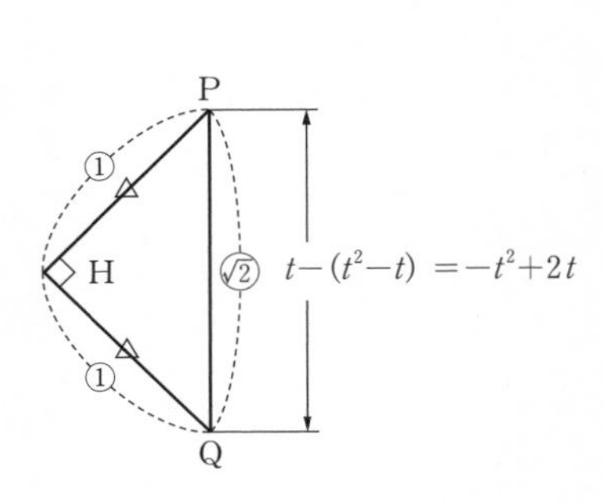

ここで，$X=\dfrac{t^2}{\sqrt{2}}$，$Y=\dfrac{-t^2+2t}{\sqrt{2}}$ とする．$t^2=\sqrt{2}\,X$より，

$\sqrt{2}\,dX=2tdt$

X	$0 \longrightarrow 2\sqrt{2}$
t	$0 \longrightarrow 2$

である．したがって，求める体積Vは

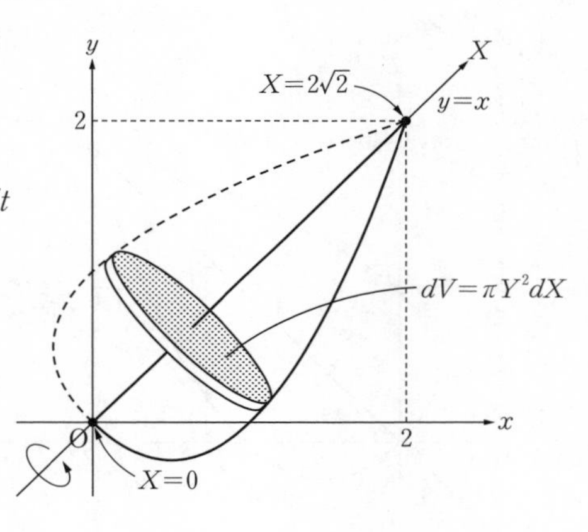

$$V=\int_{X=0}^{X=2\sqrt{2}}\pi Y^2 dX$$

$$=\int_{t=0}^{t=2}\pi\left(\frac{-t^2+2t}{\sqrt{2}}\right)^2\cdot\sqrt{2}\,tdt$$

$$=\frac{\sqrt{2}}{2}\pi\int_0^2(t^5-4t^4+4t^3)\,dt$$

$$=\frac{\sqrt{2}}{2}\pi\left[\frac{t^6}{6}-\frac{4}{5}t^5+t^4\right]_0^2$$

$$=\boldsymbol{\frac{8\sqrt{2}}{15}\pi}\quad\cdots\cdots\text{答}$$

詳説 EXPLANATION

▶次のような計算方法もよく知られています．ただし，まずは「解答」のように，パラメタを設定して考えられるようになりましょう．

別解

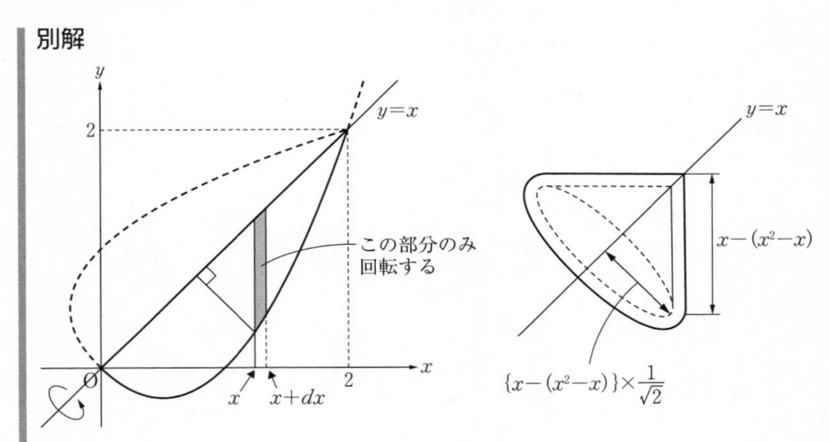

左上図の網目部分のみを $y=x$ で回転すると，厚み dx の傘型の図形ができる．これを切り開くことでできる図形は，

半径が $|x-(x^2-x)|=2x-x^2$,

弧長が $2\pi\cdot(2x-x^2)\cdot\frac{1}{\sqrt{2}}=\sqrt{2}\,\pi(2x-x^2)$

の扇形を底面とする高さ dx の柱体に近似できる．問の図形は，この薄い柱体を積み重ねたものと見る．求める体積は

$$V=\int_0^2\frac{1}{2}\sqrt{2}\,\pi(2x-x^2)(2x-x^2)\,dx$$

$$=\frac{\sqrt{2}}{2}\pi\int_0^2(4x^2-4x^3+x^4)\,dx$$

$$=\boldsymbol{\frac{8\sqrt{2}}{15}\pi}\quad\cdots\cdots\text{答}$$

$2x-x^2$

$\sqrt{2}\pi(2x-x^2)$

52. 連立不等式で表される図形の体積①

〈頻出度 ★★★〉

$0 \leqq t \leqq 1$ とする．空間において，平面 $x=t$ 上にあり，連立不等式

$$\begin{cases} y^2 \leqq 1-t^2 \\ z \geqq 0 \\ z \leqq 2t \\ z \leqq -2t+2 \end{cases}$$

を満たす点 $(t,\ y,\ z)$ 全体からなる図形の面積を $S(t)$ とする．また，t が 0 から 1 まで動くとき，この図形が通過してできる立体の体積を V とする．次の問いに答えよ．

(1) $S(t)$ を求めよ．

(2) V の値を求めよ．

（神戸大）

着眼 VIEWPOINT

切り口が連立不等式で表されています．連立不等式の示す図形の面積を調べ，定積分すればよいでしょう．ただし，パラメタの値により境界の式が変わることがあり，この点に注意して進めなくてはなりません．

解答 ANSWER

$\min\{a,\ b\}$ を，「a と b のうち小さい方（一致するときはその値）」とする．このとき，与えられた連立不等式は，$0 \leqq t \leqq 1$ において

$$\begin{cases} y^2 \leqq 1-t^2 \\ z \geqq 0 \\ z \leqq 2t \\ z \leqq -2t+2 \end{cases} \quad \text{すなわち} \quad \begin{cases} -\sqrt{1-t^2} \leqq y \leqq \sqrt{1-t^2} \\ 0 \leqq z \leqq \min\{2t,\ -2t+2\} \end{cases}$$

と整理できる．この連立不等式の領域を D とする．

(1) $2t$と $-2t+2$ の大小で場合分けする．

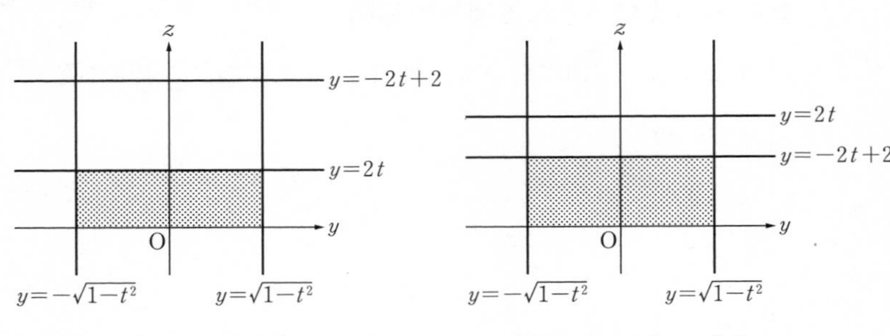

(i) $2t \leqq -2t+2$ のとき　　(ii) $-2t+2 \leqq 2t$ のとき

(i) $2t \leqq -2t+2$ のとき $\left(0 \leqq t \leqq \dfrac{1}{2}\right)$

$\min\{2t,\ -2t+2\}=2t$ となることより，領域Dは左上図の網目部分である．この面積は

$$S(t)=2t\cdot 2\sqrt{1-t^2}=4t\sqrt{1-t^2}$$

(ii) $-2t+2 \leqq 2t$ のとき $\left(\dfrac{1}{2} \leqq t \leqq 1\right)$

$\min\{2t,\ -2t+2\}=-2t+2$ となることより，領域Dは右上図の網目部分である．この面積は

$$S(t)=(-2t+2)\cdot 2\sqrt{1-t^2}=4(1-t)\sqrt{1-t^2}$$

以上から

$$S(t)=\begin{cases} \boldsymbol{4t\sqrt{1-t^2}} & \left(\boldsymbol{0 \leqq t \leqq \dfrac{1}{2}}\ \textbf{のとき}\right) \\ \boldsymbol{4(1-t)\sqrt{1-t^2}} & \left(\boldsymbol{\dfrac{1}{2} \leqq t \leqq 1}\ \textbf{のとき}\right) \end{cases}$$ ……**答**

(2) (1)より，

$$V=\int_0^1 S(t)\,dt$$
$$=\int_0^{\frac{1}{2}} 4t\sqrt{1-t^2}\,dt+\int_{\frac{1}{2}}^1 4(1-t)\sqrt{1-t^2}\,dt$$

← $(1-t^2)'=-2t$ より，$\int t\sqrt{1-t^2}\,dt$ の形を作る．

$$=2\int_0^{\frac{1}{2}} 2t\sqrt{1-t^2}\,dt+4\int_{\frac{1}{2}}^1 \sqrt{1-t^2}\,dt-2\int_{\frac{1}{2}}^1 2t\sqrt{1-t^2}\,dt \quad \text{……①}$$

ここで，①のそれぞれの定積分を計算すると，

$$\int_0^{\frac{1}{2}} 2t\sqrt{1-t^2}\,dt=\left[-\frac{2}{3}(1-t^2)^{\frac{3}{2}}\right]_0^{\frac{1}{2}}$$

$$=-\frac{2}{3}\left\{\left(\frac{3}{4}\right)^{\frac{3}{2}}-1\right\}$$

$$=\frac{2}{3}-\frac{\sqrt{3}}{4} \quad \cdots\cdots ②$$

$$\int_{\frac{1}{2}}^{1} 2t\sqrt{1-t^2}\,dt=\left[-\frac{2}{3}(1-t^2)^{\frac{3}{2}}\right]_{\frac{1}{2}}^{1}=\frac{2}{3}\left(\frac{3}{4}\right)^{\frac{3}{2}}=\frac{\sqrt{3}}{4} \quad \cdots\cdots ③$$

$$\int_{\frac{1}{2}}^{1} \sqrt{1-t^2}\,dt$$

$$=\frac{1}{6}\cdot\pi\cdot 1^2-\frac{1}{2}\cdot\frac{1}{2}\cdot\frac{\sqrt{3}}{2} \quad \cdots\cdots ④$$

$$=\frac{\pi}{6}-\frac{\sqrt{3}}{8} \quad \cdots\cdots ⑤$$

である．ただし，④は，右上図の網目部分の面積と見た．

①～③，⑤より，求める体積Vは，

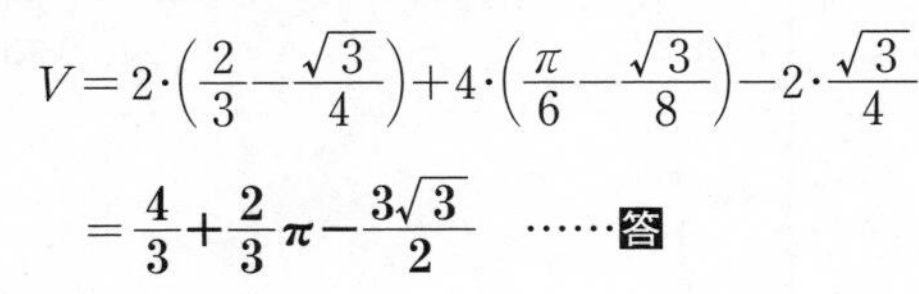

$$V=2\cdot\left(\frac{2}{3}-\frac{\sqrt{3}}{4}\right)+4\cdot\left(\frac{\pi}{6}-\frac{\sqrt{3}}{8}\right)-2\cdot\frac{\sqrt{3}}{4}$$

$$=\boldsymbol{\frac{4}{3}+\frac{2}{3}\pi-\frac{3\sqrt{3}}{2}} \quad \cdots\cdots \text{答}$$

53. 連立不等式で表される図形の体積②

〈頻出度 ★★★〉

xyz 空間の中で，方程式 $y=\frac{1}{2}(x^2+z^2)$ で表される図形は，放物線を y 軸の周りに回転して得られる曲面である．これを S とする．また，方程式 $y=x+\frac{1}{2}$ で表される図形は，xz 平面と $45°$ の角度で交わる平面である．これを H とする．さらに，S と H が囲む部分を K とおくと，K は不等式 $\frac{1}{2}(x^2+z^2)\leqq y\leqq x+\frac{1}{2}$ を満たす点 $(x,\ y,\ z)$ の全体となる．このとき，次の問いに答えよ．

(1) K を平面 $z=t$ で切ったときの切り口が空集合ではないような実数 t の範囲を求めよ．

(2) (1)の切り口の面積 $S(t)$ を t を用いて表せ．

(3) K の体積を求めよ．

(大阪市立大)

着眼 VIEWPOINT

難問です．不等式からは図形がイメージしにくく，また(1)で問われていることすらも理解が難しい，という人もいるでしょう．

(1)は，$z=t$ におき換えたとき(z にいろいろな数値を入れていると考えるとよいでしょう)，対応する $(x,\ y)$ が存在するかを問われています．

$\frac{1}{2}(x^2+t^2)\leqq y\leqq x+\frac{1}{2}$ を，いったん「y を主役に」みてみれば，y が存在する条件は，数直線上に 0 以上の幅があるか？を問われていることがわかるでしょう．これをクリアできれば，あとは切り口の面積→定積分して体積，という，問題52と同じ流れで進められます．

$\frac{1}{2}(x^2+t^2)$ ——— $x+\frac{1}{2}$ → y

解答 ANSWER

(1) $$K:\frac{1}{2}(x^2+z^2)\leqq y\leqq x+\frac{1}{2}$$

図形 K を平面 $z=t$ で切ったとき，その切り口は，

$$\frac{1}{2}(x^2+t^2)\leqq y\leqq x+\frac{1}{2}\quad\cdots\cdots①$$

で表される．求める条件は，①を満たす実数 x，y が存在するための条件である．

つまり，

$\frac{1}{2}(x^2+t^2) \leqq x+\frac{1}{2}$ を満たす実数 x が存在する

$\Leftrightarrow$ $x^2-2x+t^2-1 \leqq 0$（……②）を満たす実数 x が存在する

ここで，

$(②の左辺) = (x-1)^2+t^2-2$

より，求める条件は，$t^2-2 \leqq 0$，つまり

$\boldsymbol{-\sqrt{2} \leqq t \leqq \sqrt{2}}$ ……③**答**

(2) ③のもとで，平面 $z=t$ 上で①を図示する．$C: y=\frac{1}{2}(x^2+t^2)$，

$l: y=x+\frac{1}{2}$ の式から y を消去すると，

$$\frac{1}{2}(x^2+t^2)=x+\frac{1}{2}$$

$$x^2-2x+t^2-1=0$$

$$x=1\pm\sqrt{2-t^2} \quad \cdots\cdots ④$$

④の２解を α，β（ただし，$\alpha<\beta$）とすると，①を満たす点 (x, y) の全体は次の図の網目部分である．ただし，境界をすべて含む．①の面積 $S(t)$ は，

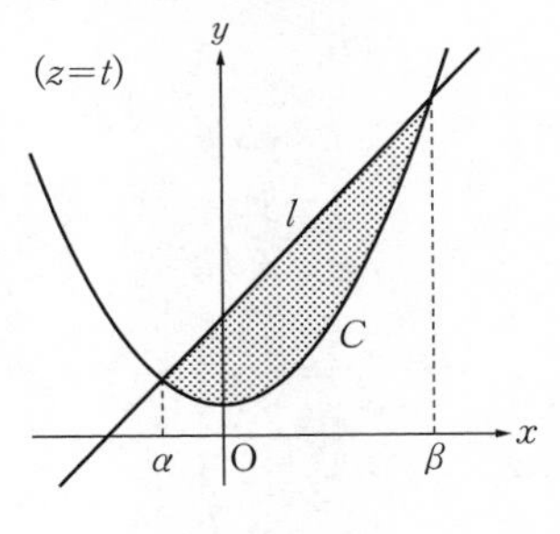

$$S(t)=\int_\alpha^\beta \left\{\left(x+\frac{1}{2}\right)-\frac{1}{2}(x^2+t^2)\right\}dx$$

$$=-\frac{1}{2}\int_\alpha^\beta (x^2-2x+t^2-1)\,dx$$

$$=-\frac{1}{2}\int_\alpha^\beta (x-\alpha)(x-\beta)\,dx$$

$$=\frac{1}{2}\cdot\frac{1}{6}(\beta-\alpha)^3$$

$$=\frac{1}{12}(\beta-\alpha)^3$$

ここで，④から

$$\beta-\alpha=(1+\sqrt{2-t^2})-(1-\sqrt{2-t^2})=2\sqrt{2-t^2}$$

なので，

$$S(t)=\frac{1}{12}(2\sqrt{2-t^2})^3=\boldsymbol{\frac{2}{3}(2-t^2)^{\frac{3}{2}}} \quad \cdots\cdots \textbf{答}$$

(3) 求める体積を V とすると，(1)，(2)より，

$$V=\int_{-\sqrt{2}}^{\sqrt{2}} S(t)\,dt$$

$$=\int_{-\sqrt{2}}^{\sqrt{2}}\frac{2}{3}(2-t^2)^{\frac{3}{2}}dt$$

$$=\frac{4}{3}\int_{0}^{\sqrt{2}}(2-t^2)^{\frac{3}{2}}dt$$

ここで，$t=\sqrt{2}\sin\theta\ \left(0\leqq\theta\leqq\frac{\pi}{2}\right)$と置換する．このとき，

$$dt=\sqrt{2}\cos\theta d\theta$$

t	$0\longrightarrow\sqrt{2}$
θ	$0\longrightarrow\frac{\pi}{2}$

なので，求める体積Vは

$$V=\frac{4}{3}\int_{0}^{\frac{\pi}{2}}\{2(1-\sin^2\theta)\}^{\frac{3}{2}}\cdot\sqrt{2}\cos\theta d\theta$$

$$=\frac{4}{3}\cdot2\sqrt{2}\cdot\sqrt{2}\int_{0}^{\frac{\pi}{2}}(\cos^2\theta)^{\frac{3}{2}}\cos\theta d\theta$$

$$=\frac{16}{3}\int_{0}^{\frac{\pi}{2}}\cos^4\theta d\theta$$

$$=\frac{16}{3}\int_{0}^{\frac{\pi}{2}}\left(\frac{1+\cos2\theta}{2}\right)^2d\theta$$

$$=\frac{4}{3}\int_{0}^{\frac{\pi}{2}}(1+2\cos2\theta+\cos^22\theta)d\theta$$

$$=\frac{4}{3}\int_{0}^{\frac{\pi}{2}}\left(1+2\cos2\theta+\frac{1+\cos4\theta}{2}\right)d\theta$$

$$=\frac{4}{3}\left[\frac{3}{2}\theta+\sin2\theta+\frac{1}{8}\sin4\theta\right]_0^{\frac{\pi}{2}}$$

$$=\frac{4}{3}\cdot\frac{3}{2}\cdot\frac{\pi}{2}$$

$$=\boldsymbol{\pi}$$ ……**答**

← $\cos^4\theta$では，問題30などのように
$\int\sin^n\theta\cos\theta d\theta$,
$\int\cos^n\theta\sin\theta d\theta$の形にできない．そのため，２倍角の公式を使って式を整理していく．

詳説 EXPLANATION

▶再三，「見取り図は不要」とコメントをつけていますが，この問題で体積を求めている図形は次の図のようなものです．「解答」の(2)では，右下図の奥から手前の向きに積分している，と考えれば納得がいくでしょう．

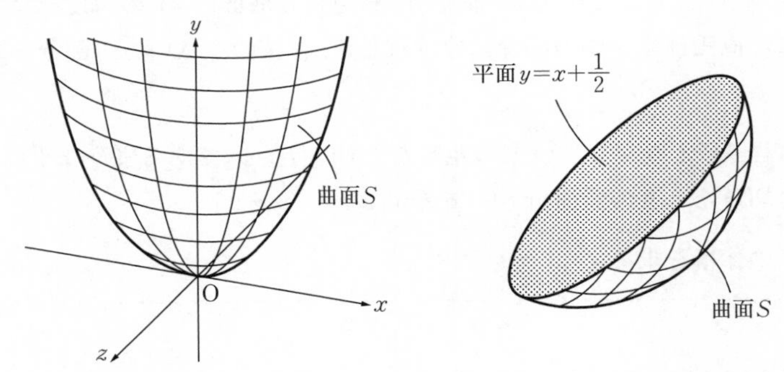

▶$S(t)$ の計算では，次の定積分の計算公式$\left(\dfrac{1}{6}\text{公式}\right)$を用いています．

定積分の計算公式$\left(\dfrac{1}{6}\text{公式}\right)$

$$\int_{\alpha}^{\beta}(x-\alpha)(x-\beta)\,dx=-\frac{1}{6}(\beta-\alpha)^3 \quad (\alpha,\ \beta\text{は定数})$$

54. 立体図形の切断

〈頻出度 ★★★〉

半径１の円を底面とする高さ $\dfrac{1}{\sqrt{2}}$ の直円柱がある．底面の円の中心をOとし，直径を１つとりABとおく．ABを含み底面と45°の角度をなす平面でこの直円柱を２つの部分に分けるとき，体積の小さい方の部分を V とする．

(1)　直径ABと直交し，Oとの距離が t $(0 \leqq t \leqq 1)$ であるような平面で V を切ったときの断面積 $S(t)$ を求めよ．

(2)　V の体積を求めよ．　（東北大）

着眼 VIEWPOINT

円柱を切断してできた図形の体積を求めます．定石どおりに，軸を設定し，軸に垂直な切り口の面積を関数で表し，定積分する，の流れで問題ありません．結局，ポイントは「**どの向きなら切り口の面積が簡単に得られる？（どの向きに積分の向き（軸）を定める？）**」という１点につきます．z 軸方向に積分としてしまうと切り口に円弧が残り，面倒です．直線AB方向を軸とすれば，垂直な切り口は三角形または台形となるので，比較的，計算は穏やかそうです．設問もこの方向で考えるように誘導されています．

解答 ANSWER

(1)

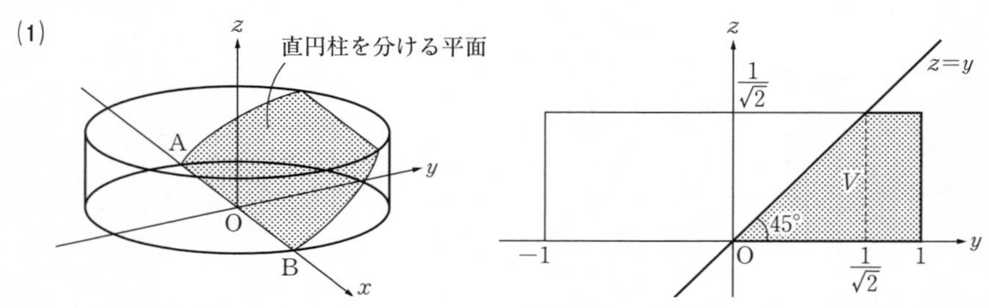

A$(-1,\ 0,\ 0)$，B$(1,\ 0,\ 0)$として，座標空間の $z \geqq 0$ の範囲に，問題で定められた円柱をおく．また，直円柱を２つに分ける平面を $z=y$ とする．このとき，図形 V は連立不等式

$$\begin{cases} x^2+y^2 \leqq 1 & \cdots\cdots① \\ 0 \leqq z \leqq \dfrac{1}{\sqrt{2}} & \cdots\cdots② \\ z \leqq y & \cdots\cdots③ \end{cases}$$

で表される．平面 $x=t$ $(0 \leqq t \leqq 1)$ による V の切り口の面積が求める $S(t)$ である．①，②，③で $x=t$ とすれば，

$$\begin{cases} t^2+y^2 \leqq 1 \\ 0 \leqq z \leqq \dfrac{1}{\sqrt{2}} \\ z \leqq y \end{cases} \quad \text{すなわち} \quad \begin{cases} y \leqq \sqrt{1-t^2} \\ 0 \leqq z \leqq \dfrac{1}{\sqrt{2}} \\ z \leqq y \end{cases}$$

である．

この不等式の表す領域を図示しようとすると，下のように $\sqrt{1-t^2}$ と $\dfrac{1}{\sqrt{2}}$ の大小が問題になる．

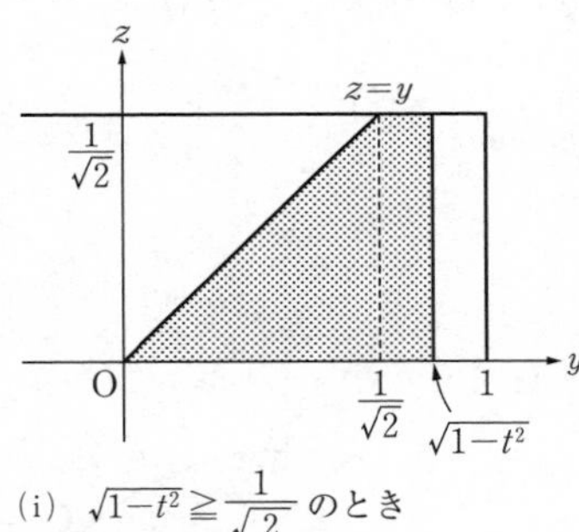

(i) $\sqrt{1-t^2} \geqq \dfrac{1}{\sqrt{2}}$ のとき

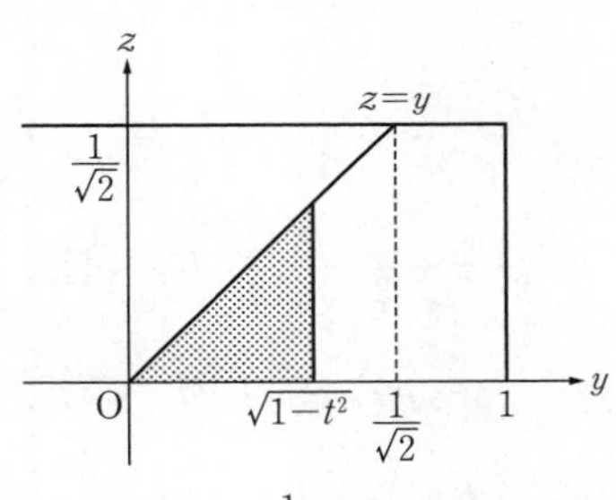

(ii) $\sqrt{1-t^2} \leqq \dfrac{1}{\sqrt{2}}$ のとき

(i) $\sqrt{1-t^2} \geqq \dfrac{1}{\sqrt{2}}$ のとき

このとき，$1-t^2 \geqq \left(\dfrac{1}{\sqrt{2}}\right)^2$ から $0 \leqq t \leqq \dfrac{1}{\sqrt{2}}$ である．

平面 $x=t$ による図形 V の切り口は図の網目部分の台形なので，その面積は

$$S(t) = \frac{1}{2}\left\{\sqrt{1-t^2}+\left(\sqrt{1-t^2}-\frac{1}{\sqrt{2}}\right)\right\}\cdot\frac{1}{\sqrt{2}}$$

$$= \frac{1}{\sqrt{2}}\sqrt{1-t^2}-\frac{1}{4}$$

(ii) $\sqrt{1-t^2} \leqq \dfrac{1}{\sqrt{2}}$ のとき

このとき，$1-t^2 \leqq \left(\dfrac{1}{\sqrt{2}}\right)^2$ から $\dfrac{1}{\sqrt{2}} \leqq t \leqq 1$ である．

平面 $x=t$ による V の切り口は図の網目部分の三角形なので，その面積は

$$S(t) = \frac{1}{2}(\sqrt{1-t^2})^2 = \frac{1}{2}(1-t^2)$$

以上から

$$S(t)=\begin{cases}\dfrac{1}{\sqrt{2}}\sqrt{1-t^2}-\dfrac{1}{4} & \left(0\leqq t\leqq\dfrac{1}{\sqrt{2}}\text{ のとき}\right)\\ \dfrac{1}{2}(1-t^2) & \left(\dfrac{1}{\sqrt{2}}\leqq t\leqq 1\text{ のとき}\right)\end{cases}\quad\cdots\cdots\text{答}$$

(2) (1)より，求める体積は，平面 $x=0$ での対称性に注意して

$$2\int_0^1 S(t)\,dt$$

$$=2\left\{\int_0^{\frac{1}{\sqrt{2}}}\left(\frac{1}{\sqrt{2}}\sqrt{1-t^2}-\frac{1}{4}\right)dt+\int_{\frac{1}{\sqrt{2}}}^1\frac{1}{2}(1-t^2)\,dt\right\}$$

$$=\sqrt{2}\int_0^{\frac{1}{\sqrt{2}}}\sqrt{1-t^2}\,dt-\frac{1}{2}\int_0^{\frac{1}{\sqrt{2}}}dt+\frac{1}{2}\int_{\frac{1}{\sqrt{2}}}^1(1-t^2)\,dt\quad\cdots\cdots④$$

$$=\sqrt{2}\left\{\frac{1}{2}\cdot 1^2\cdot\frac{\pi}{4}+\frac{1}{2}\left(\frac{1}{\sqrt{2}}\right)^2\right\}-\frac{1}{2}\cdot\frac{1}{\sqrt{2}}+\left[t-\frac{t^3}{3}\right]_{\frac{1}{\sqrt{2}}}^1$$

$$=\frac{\sqrt{2}}{8}\pi+\frac{2}{3}-\frac{5\sqrt{2}}{12}\quad\cdots\cdots\text{答}$$

ただし，④の定積分 $\displaystyle\int_0^{\frac{1}{\sqrt{2}}}\sqrt{1-t^2}\,dt$ は，右図の網目部分の面積とみて

$$\int_0^{\frac{1}{\sqrt{2}}}\sqrt{1-t^2}\,dt=(\text{扇型OCD})+\triangle\text{OCH}$$

とした.

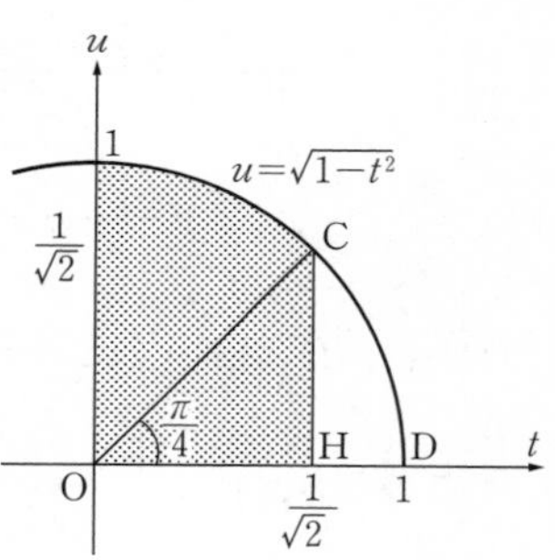

詳説 EXPLANATION

▶V を y 軸，z 軸に垂直な平面で切ると切り口は次のようになります.

・y軸に垂直な平面で切るとき

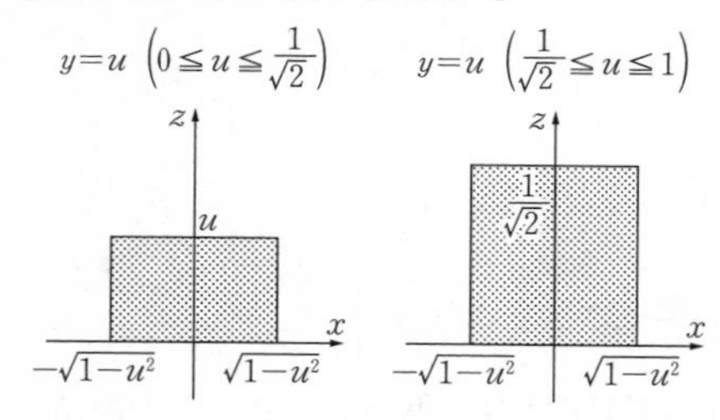

・z軸に垂直な平面で切るとき

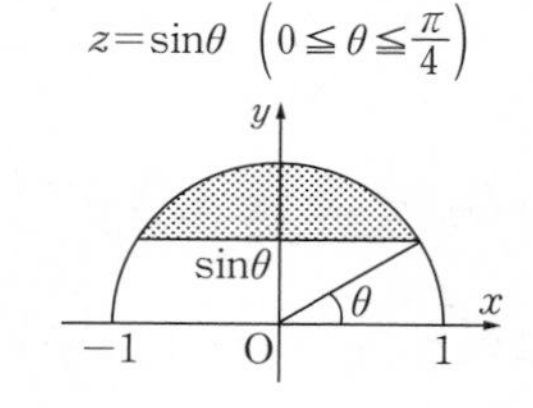

55. 立体の通過範囲

〈頻出度 ★★★〉

次の問いに答えよ.

(1) 平面上の，1辺の長さが1の正方形ABCDを考える．点Pが正方形ABCDの辺の上を1周するとき，点Pを中心とする半径rの円(内部を含む)が通過する部分の面積$S(r)$を求めよ.

(2) 空間内の，1辺の長さが1の正方形ABCDを考える．点Pが正方形ABCDの辺の上を1周するとき，点Pを中心とする半径1の球(内部を含む)が通過する部分の体積Vを求めよ.

(富山大)

着眼 VIEWPOINT

空間における図形の通過部分の体積を求めます．この問題で扱う図形は回転体ではありませんが，問題49と同じ要領で考えましょう．つまり，**動かす図形を先に切り，切った図形を動かすことで求める体積の切り口を調べる**，と考えればよいでしょう．(2)は(1)の結果が利用できます.

解答 ANSWER

(1) 面積を求める部分は，下図の網目部分である．$r=\dfrac{1}{2}$を境界に，正方形ABCDの内部に円が通過しない部分の有無が変わる.

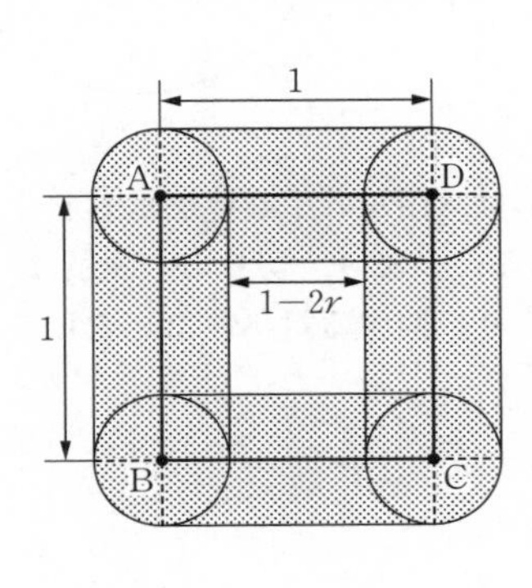

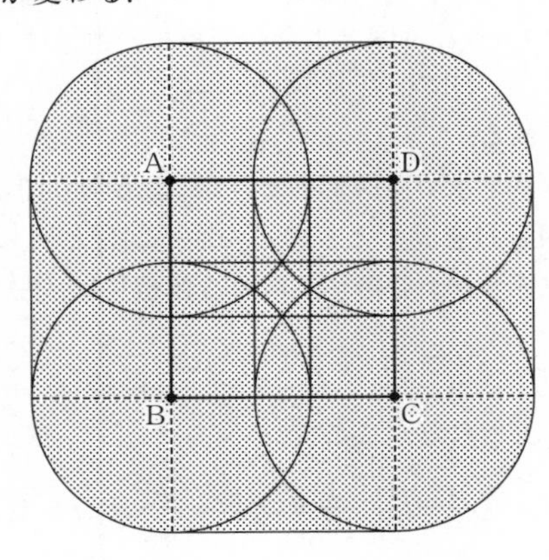

この面積を，正方形ABCDの外部と内部に分けて考える.

(i) $0 \leqq r < \dfrac{1}{2}$ のとき

このとき，正方形ABCDの内部に，円が通過しない部分が存在し，その面積は $(1-2r)^2$ である．正方形ABCDの外側は，四分円4個と長方形4個で構成される．したがって，求める面積は

$$S(r) = \left(\frac{\pi r^2}{4}\cdot 4 + r\cdot 1\cdot 4\right) + \{1^2 - (1-2r)^2\}$$
$$= (\pi - 4)r^2 + 8r$$

(ii) $\dfrac{1}{2} \leqq r$ のとき

このとき，正方形ABCDの内部に，円が通過しない部分は存在しない．正方形ABCDの外側は，(i)と同様である．
したがって，求める面積は
$$S(r) = \pi r^2 + 4r + 1$$

以上から，$S(r) = \begin{cases} \boldsymbol{(\pi-4)r^2+8r} & \left(\boldsymbol{0 \leqq r < \dfrac{1}{2}} \textbf{ のとき}\right) \\ \boldsymbol{\pi r^2+4r+1} & \left(\boldsymbol{\dfrac{1}{2} \leqq r} \textbf{ のとき}\right) \end{cases}$ ……**答**

(2) 正方形ABCDの4つの頂点を xy 平面 $(z=0)$ 上におく．
点Pを中心とした半径1の球を，平面 $z=t$ $(-1 \leqq t \leqq 1)$ で切ったときの切り口の円 K の中心をQ，K の周上の点をRとするとき，
$\mathrm{PQ} = |t|$，$\mathrm{PR} = 1$ なので，K の半径は
$$\mathrm{QR} = \sqrt{\mathrm{PR}^2 - \mathrm{PQ}^2} = \sqrt{1-t^2}$$
である．

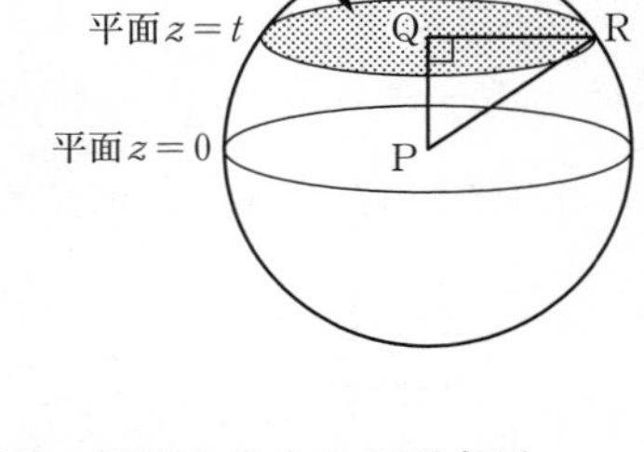

体積を求める図形の $z=t$ による切り口の図形は，円 K の中心Qが正方形ABCDを動くときの K の通過部分と同じである．つまり，切り口の面積は $S(\sqrt{1-t^2})$ であり，求める体積 V は，平面 $z=0$ に関する対称性に注意して，

$$V = 2\int_0^1 S(\sqrt{1-t^2})\,dt$$

と表される．ここで，

$$\sqrt{1-t^2} < \frac{1}{2} \text{ のとき } \frac{\sqrt{3}}{2} < t \leqq 1,$$

$$\sqrt{1-t^2} \geqq \frac{1}{2} \text{ のとき } 0 \leqq t \leqq \frac{\sqrt{3}}{2}$$

であることから，求める体積Vは

$$V=2\int_0^{\frac{\sqrt{3}}{2}}\{\pi(1-t^2)+4\sqrt{1-t^2}+1\}\,dt$$

$$+2\int_{\frac{\sqrt{3}}{2}}^{1}\{(\pi-4)(1-t^2)+8\sqrt{1-t^2}\}\,dt$$

$$=2\pi\int_0^{\frac{\sqrt{3}}{2}}(1-t^2)\,dt+8\int_0^{\frac{\sqrt{3}}{2}}\sqrt{1-t^2}\,dt+2\int_0^{\frac{\sqrt{3}}{2}}dt$$

$$+2(\pi-4)\int_{\frac{\sqrt{3}}{2}}^{1}(1-t^2)\,dt+16\int_{\frac{\sqrt{3}}{2}}^{1}\sqrt{1-t^2}\}\,dt \quad \cdots\cdots①$$

$$=2\pi\left[t-\frac{t^3}{3}\right]_0^{\frac{\sqrt{3}}{2}}+8\left(\frac{1}{2}\cdot\frac{\pi}{3}+\frac{\sqrt{3}}{8}\right)+2\cdot\frac{\sqrt{3}}{2}$$

$$+2(\pi-4)\left[t-\frac{t^3}{3}\right]_{\frac{\sqrt{3}}{2}}^{1}+16\left(\frac{1}{2}\cdot\frac{\pi}{6}-\frac{\sqrt{3}}{8}\right)$$

$$=2\pi\cdot\frac{3\sqrt{3}}{8}+\frac{8\pi}{3}+2(\pi-4)\left(\frac{2}{3}-\frac{3\sqrt{3}}{8}\right)$$

$$=\boldsymbol{4\pi+3\sqrt{3}-\frac{16}{3}} \quad \cdots\cdots \text{答}$$

ただし，①の定積分

$$I_1=\int_0^{\frac{\sqrt{3}}{2}}\sqrt{1-t^2}\,dt,\ \ I_2=\int_{\frac{\sqrt{3}}{2}}^{1}\sqrt{1-t^2}\,dt$$

は，それぞれ右図の網目部分，斜線部分の面積とみて計算した.

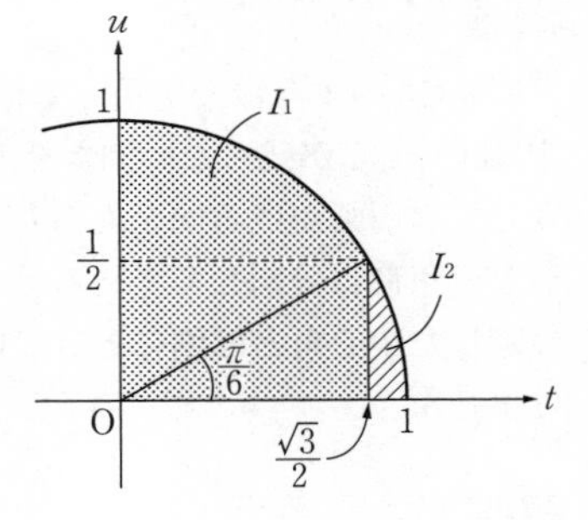

56. 円弧を含む切り口

〈頻出度 ★★★〉

正の整数nに対し　$I_n=\int_0^{\frac{\pi}{3}}\frac{d\theta}{\cos^n\theta}$ とする．

(1) I_1を求めよ．必要ならば$\frac{1}{\cos\theta}=\frac{1}{2}\left(\frac{\cos\theta}{1+\sin\theta}+\frac{\cos\theta}{1-\sin\theta}\right)$を使ってよい．

(2) $n\geqq 3$のとき，I_nをI_{n-2}とnで表せ．

(3) xyz空間においてxy平面内の原点を中心とする半径１の円板をDとする．Dを底面とし，点(0, 0, 1)を頂点とする円錐をCとする．Cを平面$x=\frac{1}{2}$で２つの部分に切断したとき，小さい方をSとする．z軸に垂直な平面による切り口を考えてSの体積を求めよ．

（名古屋大）

着眼 VIEWPOINT

問題54のように，定積分で体積を求めるときは，後の計算を考えて「切り口に“円弧の一部”が残らない向きを考える」ことが大切です．ただし，本問のようにどうしても円弧が残る問題もあります．このようなときは，中心角を設定して，扇形と三角形に分割して考えるのがよいでしょう．ただし，**定積分の変数は自分で設定した中心角とは別にとっているはずですから，置換積分で計算しなくてはなりません．**

解答 ANSWER

$$\frac{1}{\cos\theta}=\frac{1}{2}\left(\frac{\cos\theta}{1+\sin\theta}+\frac{\cos\theta}{1-\sin\theta}\right)\quad\cdots\cdots①$$

(1)

$$I_1=\int_0^{\frac{\pi}{3}}\frac{d\theta}{\cos\theta}$$

$$=\frac{1}{2}\int_0^{\frac{\pi}{3}}\left(\frac{\cos\theta}{1+\sin\theta}+\frac{\cos\theta}{1-\sin\theta}\right)d\theta\quad（①より）$$

$$=\frac{1}{2}\int_0^{\frac{\pi}{3}}\left(\frac{(1+\sin\theta)'}{1+\sin\theta}-\frac{(1-\sin\theta)'}{1-\sin\theta}\right)d\theta$$

$$=\frac{1}{2}\Big[\log(1+\sin\theta)-\log(1-\sin\theta)\Big]_0^{\frac{\pi}{3}}$$

$$=\frac{1}{2}\left\{\log\left(1+\frac{\sqrt{3}}{2}\right)-\log\left(1-\frac{\sqrt{3}}{2}\right)\right\}$$

$$=\frac{1}{2}\log\frac{2+\sqrt{3}}{2-\sqrt{3}}$$

$$=\mathbf{\log(2+\sqrt{3})}$$ ……答

◀ $\frac{2+\sqrt{3}}{2-\sqrt{3}}=\frac{(2+\sqrt{3})^2}{2^2-(\sqrt{3})^2}=(2+\sqrt{3})^2$

(2) $n\geqq 3$ のとき，部分積分から

$$I_n=\int_0^{\frac{\pi}{3}}\frac{d\theta}{\cos^n\theta}$$

$$=\int_0^{\frac{\pi}{3}}\frac{1}{\cos^{n-2}\theta}\cdot\frac{1}{\cos^2\theta}d\theta$$

$$=\int_0^{\frac{\pi}{3}}\frac{1}{\cos^{n-2}\theta}(\tan\theta)'d\theta$$

$$=\left[\frac{1}{\cos^{n-2}\theta}\cdot\tan\theta\right]_0^{\frac{\pi}{3}}-(n-2)\int_0^{\frac{\pi}{3}}\frac{\sin\theta}{\cos^{n-1}\theta}\cdot\tan\theta d\theta$$

$$=\sqrt{3}\cdot 2^{n-2}-(n-2)\int_0^{\frac{\pi}{3}}\frac{1-\cos^2\theta}{\cos^n\theta}d\theta$$

$$=\sqrt{3}\cdot 2^{n-2}-(n-2)\left(\int_0^{\frac{\pi}{3}}\frac{d\theta}{\cos^n\theta}-\int_0^{\frac{\pi}{3}}\frac{d\theta}{\cos^{n-2}\theta}\right)$$

$$=\sqrt{3}\cdot 2^{n-2}-(n-2)I_n+(n-2)I_{n-2}$$

したがって，$n\geqq 3$ のとき，

$$(n-1)I_n=(n-2)I_{n-2}+\sqrt{3}\cdot 2^{n-2}$$

$$\therefore\quad I_n=\frac{\boldsymbol{(n-2)I_{n-2}+\sqrt{3}\cdot 2^{n-2}}}{\boldsymbol{n-1}}$$ ……答

(3)

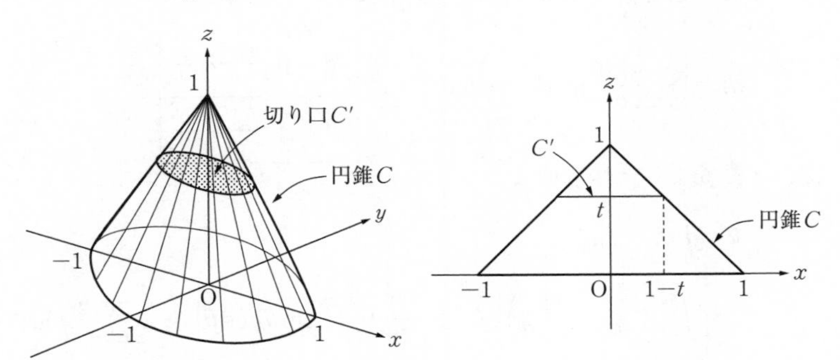

円錐 C の平面 $z=t(0\leqq t<1)$ による，切り口 C' は円であり，右上図から C' の半径は $1-t$ である．つまり，C' を表す不等式は，$z=t$ 上で

$$x^2+y^2\leqq(1-t)^2$$

である．

ゆえに，立体 S の $z=t$ による切り口 S' は

$$x^2+y^2 \leqq (1-t)^2 \quad \text{かつ} \quad x \geqq \frac{1}{2}$$

である(右図).

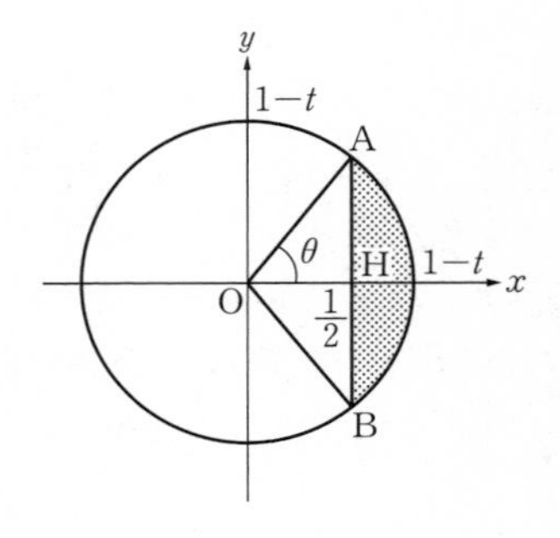

ただし，t のとりうる値の範囲は，$\begin{cases} 0 \leqq t < 1 \\ \frac{1}{2} \leqq 1-t \end{cases}$

より，

$$0 \leqq t \leqq \frac{1}{2} \quad \cdots\cdots ②$$

である.

右上図のように点 A，B，H と θ をとることで，S' の面積 T は，

$$\begin{aligned} T &= (\text{扇形OAB}) - (\text{三角形OAB}) \\ &= \frac{1}{2}(1-t)^2 \cdot 2\theta - \frac{1}{2}(1-t)^2 \sin 2\theta \\ &= (1-t)^2\theta - (1-t)^2 \sin\theta\cos\theta \quad \cdots\cdots ③ \end{aligned}$$

②より，求める体積 V は $V=\int_0^{\frac{1}{2}} T\,dt$ と表される.

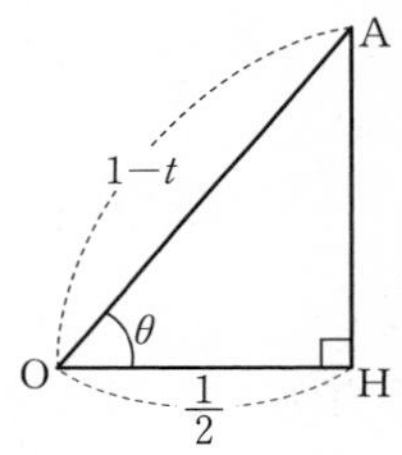

ここで，直角三角形OAHの辺の長さの比から，
次が成り立つ.

$$\cos\theta = \frac{1}{2(1-t)} \quad \text{すなわち} \quad t = 1-\frac{1}{2\cos\theta} \quad \cdots\cdots ④$$

④により変数を置換すると，次のように対応する.

$$dt = -\frac{\sin\theta}{2\cos^2\theta}d\theta \quad \cdots\cdots ⑤$$

t	$0 \longrightarrow \frac{1}{2}$
θ	$\frac{\pi}{3} \longrightarrow 0$

③，④，⑤より，体積 V は

$$\begin{aligned} V &= \int_{t=0}^{t=\frac{1}{2}} T\,dt \\ &= \int_{\theta=\frac{\pi}{3}}^{\theta=0} \left\{\left(\frac{1}{2\cos\theta}\right)^2 \cdot \theta - \left(\frac{1}{2\cos\theta}\right)^2 \cdot \sin\theta\cos\theta\right\}\left(-\frac{\sin\theta}{2\cos^2\theta}\right)d\theta \\ &= \int_{\theta=\frac{\pi}{3}}^{\theta=0} \left(\theta \cdot \frac{1}{4\cos^2\theta} - \frac{\sin\theta}{4\cos\theta}\right)\left(-\frac{\sin\theta}{2\cos^2\theta}\right)d\theta \\ &= \frac{1}{8}\int_0^{\frac{\pi}{3}} \left(\frac{\theta\sin\theta}{\cos^4\theta} - \frac{1-\cos^2\theta}{\cos^3\theta}\right)d\theta \end{aligned}$$

$$=\underbrace{\frac{1}{8}\int_0^{\frac{\pi}{3}}\theta\left(\frac{1}{3\cos^3\theta}\right)'d\theta}-\frac{1}{8}\int_0^{\frac{\pi}{3}}\frac{d\theta}{\cos^3\theta}+\frac{1}{8}\int_0^{\frac{\pi}{3}}\frac{d\theta}{\cos\theta}$$

$$=\underbrace{\frac{1}{8}\left[\frac{\theta}{3\cos^3\theta}\right]_0^{\frac{\pi}{3}}-\frac{1}{8}\int_0^{\frac{\pi}{3}}\frac{d\theta}{3\cos^3\theta}}-\frac{1}{8}I_3+\frac{1}{8}I_1$$ ← 〰〰で部分積分した.

$$=\frac{\pi}{9}-\frac{1}{6}I_3+\frac{1}{8}I_1 \quad \cdots\cdots⑥$$

ここで，(1)，(2)より，

$$I_1=\log(2+\sqrt{3}),\ I_3=\frac{I_1+2\sqrt{3}}{2}=\frac{1}{2}I_1+\sqrt{3}$$

なので，⑥に代入して

$$V=\frac{\pi}{9}-\frac{1}{6}\left(\frac{1}{2}I_1+\sqrt{3}\right)+\frac{1}{8}I_1$$

$$=\frac{\pi}{9}+\frac{1}{24}I_1-\frac{\sqrt{3}}{6}$$

$$=\boldsymbol{\frac{\pi}{9}+\frac{1}{24}\log(2+\sqrt{3})-\frac{\sqrt{3}}{6}} \quad \cdots\cdots 答$$

詳説 EXPLANATION

▶(1)の「解答」において，与えられた等式①を用いて $I_1=\int_0^{\frac{\pi}{3}}\frac{d\theta}{\cos\theta}$ を計算しています．しかし，①が与えられていなくても，例えば次のように変形すれば，同様の計算に帰着されます．問題27[3]も参照して下さい．

$$\int_0^{\frac{\pi}{3}}\frac{d\theta}{\cos\theta}=\frac{1}{2}\int_0^{\frac{\pi}{3}}\frac{\cos\theta}{\cos^2\theta}d\theta$$

$$=\frac{1}{2}\int_0^{\frac{\pi}{3}}\frac{\cos\theta}{(1+\sin\theta)(1-\sin\theta)}d\theta$$

$$=\frac{1}{2}\int_0^{\frac{\pi}{3}}\left(\frac{\cos\theta}{1+\sin\theta}+\frac{\cos\theta}{1-\sin\theta}\right)d\theta$$

▶円錐 C の側面を x 軸，y 軸に垂直な平面で切ると，切り口の境界は双曲線となります．

・$x=u$ $\left(\frac{1}{2}\leqq u\leqq 1\right)$

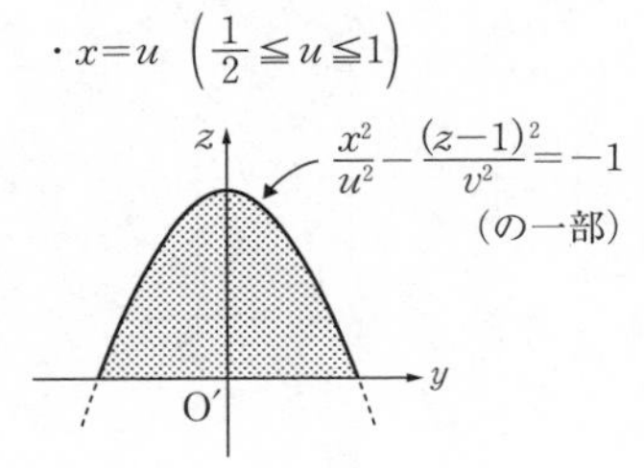

・$x=u$ $\left(-\frac{\sqrt{3}}{2}\leqq u\leqq\frac{\sqrt{3}}{2}\right)$

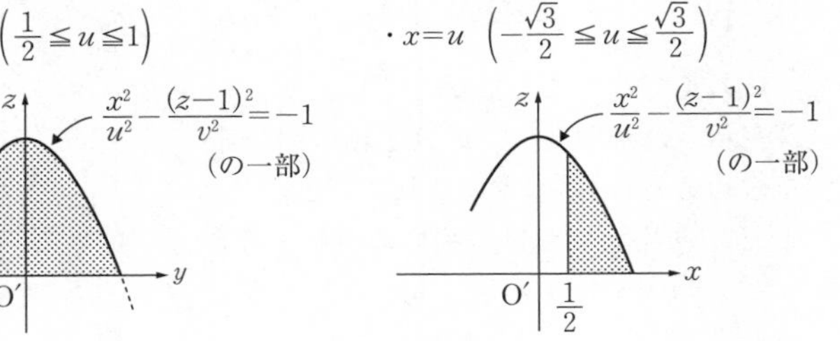

57. パラメタ表示された曲線で囲まれた図形の面積①　〈頻出度 ★★★〉

座標平面上の曲線Cが媒介変数tを用いて，$x=1-\cos t$，$y=2-\sin 2t$，$0\leqq t\leqq \pi$と表示されている．次の問いに答えよ．

(1)　$0<t<\pi$の範囲で，$\dfrac{dy}{dx}$をtの関数として表せ．

(2)　$0<t<\pi$の範囲で，$\dfrac{dy}{dx}=0$を満たすtの値をすべて求めよ．また，そのときのxの値を求めよ．

(3)　曲線Cの概形を座標平面上にかけ．ただし，曲線の凹凸は調べなくてよい．

(4)　曲線Cと直線$x=2$，x軸，およびy軸とで囲まれた図形の面積を求めよ．　(関西大)

着眼 VIEWPOINT

パラメタ(媒介変数)表示された曲線の概形をかき，それを境界とした図形の面積を求めます．

パラメタ表示された点$(x,\ y)$の動き

曲線$(x,\ y)$がパラメタtにより
$$(x,\ y)=(f(t),\ g(t))$$
と表されるとき，$\dfrac{dx}{dt}$，$\dfrac{dy}{dt}$の正負と点$(x,\ y)$の動きの対応は右のようになる．

$\dfrac{dx}{dt}<0$ かつ $\dfrac{dy}{dt}>0$　　$\dfrac{dx}{dt}>0$ かつ $\dfrac{dy}{dt}>0$

$\dfrac{dx}{dt}<0$ かつ $\dfrac{dy}{dt}<0$　　$\dfrac{dx}{dt}>0$ かつ $\dfrac{dy}{dt}<0$

本問では$\dfrac{dx}{dt}$，$\dfrac{dy}{dt}$をそれぞれ求めるよう指示があるので，この点で迷うことはないでしょう．

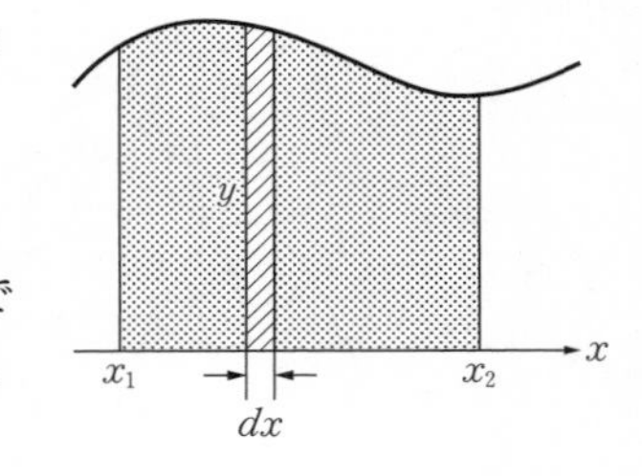

パラメタ表示された曲線$(x,\ y)$とx軸の囲む部分の面積を求めるときも，基本はこれまでと同じです．あくまでもxy平面における図形の面積を考え

ているので，いったん $\int_{x_1}^{x_2} ydx$ と立式します．これを，パラメタでの定積分の計算とするため，置換積分して読みかえます．

解答 ANSWER

(1) $\dfrac{dx}{dt}=\sin t$, $\dfrac{dy}{dt}=-2\cos 2t$ より，$\dfrac{dy}{dx}=\dfrac{\frac{dy}{dt}}{\frac{dx}{dt}}=\boldsymbol{-\dfrac{2\cos 2t}{\sin t}}$ ……答

(2) $\dfrac{dy}{dt}=-2\cos 2t$ なので，$0<t<\pi$ すなわち $0<2t<2\pi$ で $\dfrac{dy}{dt}=0$ となる t は，$\cos 2t=0$ から

$$2t=\frac{\pi}{2},\ \frac{3}{2}\pi \quad \text{すなわち} \quad t=\boldsymbol{\frac{\pi}{4},\ \frac{3}{4}\pi} \quad \cdots\cdots \text{答}$$

また，そのときの $x=1-\cos t$ の値はそれぞれ，$x=\boldsymbol{\dfrac{2-\sqrt{2}}{2},\ \dfrac{2+\sqrt{2}}{2}}$ ……答

(3) $0<t<\pi$ で常に $\dfrac{dx}{dt}=\sin t>0$ である．

また，$\dfrac{dy}{dt}=-2\cos 2t$ の符号は，右の図のように変化する．

したがって，点 $(x,\ y)$ の動きは次の表のとおりである．

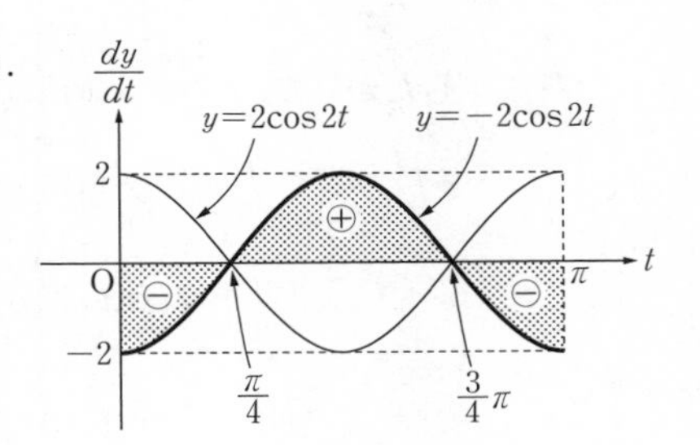

t	0	$\cdots$	$\frac{\pi}{4}$	$\cdots$	$\frac{3}{4}\pi$	$\cdots$	π
$\frac{dx}{dt}$		$+$	$+$	$+$	$+$	$+$	
$\frac{dy}{dt}$		$-$	0	$+$	0	$-$	
$\begin{pmatrix} x \\ y \end{pmatrix}$	$\begin{pmatrix} 0 \\ 2 \end{pmatrix}$	↘	$\begin{pmatrix} \frac{2-\sqrt{2}}{2} \\ 1 \end{pmatrix}$	↗	$\begin{pmatrix} \frac{2+\sqrt{2}}{2} \\ 3 \end{pmatrix}$	↘	$\begin{pmatrix} 2 \\ 2 \end{pmatrix}$

したがって，曲線 C の概形は次の図のとおりである．

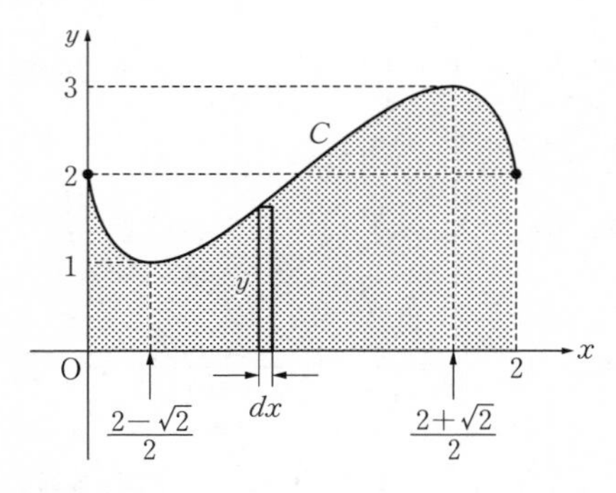

(4) 求める面積をSとする．

面積を求める部分は(3)の図の網目部分であり，$S=\int_0^2 ydx$と表される．

ここで，$x=1-\cos t$と置換すると，

$dx=\sin t dt$,

x	$0 \longrightarrow 2$
t	$0 \longrightarrow \pi$

である．したがって，求める面積は

$$\begin{aligned} S &= \int_0^{\pi} ydt = \int_0^{\pi}(2-\sin 2t)\sin t dt \\ &= \int_0^{\pi}(2\sin t-\sin 2t\sin t)dt \\ &= \int_0^{\pi}(2\sin t-2\sin^2 t\cos t)dt \\ &= \left[-2\cos t-\frac{2}{3}\sin^3 t\right]_0^{\pi} \\ &= \mathbf{4} \end{aligned}$$

……**答**

← $\int \sin 2t\sin t dt$
$=\frac{1}{2}\int(\cos t-\cos 3t)dt$
と変形する手もあるでしょう．

詳説 EXPLANATION

▶(3)のような増減表のまとめ方は，x方向の増減とy方向の増減を別々にかいてからまとめる人もいますし，$\left(\frac{dx}{dt}, \frac{dy}{dt}\right)$の正負と点の動きを対応づけてかく人もいます(本書はこの方法をとっています)．すぐに動きが判断できるときは，あえて表にまとめることもないでしょう．

▶曲線Cが点(1，2)に関して対称であることに気づければ，(4)で面積を求める図形を一辺の長さが2の正方形に等積変形して，その値が$2\times2=4$であることはすぐにわかります．

58. パラメタ表示された曲線で囲まれた図形の面積②

〈頻出度 ★★★〉

媒介変数表示 $x=\sin t$, $y=(1+\cos t)\sin t$ $(0\leqq t\leqq \pi)$ で表される曲線を C とする．以下の問いに答えよ．

(1) $\dfrac{dy}{dx}$ および $\dfrac{d^2y}{dx^2}$ を t の関数として表せ．

(2) C の凹凸を調べ，C の概形をかけ．

(3) C で囲まれる領域の面積 S を求めよ．

（神戸大）

着眼 VIEWPOINT

問題57と同様に，$\dfrac{dx}{dt}$，$\dfrac{dy}{dt}$ の符号変化から，点 $(x,\ y)$ の動きを読みとりましょう．ただし，x 軸方向に点が戻ってくる（Uターンする）曲線なので，削りとる部分を考慮して定積分の式を立てなくてはなりません．

解答 ANSWER

(1)
$$\frac{dx}{dt}=\cos t,$$
$$\frac{dy}{dt}=-\sin t\cdot\sin t+(1+\cos t)\cdot\cos t$$
$$=2\cos^2 t+\cos t-1$$

なので，

$$\frac{dy}{dx}=\frac{\dfrac{dy}{dt}}{\dfrac{dx}{dt}}$$
$$=\frac{2\cos^2 t+\cos t-1}{\cos t}$$
$$=\mathbf{2\cos t+1-\frac{1}{\cos t}}\ \cdots\cdots \text{答}$$

$$\frac{d^2y}{dx^2}=\frac{d}{dx}\left(\frac{dy}{dx}\right)$$
$$=\frac{d}{dt}\left(\frac{dy}{dx}\right)\cdot\frac{dt}{dx}$$

← $\dfrac{dt}{dx}=\dfrac{1}{\dfrac{dx}{dt}}$

$$= \frac{-2\sin t - \dfrac{\sin t}{\cos^2 t}}{\cos t}$$

$$= \mathbf{-\tan t(\tan^2 t + 3)} \quad \cdots\cdots 答$$

(2)　$\dfrac{dy}{dt}$の符号は下図のように変化する．点$(x,\ y)$の動きは次の表のとおり．

t	0	$\cdots$	$\dfrac{\pi}{3}$	$\cdots$	$\dfrac{\pi}{2}$	$\cdots$	π
$\dfrac{dx}{dt}$	$+$	$+$	$+$	$+$	0	$-$	$-$
$\dfrac{dy}{dt}$	$+$	$+$	0	$-$	$-$	$-$	0
$\begin{pmatrix} x \\ y \end{pmatrix}$	$\begin{pmatrix} 0 \\ 0 \end{pmatrix}$	$\nearrow$	$\begin{pmatrix} \frac{\sqrt{3}}{2} \\ \frac{3\sqrt{3}}{4} \end{pmatrix}$	$\searrow$	$\begin{pmatrix} 1 \\ 1 \end{pmatrix}$	$\swarrow$	$\begin{pmatrix} 0 \\ 0 \end{pmatrix}$

また，$\dfrac{d^2y}{dx^2} = -\tan t\,(\tan^2 t + 3)$ なので，$\dfrac{d^2y}{dx^2}$の符号は$t \neq \dfrac{\pi}{2}$ において$-\tan t$の符号と一致する．すなわち，

$0 < t < \dfrac{\pi}{2}$ では $\dfrac{d^2y}{dx^2} < 0$ より曲線は上に凸

$\dfrac{\pi}{2} < t < \pi$ では $\dfrac{d^2y}{dx^2} > 0$ より曲線は下に凸

である．以上から，Cの概形は左下図のとおり．

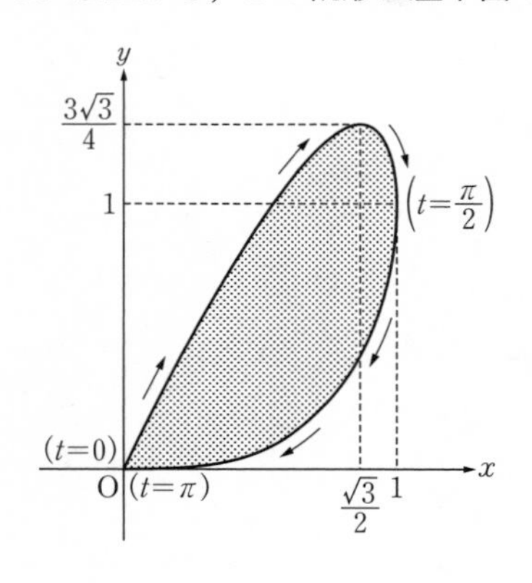

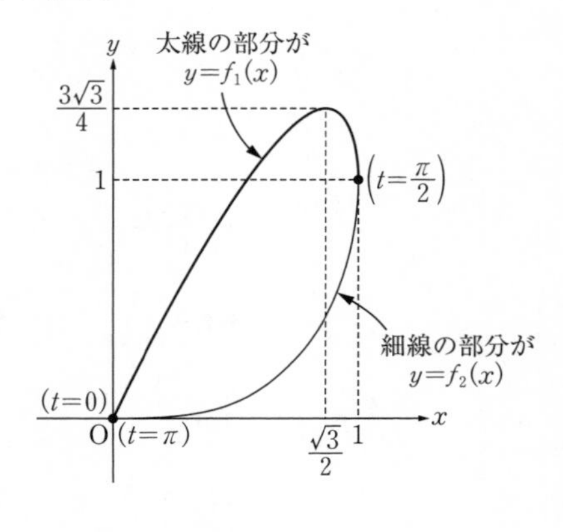

(3) 右上図のように, $0 \leqq t \leqq \frac{\pi}{2}$ における x と y の関係を $y=f_1(x)$, $\frac{\pi}{2} \leqq t \leqq \pi$ における x と y の関係を $y=f_2(x)$ と表す.

$x=\sin t$ と置換する. このとき, $dx=\cos t\,dt$ である. この置換により, 求める面積 S は,

$$S=\int_0^1 f_1(x)\,dx-\int_0^1 f_2(x)\,dx$$

$$=\int_0^{\frac{\pi}{2}}(1+\cos t)\sin t\cdot\cos t\,dt-\int_{\pi}^{\frac{\pi}{2}}(1+\cos t)\sin t\cdot\cos t\,dt$$

$$=\int_0^{\pi}(1+\cos t)\sin t\cos t\,dt \quad \cdots\cdots(*)$$

$$=\int_0^{\pi}\left(\frac{1}{2}\sin 2t+\cos^2 t\sin t\right)dt$$

← $\sin t\cos t=\frac{1}{2}\sin 2t$

$$=\left[-\frac{1}{4}\cos 2t-\frac{1}{3}\cos^3 t\right]_0^{\pi}$$

$$=\mathbf{\frac{2}{3}} \quad \cdots\cdots \text{答}$$

詳説 EXPLANATION

▶ (*)で「積分が 1 つに繋がる」ことは, 次のように理解するとよいでしょう.

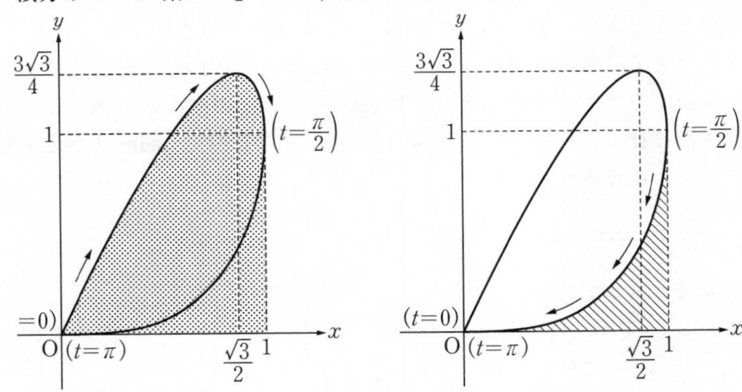

$0 \leqq t \leqq \frac{\pi}{2}$ で『右向きに積分』するので, 左上図の網目部分の面積を「加える」,

$\frac{\pi}{2} \leqq t \leqq \pi$ で『左向きに積分』するので, 右上図の斜線部分の面積を「除く」, と進めていきます.

59. 回転する円周上の点の軌跡

〈頻出度 ★★★〉

原点Oを中心とする，半径２の円をDとする．半径１の円盤D_1は最初に中心Qが(3, 0)にあり，円Dに外接しながら滑ることなく反時計回りに転がす．

点Pは円盤D_1の円周上に固定されていて，最初は(2, 0)にある．

D，D_1の接点をTとしたとき，線分OTがx軸の正の向きとなす角をθとする．

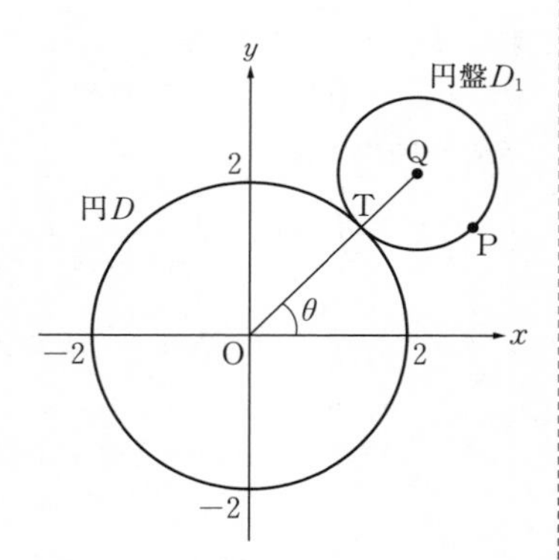

(1)　点Pの座標$(x,\ y)$を，θを用いて表せ．

(2)　θを$0 \leqq \theta \leqq \pi$で動かし，そのときの点Pの軌跡をCとする．曲線Cとx軸で囲まれた部分の面積を求めよ．

（東京工業大 改題）

着眼 VIEWPOINT

曲線のパラメタ表示を，自分で作る問題です．とりわけ，この問題のような「円盤を転がしたときの円盤上の点の軌跡」はよく出題されます．

パラメタ表示を作るポイントは，ベクトルで点の移動を分割して考えることです．円盤の中心は原点を中心とした回転移動，円盤の中心から調べる点の動きを見れば回転移動，とそれぞれは単純な回転移動にすぎず，回転角さえ考慮すればよいことがわかります．

解答 ANSWER

(1)　点A(2, 0)とする．

$\overset{\frown}{\mathrm{AT}} = 2\theta$，$\overset{\frown}{\mathrm{PT}} = \angle \mathrm{TQP}$，$\overset{\frown}{\mathrm{AT}} = \overset{\frown}{\mathrm{PT}}$

より，$\angle \mathrm{TQP} = 2\theta$である．ここで，$x$軸の正の向きから$\overrightarrow{\mathrm{QP}}$への回転角を$\phi$とすると，

$$\phi = \theta + \pi + 2\theta = 3\theta + \pi$$

よって，

$$\overrightarrow{\mathrm{QP}} = \begin{pmatrix} \cos(3\theta+\pi) \\ \sin(3\theta+\pi) \end{pmatrix} = \begin{pmatrix} -\cos 3\theta \\ -\sin 3\theta \end{pmatrix}$$

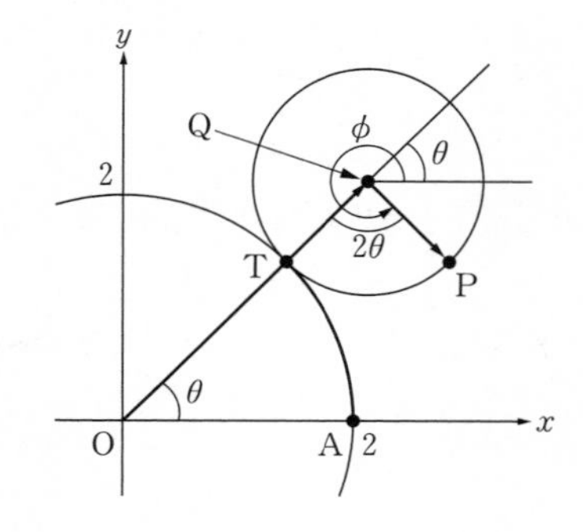

$$\therefore \quad \overrightarrow{OP}=\overrightarrow{OQ}+\overrightarrow{QP}=\begin{pmatrix}3\cos\theta\\3\sin\theta\end{pmatrix}+\begin{pmatrix}-\cos3\theta\\-\sin3\theta\end{pmatrix}=\begin{pmatrix}3\cos\theta-\cos3\theta\\3\sin\theta-\sin3\theta\end{pmatrix}$$

点Pの座標は，**$(3\cos\theta-\cos3\theta,\ 3\sin\theta-\sin3\theta)$** ……**答**

(2)　$(x,\ y)=(f(\theta),\ g(\theta))$ とする.

$$\begin{aligned}f(\pi-\theta)&=3\cos(\pi-\theta)-\cos3(\pi-\theta)\\&=-3\cos\theta-\cos(3\pi-3\theta)\\&=-3\cos\theta+\cos3\theta=-f(\theta)\end{aligned}$$

$$\begin{aligned}g(\pi-\theta)&=3\sin(\pi-\theta)-\sin3(\pi-\theta)\\&=3\sin\theta-\sin(3\pi-3\theta)\\&=3\sin\theta-\sin3\theta=g(\theta)\end{aligned}$$

ゆえに，曲線Cのうち，$0\leqq\theta\leqq\frac{\pi}{2}$ の部分と $\frac{\pi}{2}\leqq\theta\leqq\pi$ の部分は y 軸に関して対称である.　……①

以下，$0\leqq\theta\leqq\frac{\pi}{2}$ について調べる.

$$\begin{aligned}\frac{dx}{d\theta}&=-3\sin\theta+3\sin3\theta\\&=-3\sin\theta+3(3\sin\theta-4\sin^3\theta)\\&=6\sin\theta(1-\sqrt{2}\sin\theta)(1+\sqrt{2}\sin\theta)\end{aligned}$$

← $\sin3\theta=3\sin\theta-4\sin^3\theta$

$$\begin{aligned}\frac{dy}{d\theta}&=3\cos\theta-3\cos3\theta\\&=3\cos\theta-3(4\cos^3\theta-3\cos\theta)\\&=12\cos\theta(1-\cos^2\theta)=12\cos\theta\sin^2\theta\geqq0\end{aligned}$$

← $\cos3\theta=4\cos^3\theta-3\cos\theta$

$\frac{dx}{d\theta}$の符号は$1-\sqrt{2}\sin\theta$の符号と同じである．ゆえに，$\mathrm{P}(x,\ y)$の動きは次のとおり.

θ	0	$\cdots$	$\frac{\pi}{4}$	$\cdots$	$\frac{\pi}{2}$
$\frac{dx}{d\theta}$		$+$	0	$-$	
$\frac{dy}{d\theta}$		$+$		$+$	
$\begin{pmatrix}x\\y\end{pmatrix}$	$\begin{pmatrix}2\\0\end{pmatrix}$	$\nearrow$	$\begin{pmatrix}2\sqrt{2}\\\sqrt{2}\end{pmatrix}$	$\nwarrow$	$\begin{pmatrix}0\\4\end{pmatrix}$

①と合わせて，曲線Cの概形は左下図のとおり．面積を求めるのは図の網目部分である．

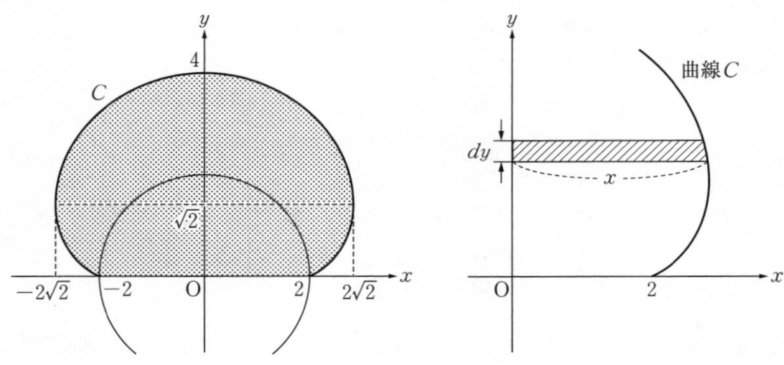

求める面積をSとする．①に注意して，y軸方向に積分する．(右上図)

$$\frac{S}{2}=\int_{y=0}^{y=4}xdy$$

⬅ $\int ydx$，つまりx軸方向の積分だと，問題**58**のように「Uターン」するので面倒である．

$$=\int_{\theta=0}^{\theta=\frac{\pi}{2}}x\frac{dy}{d\theta}d\theta$$

$$=\int_0^{\frac{\pi}{2}}(3\cos\theta-\cos3\theta)(3\cos\theta-3\cos3\theta)d\theta$$

⬅ 2倍角，積和の公式にもち込むことを見越して$\frac{dy}{d\theta}=3\cos\theta-3\cos3\theta$を用いた．

$$=9\underset{\sim\sim\sim}{\int_0^{\frac{\pi}{2}}\cos^2d\theta}-12\underset{\sim\sim\sim}{\int_0^{\frac{\pi}{2}}\cos\theta\cos3\theta d\theta}$$

$$+3\underset{\sim\sim\sim}{\int_0^{\frac{\pi}{2}}\cos^23\theta d\theta}\quad\cdots\cdots②$$

ここで，$\sim\sim$を順にI_1，I_2，I_3とすると，

$$I_1=\int_0^{\frac{\pi}{2}}\frac{1+\cos2\theta}{2}d\theta=\left[\frac{1}{2}\theta+\frac{1}{4}\sin2\theta\right]_0^{\frac{\pi}{2}}=\frac{\pi}{4}$$

$$I_2=\int_0^{\frac{\pi}{2}}\frac{1}{2}(\cos4\theta+\cos2\theta)d\theta=\left[\frac{1}{8}\sin4\theta+\frac{1}{4}\sin2\theta\right]_0^{\frac{\pi}{2}}=0$$

$$I_3=\int_0^{\frac{\pi}{2}}\frac{1+\cos6\theta}{2}d\theta=\left[\frac{1}{2}\theta+\frac{1}{12}\sin6\theta\right]_0^{\frac{\pi}{2}}=\frac{\pi}{4}$$

したがって，②より

$$\frac{S}{2}=9I_1-12I_2+3I$$

$$=9\cdot\frac{\pi}{4}-12\cdot0+3\cdot\frac{\pi}{4}=3\pi$$

$S=\boldsymbol{6\pi}$　……**答**

60. 極方程式と面積

〈頻出度 ★★★〉

極方程式で表されたxy平面上の曲線 $r=1+\cos\theta$ $(0\leqq\theta\leqq 2\pi)$をCとする．

(1) 曲線C上の点を直交座標$(x,\ y)$で表す．$(x,\ y)$をθで表せ．また，$\dfrac{dx}{d\theta}=0$ となるθ，および $\dfrac{dy}{d\theta}=0$ となるθをそれぞれ求めよ．

(2) $\displaystyle\lim_{\theta\to\pi}\frac{dy}{dx}$ を求めよ．

(3) 曲線Cの概形をxy平面上にかけ．

(4) 曲線Cの長さを求めよ．また，Cで囲まれた部分の面積を求めよ．

（神戸大　改題）

着眼 VIEWPOINT

極座標を直交座標に変換し，あとは問題58と同じように，図形の凹んだ部分を考慮して定積分の式を立てる問題です．

直交座標と極座標の対応

直交座標でP$(x,\ y)$と表される点について，OP$=r$，半直線OPとx軸正方向のなす角をθとするとき

$$x=r\cos\theta,\ y=r\sin\theta,\ x^2+y^2=r^2$$

が成り立つ．

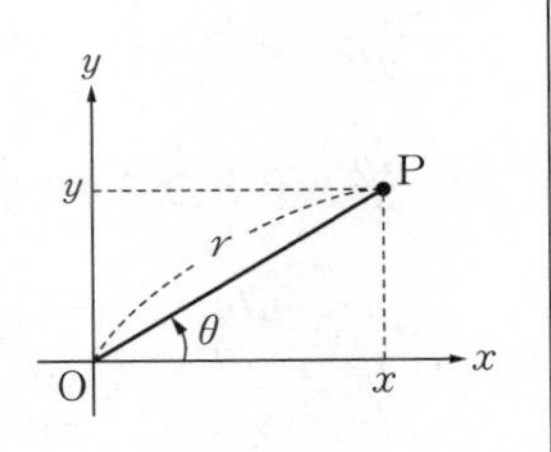

(4)の定積分の計算がやや長いです．「解答」のような，2倍角の公式で式を整理すること，$\cos\theta\sin\theta$を作ること，などの基本的な方法は十分に練習しておきましょう．余裕があれば，扇形の微小面積の和にみる手法も押さえておきたいところです(☞詳説)．また，(3)では次の関係を用います．

曲線の長さ

tをパラメタとした，曲線C：$(x,\ y)=(f(t),\ g(t))$　$(\alpha\leqq t\leqq\beta)$ の長さLは，

$$\boldsymbol{L=\int_\alpha^\beta\sqrt{\left(\frac{dx}{dt}\right)^2+\left(\frac{dy}{dt}\right)^2}dt}$$

$$\boldsymbol{=\int_\alpha^\beta\sqrt{\{f'(t)\}^2+\{g'(t)\}^2}dt}$$

C_1　$t=\beta$　$t=\alpha$

解答 ANSWER

(1)　$r=1+\cos\theta$ より，

$$x=r\cos\theta=(1+\cos\theta)\cos\theta,\ y=r\sin\theta=(1+\cos\theta)\sin\theta$$

なので，$(x,\ y)=\boldsymbol{((1+\cos\theta)\cos\theta,\ (1+\cos\theta)\sin\theta)}$　……答

また，

$$\frac{dx}{d\theta}=-\sin\theta\cos\theta-(1+\cos\theta)\sin\theta=-\sin\theta(1+2\cos\theta)$$

$$\frac{dy}{d\theta}=-\sin^2\theta+(1+\cos\theta)\cos\theta=(2\cos\theta-1)(\cos\theta+1)$$

よって，$0\leqq\theta\leqq2\pi$ において，

$\dfrac{dx}{d\theta}=0$ となるθの値は，$\theta=\boldsymbol{0,\ \frac{2}{3}\pi,\ \pi,\ \frac{4}{3}\pi,\ 2\pi}$　……答

$\dfrac{dy}{d\theta}=0$ となるθの値は，$\theta=\boldsymbol{\frac{\pi}{3},\ \pi,\ \frac{5}{3}\pi}$　……答

(2)

$$\frac{dy}{dx}=\frac{\frac{dy}{d\theta}}{\frac{dx}{d\theta}}=\frac{(2\cos\theta-1)(\cos\theta+1)}{-\sin\theta(1+2\cos\theta)}$$

$$\therefore\quad \lim_{\theta\to\pi}\frac{dy}{dx}=\lim_{\theta\to\pi}\frac{(2\cos\theta-1)(\cos\theta+1)}{-\sin\theta(1+2\cos\theta)}$$

$$=\lim_{\theta\to\pi}\left\{-\frac{(2\cos\theta-1)\sin^2\theta}{\sin\theta(1+2\cos\theta)(1-\cos\theta)}\right\}$$

$$=\lim_{\theta\to\pi}\left\{-\frac{(2\cos\theta-1)\sin\theta}{(1+2\cos\theta)(1-\cos\theta)}\right\}$$

$=\boldsymbol{0}$　……答

(3) $x(\theta)=(1+\cos\theta)\cos\theta$, $y(\theta)=(1+\cos\theta)\sin\theta$ とすると,

$$x(2\pi-\theta)=\{1+\cos(2\pi-\theta)\}\cos(2\pi-\theta)=(1+\cos\theta)\cos\theta=x(\theta)$$

$$y(2\pi-\theta)=\{1+\cos(2\pi-\theta)\}\sin(2\pi-\theta)=-(1+\cos\theta)\sin\theta=-y(\theta)$$

ゆえに,曲線Cの $\pi\leqq\theta\leqq2\pi$ の部分と,$0\leqq\theta\leqq\pi$ の部分はx軸に関して対称である.(……①)

$0\leqq\theta\leqq\pi$ における点$(x,\ y)$の動きは次のとおり.

θ	0	$\cdots$	$\frac{\pi}{3}$	$\cdots$	$\frac{2}{3}\pi$	$\cdots$	π
$\frac{dx}{d\theta}$		$-$	$-$	$-$	0	$+$	
$\frac{dy}{d\theta}$		$+$	0	$-$	$-$	$-$	
$\begin{pmatrix}x\\y\end{pmatrix}$	$\begin{pmatrix}2\\0\end{pmatrix}$	↖	$\begin{pmatrix}\frac{3}{4}\\\frac{3\sqrt{3}}{4}\end{pmatrix}$	↙	$\begin{pmatrix}-\frac{1}{4}\\\frac{\sqrt{3}}{4}\end{pmatrix}$	↘	$\begin{pmatrix}0\\0\end{pmatrix}$

したがって,(2)の結果,および①と合わせて,曲線Cの概形は下図のとおり.

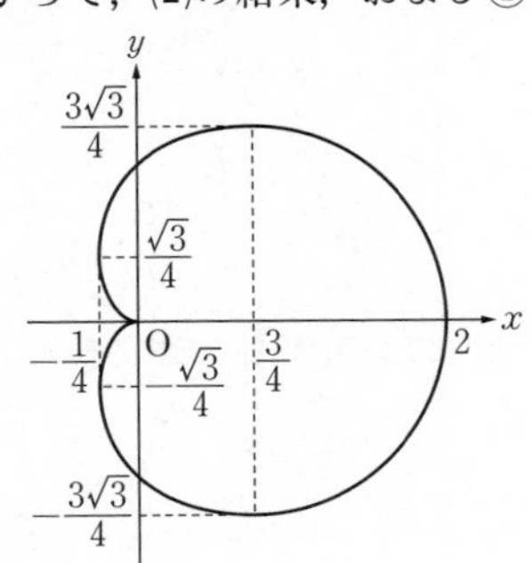

(4) (1)より,

$$\frac{dx}{d\theta}=-\sin\theta-2\sin\theta\cos\theta=-\sin\theta-\sin2\theta \quad \cdots\cdots②$$

$$\frac{dy}{d\theta}=\cos\theta+2\cos^2\theta-1=\cos\theta+\cos2\theta \quad \cdots\cdots③$$

②,③より,

$$\left(\frac{dx}{d\theta}\right)^2+\left(\frac{dy}{d\theta}\right)^2=(-\sin\theta-\sin2\theta)^2+(\cos\theta+\cos2\theta)^2$$

$$=2+2\cos\theta=4\cos^2\frac{\theta}{2}$$

⬅ $\cos2x=2\cos^2x-1$で,$x=\frac{\theta}{2}$とおき換える.(半角の公式)

したがって，曲線Cの長さを l とすると，

$$l=2\int_0^{\pi}\sqrt{\left(\frac{dx}{d\theta}\right)^2+\left(\frac{dy}{d\theta}\right)^2}\,d\theta$$

$$=4\int_0^{\pi}\left|\cos\frac{\theta}{2}\right|d\theta$$

$$=4\int_0^{\pi}\cos\frac{\theta}{2}d\theta$$

$$=4\left[2\sin\frac{\theta}{2}\right]_0^{\pi}=8 \quad \cdots\cdots 答$$

また，求める面積をSとして，Cの $0\leqq\theta\leqq\frac{2}{3}\pi$ の部分において $y=y_1$，

$\frac{2}{3}\pi\leqq\theta\leqq\pi$ の部分において $y=y_2$ とする．

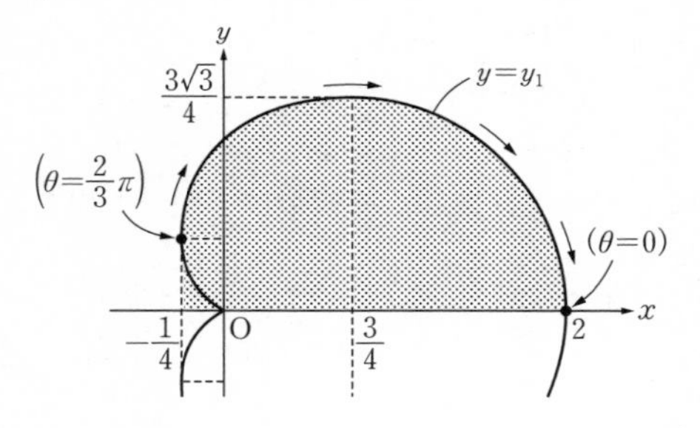

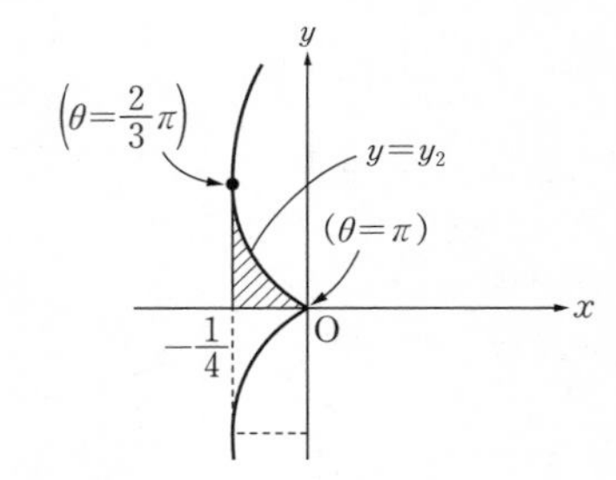

上図の網目部分から斜線部分をとり除いた図形の面積が$\frac{S}{2}$である．

したがって，

$$\frac{S}{2}=\int_{x=-\frac{1}{4}}^{x=2}y_1dx-\int_{x=-\frac{1}{4}}^{x=0}y_2dx$$

$$=\int_{\theta=\frac{2}{3}\pi}^{\theta=0}y\frac{dx}{d\theta}d\theta-\int_{\theta=\frac{2}{3}\pi}^{\theta=\pi}y\frac{dx}{d\theta}d\theta$$

$$=\int_{\pi}^{0}y\frac{dx}{d\theta}d\theta$$

$$=\int_{\pi}^{0}(1+\cos\theta)\sin\theta\cdot(-\sin\theta)(1+2\cos\theta)d\theta$$

$$=\int_0^{\pi}(2\cos^2\theta\sin^2\theta+3\cos\theta\sin^2\theta+\sin^2\theta)d\theta$$

$$=\int_0^{\pi}\left\{2\left(\frac{\sin 2\theta}{2}\right)^2+3(\sin\theta)'\sin^2\theta+\frac{1-\cos 2\theta}{2}\right\}d\theta$$

$$=\int_0^{\pi}\left\{\frac{1}{2}\cdot\frac{1-\cos 4\theta}{2}+3(\sin\theta)'\sin^2\theta+\frac{1-\cos 2\theta}{2}\right\}d\theta$$

$$=\left[\frac{1}{4}\left(\theta-\frac{1}{4}\sin 4\theta\right)+\sin^3\theta+\frac{1}{2}\left(\theta-\frac{1}{2}\sin 2\theta\right)\right]_0^{\pi}=\frac{3}{4}\pi$$

よって，$S=\boldsymbol{\frac{3}{2}\pi}$ ……**答**

詳説 EXPLANATION

▶問題の誘導に従い，「解答」では$S=\int ydx$の形で立式したうえで置換積分することで面積を求めています．ただし，次の関係を用いれば，「解答」に比べれば簡単な計算で面積を求められます．

極方程式と面積

極方程式$r=f(\theta)$で表される曲線と直線$\theta=\theta_1$，$\theta=\theta_2\,(\theta_1\leqq\theta_1)$で囲まれた図形の面積$S$は

$$S=\int_{\theta_1}^{\theta_2}\frac{1}{2}r^2d\theta$$

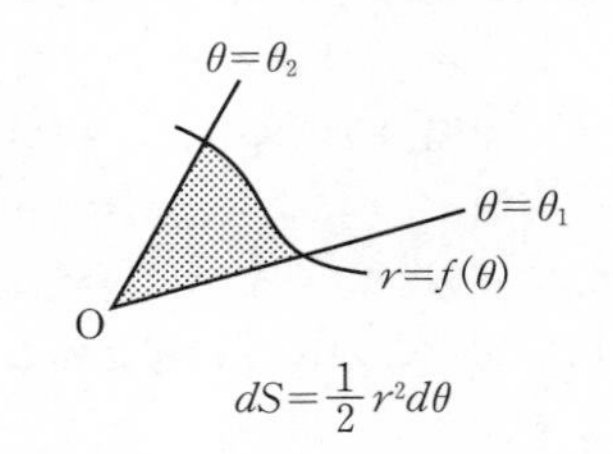

$dS=\frac{1}{2}r^2d\theta$

別解

$r=1+\cos\theta$ より

$$\frac{S}{2}=\int_0^{\pi}\frac{1}{2}(1+\cos\theta)^2d\theta$$

$$=\frac{1}{2}\int_0^{\pi}(1+2\cos\theta+\cos^2\theta)\,d\theta$$

$$=\frac{1}{2}\int_0^{\pi}\left(1+2\cos\theta+\frac{1+\cos 2\theta}{2}\right)d\theta$$

$$=\int_0^{\pi}\left(\frac{3}{4}+\cos\theta+\frac{1}{4}\cos 2\theta\right)d\theta$$

$$=\left[\frac{3}{4}\theta+\sin\theta+\frac{1}{8}\sin 2\theta\right]_0^{\pi}=\frac{3}{4}\pi$$

よって，$S=\boldsymbol{\frac{3}{2}\pi}$ ……**答**

複素数平面

数学	C
問題頁	P.24
問題数	10問

61. 条件を満たす点の存在する範囲

〈頻出度 ★★★〉

zを複素数とする．$z+\dfrac{3}{z}$が実数であり，$3\leqq z+\dfrac{3}{z}\leqq 4$となる$z$の動く範囲を複素数平面上に図示せよ．

（琉球大）

着眼 VIEWPOINT

複素数の表し方には，次の3通りがあります．

・z，$\overline{z}$(共役複素数)のままで表す．　……(*)

・zの偏角θにより，$z=|z|(\cos\theta+i\sin\theta)$（極形式)で表す．　……(**)

・実数x，yにより，$z=x+yi$と表す．

十分に実力がつくまでは「(*)，(**)で何とか解けないか？」と考えることがとても大切です．このように考えることで，複素数特有の表現や式変形が身についていきます．

さて，この問題では次の関係を使います．

複素数の絶対値

複素数zが実数a，bにより，$z=a+bi$と表されるとき，zの絶対値$|z|$は

$$|z|=\sqrt{a^2+b^2}$$

と定められる．これは，複素数平面において原点O(0)とP(z)の距離である．また，zの共役複素数$\overline{z}=a-bi$により

$$|z|^2=z\overline{z}$$

と表される．

複素数が実数，純虚数である条件

複素数zの実部，虚部をそれぞれRe(z)，Im(z)とするとき，

$\mathrm{Re}(z)=\dfrac{z+\overline{z}}{2}$，$\mathrm{Im}(z)=\dfrac{z-\overline{z}}{2i}$である．これより，次が成り立つ．

zが実数　$\Longleftrightarrow$　$z=\overline{z}$

zが純虚数　$\Longleftrightarrow$　$z=-\overline{z}$　かつ　$z\neq 0$

「ある値が実数(純虚数)のとき……」という段階で，まずは上の関係を使おう，と考えられることが「複素数の扱いに慣れている」ということです．別解では $x+yi$ としても計算できることを示していますが，まずは「解答」のように，**z の式は，z のままで，いけるところまで説明する**よう心がけましょう．

解答 ANSWER

$$3 \leqq z+\frac{3}{z} \leqq 4 \quad \cdots\cdots ①$$

とする．ここで，

$$\begin{aligned} z+\frac{3}{z} \text{ は実数} &\Longleftrightarrow z+\frac{3}{z}=\overline{z+\frac{3}{z}} \\ &\Longleftrightarrow z+\frac{3}{z}=\overline{z}+\frac{3}{\overline{z}} \\ &\Longleftrightarrow z^2\overline{z}+3\overline{z}=z(\overline{z})^2+3z \quad \text{かつ} \quad z \neq 0 \\ &\Longleftrightarrow z\overline{z}(z-\overline{z})-3(z-\overline{z})=0 \quad \text{かつ} \quad z \neq 0 \\ &\Longleftrightarrow (z-\overline{z})(z\overline{z}-3)=0 \quad \text{かつ} \quad z \neq 0 \\ &\Longleftrightarrow (z-\overline{z})(|z|^2-3)=0 \quad \text{かつ} \quad z \neq 0 \\ &\Longleftrightarrow (z=\overline{z} \quad \text{または} \quad |z|=\sqrt{3}) \quad \text{かつ} \quad z \neq 0 \\ &\Longleftrightarrow (z=\overline{z} \quad \text{かつ} \quad z \neq 0) \quad \text{または} \quad (|z|=\sqrt{3} \quad \text{かつ} \quad z \neq 0) \end{aligned}$$

(i) $z=\overline{z}$ かつ $z \neq 0$ のとき

このとき，z は実数である．$3 \leqq z+\dfrac{3}{z} \leqq 4$ について，$z<0$ であればこの不等式は成り立たないので，$z>0$ で考える．

①の辺々に z を掛けて，

$$3z \leqq z^2+3 \leqq 4z \quad \text{かつ} \quad z \neq 0 \Longleftrightarrow \begin{cases} 3z \leqq z^2+3 \\ z^2+3 \leqq 4z \\ z \neq 0 \end{cases}$$

$$\Longleftrightarrow \begin{cases} z^2-3z+3 \geqq 0 & \cdots\cdots ② \\ z^2-4z+3 \leqq 0 & \cdots\cdots ③ \\ z \neq 0 \end{cases}$$

②は $z^2-3z+3=\left(z-\dfrac{3}{2}\right)^2+\dfrac{3}{4}>0$ より，常に成り立つ．

③について，

$$(z-1)(z-3) \leqq 0 \quad \text{すなわち} \quad 1 \leqq z \leqq 3 \quad \cdots\cdots ④$$

であり，これは $z \neq 0$ を満たす．

④より，z は実軸のうち $1 \leqq z \leqq 3$ の部分を動く．

(ii)　$|z|=\sqrt{3}$ かつ $z\neq 0$ のとき

z は原点を中心とし，半径 $\sqrt{3}$ の円周上を動く．(……⑤)このとき，

$$z\bar{z}=3 \quad \text{すなわち} \quad \frac{3}{z}=\bar{z}$$

であることから，$z+\dfrac{3}{z}=z+\bar{z}=2\mathrm{Re}(z)$ である．

つまり，①は次のように書き換えられる．

$$3\leqq 2\mathrm{Re}(z)\leqq 4 \quad \text{すなわち} \quad \frac{3}{2}\leqq \mathrm{Re}(z)\leqq 2 \quad \cdots\cdots ⑥$$

つまり，⑤かつ⑥，つまり原点を中心とする半径 $\sqrt{3}$ の円のうち，⑥を満たす部分である．

(i)，(ii)より，z の存在する範囲は右図の太線部分である．

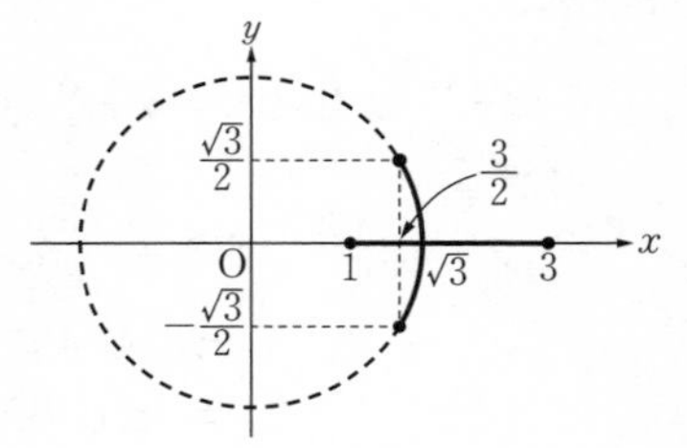

詳説 EXPLANATION

▶ z の実部，虚部を x，y で表し，複素数の相等から説明することもできます．

別解

実数 x，y により，$z=x+yi$ と表す．このとき

$$\begin{aligned} z+\frac{3}{z} &= x+yi+\frac{3}{x+yi} \\ &= x+yi+\frac{3(x-yi)}{x^2+y^2} \\ &= \frac{x(x^2+y^2+3)+y(x^2+y^2-3)i}{x^2+y^2} \end{aligned}$$

したがって，$z+\dfrac{3}{z}$ が実数であるための条件は，

$$y(x^2+y^2-3)=0 \quad \text{かつ} \quad x^2+y^2\neq 0$$
$$\Longleftrightarrow (y=0 \quad \text{または} \quad x^2+y^2=3) \quad \text{かつ} \quad x^2+y^2\neq 0$$

$y=0$ のとき，$z+\dfrac{3}{z}=x+\dfrac{3}{x}$ なので，①より(「解答」と同様にして) $1\leqq x\leqq 3$ を得る．

また，$x^2+y^2=3$ のとき，$z+\dfrac{3}{z}=\dfrac{x\cdot(3+3)}{3}=2x$ なので，①より(「解答」と同様にして) $\dfrac{3}{2}\leqq x\leqq 2$ を得る．

以下，「解答」と同じ．

62. $z^n=k$の複素数解

〈頻出度 ★★★〉

次の各問いに答えよ．ただし，iは虚数単位とする．

(1) 方程式$z^4=-1$を解け．

(2) αを方程式$z^4=-1$の解の1つとする．複素数平面に点βがあって$|z-\beta|=\sqrt{2}\,|z-\alpha|$を満たす点$z$全体が原点を中心とする円$C$を描くとき，複素数$\beta$を$\alpha$で表せ．

(3) 点zが(2)の円C上を動くとき，点iとzを結ぶ線分の中点wはどのような図形を描くか．

（鹿児島大）

着眼 VIEWPOINT

(1)では，次の定理を用います．

ド・モアブルの定理

nを整数とするとき，次が成り立つ．

$$(\cos\theta+i\sin\theta)^n=\cos n\theta+i\sin n\theta$$

高次方程式や指数の大きい計算では，まず極形式になおし，ド・モアブルの定理を使うことを考えましょう．

(2)は，「円Cを描く」ことから，$|z-\gamma|=R$の形を目指して変形しましょう．(3)は「定点iと円C上の動点の中点」なので，iを中心とした相似変換として考えるのがスマートです．ただし，軌跡の原理から説明することもでき，この方法も非常に重要です．（☞詳説，問題67）

解答 ANSWER

(1) $z^4=-1$ ……①

$z=r(\cos\theta+i\sin\theta)\ (r>0,\ 0\leqq\theta<2\pi)$とおく．ド・モアブルの定理より

$$z^4=r^4(\cos\theta+i\sin\theta)^4$$
$$=r^4(\cos 4\theta+i\sin 4\theta)$$

また，$-1=\cos\pi+i\sin\pi$なので，①よりある整数nが存在し，

$$\begin{cases} r^4=1 & \cdots\cdots② \\ 4\theta=\pi+2n\pi & \cdots\cdots③ \end{cases}$$

が成り立つ．

②より，$r>0$ なので $r=1$ である．また，③について，$0\leqq\theta<2\pi$ より，4θ は $0\leqq 4\theta<8\pi$ をとりうる．つまり，$n=0$，1，2，3 に対応する θ が求めるものである．したがって，$4\theta=\pi$，3π，5π，7π より，

$$\theta=\frac{\pi}{4},\ \frac{3\pi}{4},\ \frac{5\pi}{4},\ \frac{7\pi}{4}$$

である．以上から，①を満たす z は

$$z=\cos\frac{\pi}{4}+i\sin\frac{\pi}{4},\ \cos\frac{3\pi}{4}+i\sin\frac{3\pi}{4},\ \cos\frac{5\pi}{4}+i\sin\frac{5\pi}{4},\ \cos\frac{7\pi}{4}+i\sin\frac{7\pi}{4}$$

$$=\boldsymbol{\frac{1+i}{\sqrt{2}},\ \frac{-1+i}{\sqrt{2}},\ \frac{-1-i}{\sqrt{2}},\ \frac{1-i}{\sqrt{2}}}$$ ……**答**

(2)　$|z-\beta|=\sqrt{2}\,|z-\alpha|$ より，

$$|z-\beta|^2=2|z-\alpha|^2$$
$$\Leftrightarrow\ (z-\beta)(\overline{z}-\overline{\beta})=2(z-\alpha)(\overline{z}-\overline{\alpha})$$
$$\Leftrightarrow\ z\overline{z}-\beta\overline{z}-\overline{\beta}z+\beta\overline{\beta}=2(z\overline{z}-\alpha\overline{z}-\overline{\alpha}z+\alpha\overline{\alpha})$$
$$\Leftrightarrow\ z\overline{z}-(2\alpha-\beta)\overline{z}-(2\overline{\alpha}-\overline{\beta})z+2\alpha\overline{\alpha}-\beta\overline{\beta}=0$$
$$\Leftrightarrow\ \{z-(2\alpha-\beta)\}\{\overline{z}-(2\overline{\alpha}-\overline{\beta})\}-(2\alpha-\beta)(2\overline{\alpha}-\overline{\beta})+2\alpha\overline{\alpha}-\beta\overline{\beta}=0$$
$$\Leftrightarrow\ |z-(2\alpha-\beta)|^2=|2\alpha-\beta|^2-2|\alpha|^2+|\beta|^2\quad\cdots\cdots④$$

④を満たす z が円を描くならば，その円の中心は点 $2\alpha-\beta$ である．つまり，点 z が原点を中心とする円を描くためには

$$2\alpha-\beta=0\quad\text{すなわち}\quad\beta=2\alpha\quad\cdots\cdots⑤$$

が必要である．このとき，④の右辺に関して，$|\alpha|=1$ より

$$(④\text{の右辺})=|2\alpha-\beta|^2-2|\alpha|^2+|\beta|^2$$
$$=0-2|\alpha|^2+4|\alpha|^2$$
$$=2|\alpha|^2=2>0$$

したがって，z は常に原点を中心とする円を描く．⑤から，$\boldsymbol{\beta=2\alpha}$ ……**答**

(3)　(2)より，円 C は「原点を中心とした，半径 $\sqrt{2}$ の円」である．

C 上を動く点 z と定点 i を両端とした線分の中点 w は，「点 i に関して C を $\frac{1}{2}$ 倍に相似変換した図形」を描く．

つまり，点 w が描く図形は，

点 $\boldsymbol{\frac{i}{2}}$ を中心とする半径 $\boldsymbol{\frac{\sqrt{2}}{2}}$ の円 ……**答**

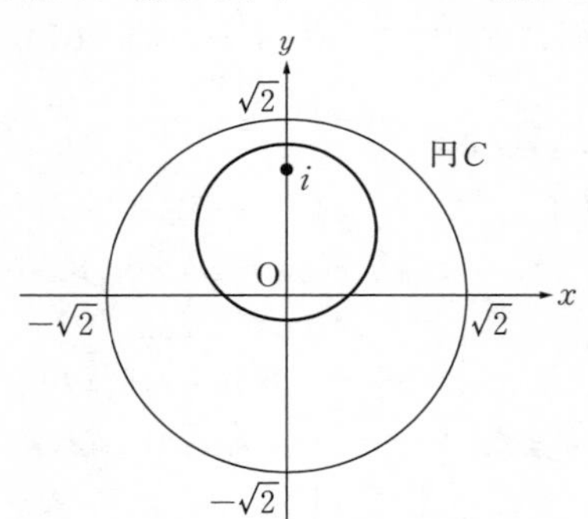

詳説 EXPLANATION

▶(3)は，円Cの方程式が得られるので，問題68などのように，(wに対応する)zの存在条件から説明してもよいでしょう．

別解

(3)　(2)より，円Cの方程式は $|z|=\sqrt{2}$ (……⑥)である．

ここで，$w=\dfrac{i+z}{2}$ (……⑦)であり，wの存在する範囲をFとすると

$$w\in F \Leftrightarrow \text{⑥かつ⑦を満たす } z \text{ が存在する}$$

⑦より$z=2w-i$なので，⑥かつ⑦を満たすzが存在する条件は

$$|2w-i|=\sqrt{2} \Leftrightarrow \left|w-\frac{i}{2}\right|=\frac{\sqrt{2}}{2} \quad \cdots\cdots ⑧$$

⑧より，点wが描く図形は，**点$\dfrac{i}{2}$を中心とする半径$\dfrac{\sqrt{2}}{2}$の円**　……答

63. 円分多項式

〈頻出度 ★★★〉

複素数αを$\alpha=\cos\frac{2\pi}{7}+i\sin\frac{2\pi}{7}$とおく．ただし，$i$は虚数単位を表す．以下の問いに答えよ．

(1) $\alpha^6+\alpha^5+\alpha^4+\alpha^3+\alpha^2+\alpha$の値を求めよ．

(2) $t=\alpha+\overline{\alpha}$とおくとき，$t^3+t^2-2t$の値を求めよ．ただし，$\overline{\alpha}$は$\alpha$と共役な複素数を表す．

(3) $\frac{3}{5}<\cos\frac{2\pi}{7}<\frac{7}{10}$を示せ．

（九州大）

着眼 VIEWPOINT

nを整数とするとき，$z^n=1$を満たすn個の複素数解zは，「点1を頂点の1つとし，円$|z|=1$上に配置された正n角形の頂点である」ことが知られています．この性質をテーマとした問題は非常に多く出題されています．

(1), (2)までの流れはこの手の問題の多くで共通です．(3)は，$\mathrm{Re}(\alpha)=\frac{\alpha+\overline{\alpha}}{2}$より，「$\alpha$の実部を評価せよ」ということです．中間値の定理で説明しましょう．

解答 ANSWER

(1) $\alpha=\cos\frac{2\pi}{7}+i\sin\frac{2\pi}{7}$なので，ド・モアブルの定理より，

$$\alpha^7=\left(\cos\frac{2\pi}{7}+i\sin\frac{2\pi}{7}\right)^7=\cos 2\pi+i\sin 2\pi=1$$

つまり，$\alpha^7-1=0$から

$$(\alpha-1)(\alpha^6+\alpha^5+\alpha^4+\alpha^3+\alpha^2+\alpha+1)=0$$

αは虚数なので，$\alpha\neq1$である．つまり，

$$\boldsymbol{\alpha^6+\alpha^5+\alpha^4+\alpha^3+\alpha^2+\alpha=-1} \quad \cdots\cdots ① \text{答}$$

(2) $|\alpha|=1$より，$\alpha\overline{\alpha}=1$である．$\alpha\neq0$から$\overline{\alpha}=\frac{1}{\alpha}$なので，

$$t=\alpha+\frac{1}{\alpha} \quad \cdots\cdots ②$$

ここで，①の両辺をα^3で割ると

$$\alpha^3+\alpha^2+\alpha+\frac{1}{\alpha}+\frac{1}{\alpha^2}+\frac{1}{\alpha^3}=0$$

$$\left(\alpha^3+\frac{1}{\alpha^3}\right)+\left(\alpha^2+\frac{1}{\alpha^2}\right)+\left(\alpha+\frac{1}{\alpha}\right)+1=0$$

$$\left(\alpha+\frac{1}{\alpha}\right)^3-3\left(\alpha+\frac{1}{\alpha}\right)+\left(\alpha+\frac{1}{\alpha}\right)^2-2+\left(\alpha+\frac{1}{\alpha}\right)+1=0$$

②より，

$$t^3-3t+t^2-2+t+1=0$$

$\therefore$ $\boldsymbol{t^3+t^2-2t=1}$ ……③**答**

(3) $t=\alpha+\overline{\alpha}=2\cos\frac{2\pi}{7}$ は，③より，$u^3+u^2-2u=1$ の $0<u<2$ における実数解である．

ここで，$f(u)=u^3+u^2-2u-1$ とおくと，

$$f'(u)=3u^2+2u-2=3\left(u-\frac{-1-\sqrt{7}}{3}\right)\left(u-\frac{-1+\sqrt{7}}{3}\right)$$

であり，

$$u_1=\frac{-1-\sqrt{7}}{3}(<0),\ u_2=\frac{-1+\sqrt{7}}{3}(>0)$$

とすると，

$f(u)$ の増減と $v=f(u)$ のグラフは次のようになる．

u	$\cdots$	u_1	$\cdots$	u_2	$\cdots$
$f'(u)$	$+$	0	$-$	0	$+$
$f(u)$	↗	極大	↘	極小	↗

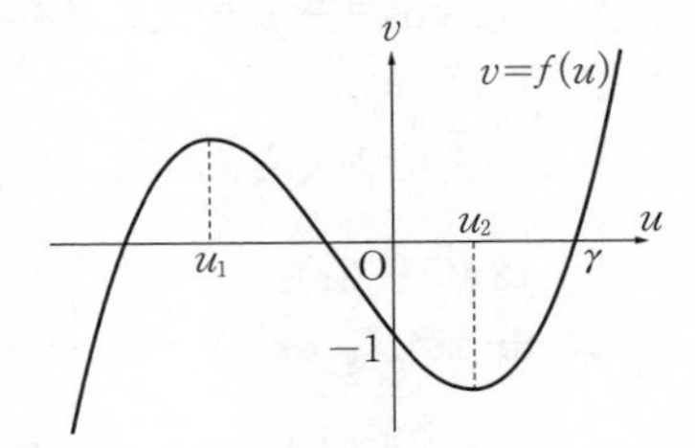

$0<\frac{2\pi}{7}<\frac{\pi}{2}$ なので $\cos\frac{2\pi}{7}>0$，つまり，$f(u)=0$ の解のうち，$u>0$ を満たす1つ(図中のγ)についてのみ考えれば十分である．ここで

$$f\left(\frac{6}{5}\right)=-\frac{29}{125}<0,\ f\left(\frac{7}{5}\right)=\frac{113}{125}>0$$

より，$\frac{6}{5}<2\cos\frac{2\pi}{7}<\frac{7}{5}$ である．

ゆえに，$\frac{3}{5}<\cos\frac{2\pi}{7}<\frac{7}{10}$ が成り立つことを示した．(証明終)

詳説 EXPLANATION

▶(1)の因数分解，つまり

$$x^n-1=(x-1)(x^{n-1}+x^{n-2}+\cdots\cdots+x+1) \quad \cdots\cdots(*)$$

が見えず，「等比数列の和の公式」から説明したいという人もいるかもしれません．つまり，$\alpha+\alpha^2+\cdots\cdots+\alpha^6$ が「初項，公比がともに α である等比数列の和」と考えて，$\alpha^7=1$ より

$$\alpha+\alpha^2+\cdots\cdots+\alpha^6=\frac{\alpha-\alpha^7}{1-\alpha}=\frac{\alpha-1}{1-\alpha}=-1$$

とする方法です．

$a_n=ar^{n-1}(r\neq1)$ を一般項とする等比数列 $\{a_n\}$ の和 S_n は次のように求められます．

$$\begin{array}{rrl} & S_n= & a+ar+ar^2+\cdots\cdots\cdots+ar^{n-1} \\ -) & rS_n= & \quad\ ar+ar^2+\cdots\cdots\cdots+ar^{n-1}+ar^n \\ \hline & (1-r)S_n= & a \qquad\qquad\qquad\qquad\qquad -ar^n \quad \cdots\cdots(**) \end{array}$$

$$\therefore \quad S_n=\frac{a-ar^n}{1-r}$$

$r=x$，$a=1$ とすれば，(*)と(**)は同じことを述べているにすぎないことがわかります．

▶(2)より，$\cos\dfrac{2\pi}{7}$ が無理数であることを次のように示せます．

$x=\cos\dfrac{2\pi}{7}$ とおくと，$t=2x$ であり，(2)より

$$(2x)^3+(2x)^2-2\cdot(2x)-1=0$$

$$\therefore \quad 8x^3+4x^2-4x-1=0 \quad \cdots\cdots(***)$$

x が有理数と仮定すると，互いに素な正の整数 k，l により，$x=\dfrac{l}{k}$ と表せる．

このとき，(***)より

$$8\left(\frac{l}{k}\right)^3+4\left(\frac{l}{k}\right)^2-4\left(\frac{l}{k}\right)-1=0$$

$$l(8l^2+4kl-4k^2)=k^3$$

k，l は互いに素であり，$8l^2+4kl-4k^2$ は整数であることから，不合理である．

したがって，$\cos\dfrac{2\pi}{7}$ は無理数である．

64. 複素数平面上の図形と距離

〈頻出度 ★★★〉

複素数 z に対し $f(z)=z\overline{z}+i(z-\overline{z})$ と定める．ただし，i は虚数単位とする．次の問いに答えよ．

(1) すべての複素数 z に対して，$f(z)$ は実数であることを示せ．

(2) 不等式 $0\leqq f(z)\leqq 1$ を満たす点 z を，複素数平面上に図示せよ．

(3) 複素数 z が，条件 $\begin{cases} 0\leqq f(z)\leqq 1 \\ |z|\geqq|z-2i| \end{cases}$ を満たしながら複素数平面上を動くとき，$|z+1|$ の最大値と最小値，およびそのときの z の値を求めよ．

（弘前大）

着眼 VIEWPOINT

値のとりうる範囲を調べる問題です．この問題に限らず，複素数の問題は「これは計算問題」「これは図形問題」などと決め打ちして動いてはなりません．**うまく計算を進めつつ，図形的に考えられるところは図形に任せる，という柔軟な姿勢が大切**です．(1)は問題61と同様に，「z が実数 $\Leftrightarrow$ $z=\overline{z}$」により示します．(2)は，$|z-\gamma|=R$ が「点 γ を中心とする半径 R の円」であることと，「$|z-\gamma|^2=R^2$ $\Leftrightarrow$ $(z-\gamma)(\overline{z}-\overline{\gamma})=R^2$」の式に見慣れていれば，そこに一直線に式変形していけばよいでしょう．ただし，この辺りは不慣れな受験生が $x+yi$ とおくことも想像できます(☞詳説)．(3)も，(図示せよ，とは指示されていませんが)(2)からの流れで，複素数平面上の図形として考えれば，ほとんど計算せずとも答えは見えるはずです．

解答 ANSWER

(1)
$$\begin{aligned}\overline{f(z)}&=\overline{z\overline{z\beta}+i(z-\overline{z})}\\&=\overline{z}z-i(\overline{z}-z)\\&=z\overline{z}+i(z-\overline{z})\\&=f(z)\end{aligned}$$

したがって，$f(z)$ は実数である．（証明終）

(2)
$$0\leqq f(z)\leqq 1 \Leftrightarrow (f(z)\geqq 0 \quad かつ \quad f(z)\leqq 1) \quad \cdots\cdots①$$

ここで，$f(z)\geqq 0$ から

$$\begin{aligned}&z\overline{z}+i(z-\overline{z})\geqq 0\\ \Leftrightarrow\ &(z-i)(\overline{z}+i)\geqq 1\\ \Leftrightarrow\ &|z-i|^2\geqq 1^2\\ \Leftrightarrow\ &|z-i|\geqq 1 \quad \cdots\cdots②\end{aligned}$$

$1\leqq z\overline{z}+i(z-\overline{z})+1\leqq 2$
$\Leftrightarrow$ $1\leqq|z-i|^2\leqq 2$
と処理してもよい．

また，$f(z) \leqq 1$ から

$$z\overline{z}+i(z-\overline{z}) \leqq 1$$
$$\Leftrightarrow (z-i)(\overline{z}+i) \leqq 2$$
$$\Leftrightarrow |z-i|^2 \leqq (\sqrt{2})^2$$
$$\Leftrightarrow |z-i| \leqq \sqrt{2} \quad \cdots\cdots ③$$

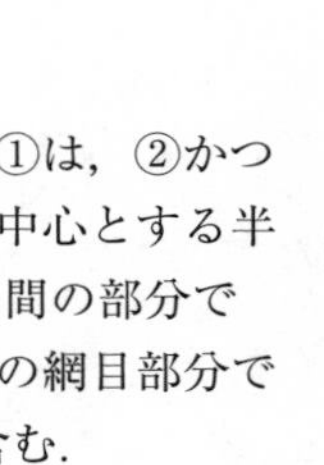

したがって，z の存在する範囲①は，②かつ③で表される．これは，点 i を中心とする半径 1 の円 C と半径 $\sqrt{2}$ の円 D の間の部分である．これを図示すると，右図の網目部分である．ただし，境界をすべて含む．

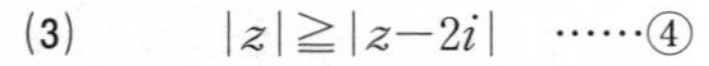

(3)　　$|z| \geqq |z-2i| \quad \cdots\cdots ④$

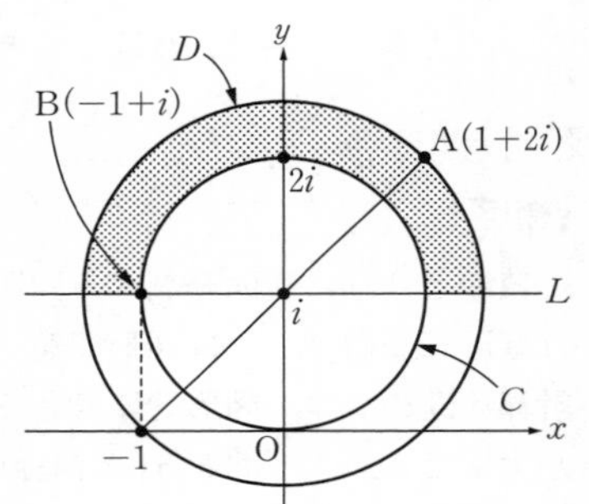

について，複素数平面上で $|z|$ は点 0 と点 z の距離，$|z-2i|$ は点 z と点 $2i$ の距離を表す．つまり，②の表す領域は，点 i を通る実軸と平行な直線 L で分けられた領域のうち，点 $2i$ を含む側（上側）であり，L を含む．したがって，①かつ④の表す領域は右図の網目部分であり，境界をすべて含む．

$|z+1|$，つまり $|z-(-1)|$ は点 z と -1 の距離を表す．したがって，図のようにこの値が最大となるのは，z が $\mathrm{A}(1+2i)$ のとき，最小となるのは z が $\mathrm{B}(-1+i)$ のときである．

$z=1+2i$ のとき，最大値 $2\sqrt{2}$，
$z=-1+i$ のとき，最小値 1　……**答**

詳説 EXPLANATION

▶$z=x+yi$ とおいて，具体的に計算してもよいでしょう．

別解

(1)　x，y を実数として，$z=x+yi$ とおく．このとき，

$$f(z)=|z|^2+i(z-\overline{z})$$
$$=x^2+y^2+i\{x+yi-(x-yi)\}$$
$$=x^2+y^2-2y$$

したがって，$f(z)$ は実数である．（証明終）

(2)　$0 \leqq f(z) \leqq 1$ から

$$0 \leqq x^2+y^2-2y \leqq 1$$
$$\therefore \quad 1 \leqq x^2+(y-1)^2 \leqq 2$$

図は「解答」と同じ.

65. 3点のなす角

〈頻出度 ★★★〉

A(z_1)，B(z_2)，C(z_3) が $\dfrac{z_2-z_1}{z_3-z_1}=\dfrac{\sqrt{3}+1}{2}(\sqrt{3}+i)$ を満たすとする．ただし，iは虚数単位とする．このとき，以下の問いに答えよ．

(1) ∠Aの大きさを求めよ．

(2) ∠Cの大きさを求めよ．

（大阪府立大 改題）

着眼 VIEWPOINT

複素数の積(商)で，点(図形)の回転，拡大縮小を与えることができます．

複素数の積の図形的な性質

rを正の実数，θを実数とする．また，A(α)，B(β)，C(γ)とする．α，β，γが

$$\gamma-\alpha=r(\cos\theta+i\sin\theta)(\beta-\alpha)$$

を満たしているとき，点Cは点Bを

「点Aを中心にθだけ回転し，Aからの距離をr倍に移した点」である．

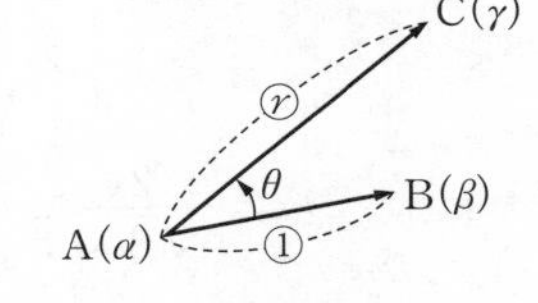

"$\beta-\alpha$"は「点αからβへの移動量」，つまり$\overrightarrow{\mathrm{AB}}$とみることもできます．上の式は，「点Aに自分が立ち，$\overrightarrow{\mathrm{AB}}$を$\overrightarrow{\mathrm{AC}}$に回転，拡大(縮小)する」イメージでとらえるとよいでしょう．点の対応を見誤りやすいので，**図をかいてみることが大切**です．

解答 ANSWER

(1) $\dfrac{z_2-z_1}{z_3-z_1}$を極形式に直すと

$$\frac{z_2-z_1}{z_3-z_1}=\frac{\sqrt{3}+1}{2}(\sqrt{3}+i)$$

$$=(\sqrt{3}+1)\left(\frac{\sqrt{3}}{2}+\frac{1}{2}i\right)$$

$$=(\sqrt{3}+1)\left(\cos\frac{\pi}{6}+i\sin\frac{\pi}{6}\right)$$

したがって，AC：AB＝1：$(\sqrt{3}+1)$ であり，

$\angle\mathrm{A}=\boldsymbol{\dfrac{\pi}{6}}$ ……答

点A，B，Cは図のような位置関係にある．

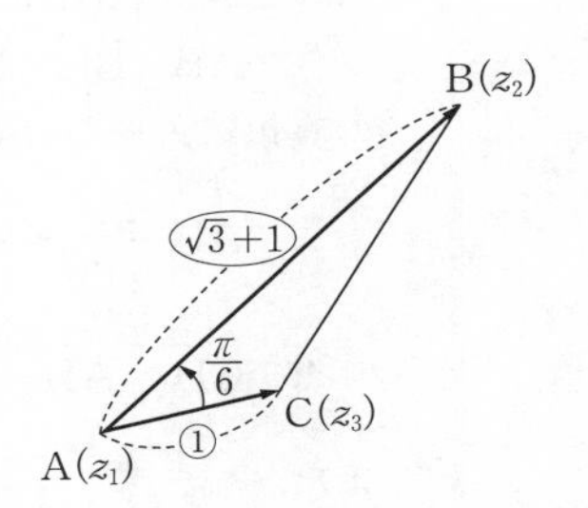

(2) (1)より，AC：AB＝1：$(\sqrt{3}+1)$ である．
以下，AB＝$\sqrt{3}+1$，AC＝1 として考える．……(＊)
この下で，△ABC に関して余弦定理を用いると

$$BC^2 = AC^2 + AB^2 - 2AC\cdot AB\cos\frac{\pi}{6}$$

$$= 1^2 + (\sqrt{3}+1)^2 - 2\cdot 1\cdot(\sqrt{3}+1)\cdot\frac{\sqrt{3}}{2} = 2+\sqrt{3}$$

$$\therefore\quad BC = \sqrt{2+\sqrt{3}} = \sqrt{\frac{4+2\sqrt{3}}{2}} = \frac{\sqrt{(\sqrt{3}+1)^2}}{\sqrt{2}} = \frac{\sqrt{3}+1}{\sqrt{2}}$$

また，余弦定理より，

$$\cos\angle C = \frac{AC^2 + BC^2 - AB^2}{2AC\cdot BC}$$

$$= \frac{1 + \left(\frac{\sqrt{3}+1}{\sqrt{2}}\right)^2 - (\sqrt{3}+1)^2}{2\cdot 1\cdot\frac{\sqrt{3}+1}{\sqrt{2}}}$$

$$= \frac{-2(\sqrt{3}+1)}{2\sqrt{2}(\sqrt{3}+1)}$$

$$= -\frac{1}{\sqrt{2}}$$

したがって，$\angle C = \boldsymbol{\frac{3}{4}\pi}$ ……**答**

詳説 EXPLANATION

▶補助線を引くことで，いわゆる「三角定規型」の直角三角形を作り出せます．

別解

(2) (＊)までは「解答」と同じ．
点Bから直線AC上の点Hに，垂線BHを引く．
このとき，△ABH は

$$AB : BH : HA = 2 : 1 : \sqrt{3}$$

の直角三角形なので

$$AH = \frac{\sqrt{3}}{2}AB = \frac{3+\sqrt{3}}{2}$$

$$\therefore\quad CH = AH - AC = \frac{\sqrt{3}+1}{2}$$

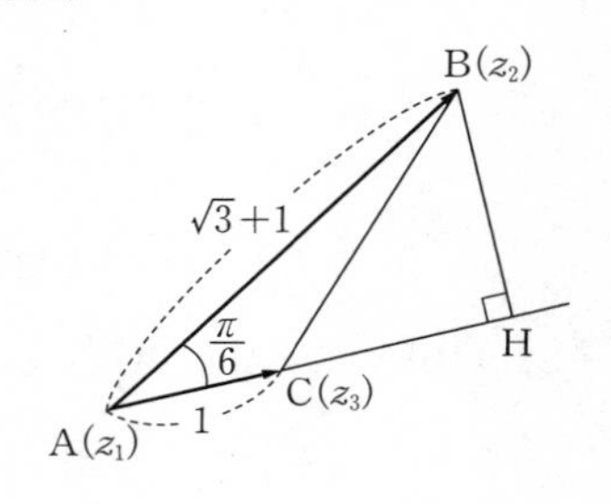

また，

$$\mathrm{BH}=\frac{1}{2}\mathrm{AB}=\frac{\sqrt{3}+1}{2}$$

したがって，$\mathrm{BH}=\mathrm{CH}$ であり，$\triangle\mathrm{BCH}$ は $\mathrm{BH}:\mathrm{HC}:\mathrm{CB}=1:1:\sqrt{2}$ の直角二等辺三角形である．これより，$\angle\mathrm{BCH}=\frac{\pi}{4}$ なので，

$$\angle\mathrm{C}=\pi-\angle\mathrm{BCH}=\boldsymbol{\frac{3}{4}\pi}\quad\cdots\cdots\text{答}$$

▶(2)を(1)と同様の考え方，つまり $\overrightarrow{\mathrm{CA}}$ と $\overrightarrow{\mathrm{CB}}$ のなす角を複素数 $\frac{z_2-z_3}{z_1-z_3}$ から考えることもできます．この方針で解くように設問がつけられることもあるので，十分に慣れておきたいところです．

別解

(2) $\frac{z_2-z_1}{z_3-z_1}=u$ とおく．このとき

$$z_2-z_1=uz_3-uz_1$$
$$(u-1)z_1-uz_3=-z_2$$
$$(u-1)(z_1-z_3)=-(z_2-z_3)$$
$$\frac{z_2-z_3}{z_1-z_3}=-u+1$$

ここで，

$$\begin{aligned}-u+1&=-\frac{\sqrt{3}+1}{2}(\sqrt{3}+i)+1\\&=-\frac{1}{2}\{(\sqrt{3}+1)(\sqrt{3}+i)-2\}\\&=-\frac{1}{2}(3+\sqrt{3}i+\sqrt{3}+i-2)\\&=-\frac{1+\sqrt{3}}{2}(1+i)\\&=\frac{1+\sqrt{3}}{\sqrt{2}}\left(-\frac{1}{\sqrt{2}}-\frac{1}{\sqrt{2}}i\right)\\&=\frac{1+\sqrt{3}}{\sqrt{2}}\left\{\cos\left(-\frac{3}{4}\pi\right)+i\sin\left(-\frac{3}{4}\pi\right)\right\}\end{aligned}$$

したがって，$\angle\mathrm{C}=\boldsymbol{\frac{3}{4}\pi}$ ……答

66. 同一直線上となる条件，長さが等しくなる条件

〈頻出度★★★〉

z を複素数とする．複素数平面上の3点 O(0)，A(z)，B(z^2) について，以下の問いに答えよ．

(1)　3点O，A，Bが同一直線上にあるための z の必要十分条件を求めよ．

(2)　3点O，A，Bが二等辺三角形の頂点になるような z 全体を複素数平面上に図示せよ．

(3)　3点O，A，Bが二等辺三角形の頂点であり，かつ z の偏角 θ が $0 \leqq \theta \leqq \dfrac{\pi}{3}$ を満たすとき，三角形OABの面積の最大値とそのときの z の値を求めよ．

（東北大）

着眼 VIEWPOINT

(1)の同一直線上である条件は，$\overrightarrow{\mathrm{OA}}$ と $\overrightarrow{\mathrm{OB}}$ の関係を考え，なす角 θ が π の整数倍，と考えれば解決します．(2)は3つの辺のうち2つの長さが一致する条件を読みかえていきます．(3)がやや解きにくい．(2)で図示した範囲のうち $0 \leqq \theta \leqq \dfrac{\pi}{3}$ に含まれる部分を考えます．この範囲全体で z を動かすのは大変なので，θ，r の一方を固定して「△OABの面積を最大とする必要条件」から点 z の存在範囲を考えていきます．

解答 ANSWER

(1)　3点O，A，Bが同一直線上にあるための必要十分条件は，$z=0$，または $\dfrac{z^2-0}{z-0}$ が実数であること．つまり，**z が実数である**　……答

(2)　3点O，A，Bが二等辺三角形の3つの頂点になるには，3点が同一直線上にないことが必要である．つまり，(1)より，z が虚数であることが必要である．(……①)

OA$=|z|$，OB$=|z^2|$，AB$=|z^2-z|$ である．

(i)　OA＝OBのとき，

$|z|=|z^2|$　すなわち　$|z|=|z|^2$　より，$|z|=1$　……②

(ii)　OB＝ABのとき，

$|z^2|=|z^2-z|$　すなわち　$|z|^2=|z||z-1|$　より，$|z-1|=|z|$　……③

(iii) AB＝OA のとき，

$|z^2-z|=|z|$ すなわち $|z||z-1|=|z|$ より，$|z-1|=1$ ……④

①～④より，3点O，A，Bが二等辺三角形の3頂点となる条件は，

z が虚数 かつ ($|z|=1$ または $|z-1|=|z|$ または $|z-1|=1$)

である．

複素数平面上において，

$|z|=1$ は原点を中心とする半径1の円，

$|z-1|=|z|$ は点0と点1を両端とする線分の垂直二等分線，

$|z-1|=1$ は点1を中心とする半径1の円

を表す．以上から，z の存在する範囲 W を図示すると次の図のとおり．ただし，実軸上の点をすべて除く．

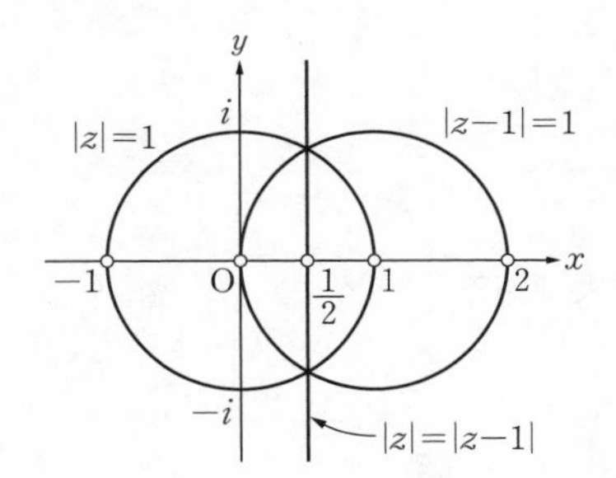

(3) W のうち，$0 \leqq \theta \leqq \dfrac{\pi}{3}$ を満たしているのは左下図の太線部分である．

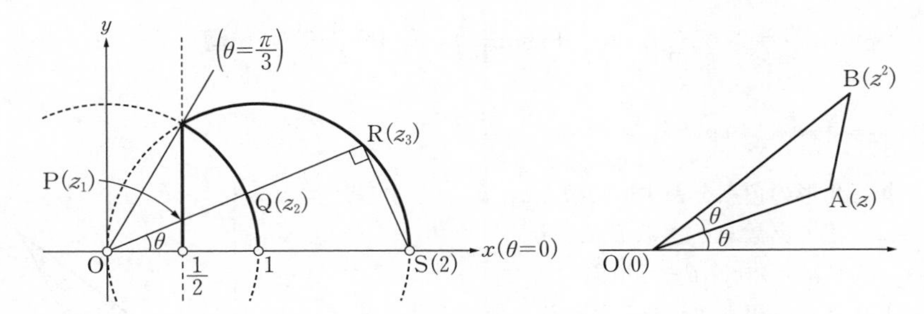

$\arg z^2=2\arg z=2\theta$ より $\angle\mathrm{AOB}=\theta$ である．したがって，

$$\triangle\mathrm{OAB}=\frac{1}{2}\mathrm{OA}\cdot\mathrm{OB}\sin\theta=\frac{1}{2}|z||z^2|\sin\theta=\frac{1}{2}|z|^3\sin\theta$$

以下，△OABの面積を最大とする $(\theta,\ r)$ について考える．

θ を固定する．W 上で偏角が θ である点を考えると，図のP，Q，Rのように③の表す円上の点Rに対応する z で，$|z|$ が最大である．したがって，このときの z について検討すれば十分である．

図の△OSRについて，OSが円③の直径であることから，$\mathrm{OR}=|z|=2\cos\theta$ である．したがって，このときの△OABの面積の最大値を $f(\theta)$ とすれば

$$f(\theta)=\frac{1}{2}(2\cos\theta)^3\sin\theta=4\cos^3\theta\sin\theta$$

である．以下，θ を $0<\theta<\frac{\pi}{3}$ の範囲で動かし，$f(\theta)$ の最大値を考える．

$$\begin{aligned}f'(\theta)&=12\cos^2\theta(-\sin\theta)\cdot\sin\theta+4\cos^3\theta\cdot\cos\theta\\&=4\cos^4\theta(1-3\tan^2\theta)\end{aligned}$$

$f'(\theta)$ の符号と $1-3\tan^2\theta$ の符号は同じであり，$f(\theta)$ の増減は次のようになる．

θ	(0)	$\cdots$	$\frac{\pi}{6}$	$\cdots$	$\left(\frac{\pi}{3}\right)$
$f'(\theta)$		$+$	0	$-$	
$f(\theta)$		↗	極大	↘	

したがって $\theta=\frac{\pi}{6}$ のときに $f(\theta)$ は最大である．

つまり，△OABの面積の最大値は

$$f\left(\frac{\pi}{6}\right)=4\cdot\cos^3\frac{\pi}{6}\cdot\sin\frac{\pi}{6}=\boldsymbol{\frac{3\sqrt{3}}{4}}\quad\cdots\cdots\text{答}$$

である．このときの z は

$$z=2\cos\frac{\pi}{6}\left(\cos\frac{\pi}{6}+i\sin\frac{\pi}{6}\right)=\boldsymbol{\frac{3}{2}+\frac{\sqrt{3}}{2}i}\quad\cdots\cdots\text{答}$$

詳説 EXPLANATION

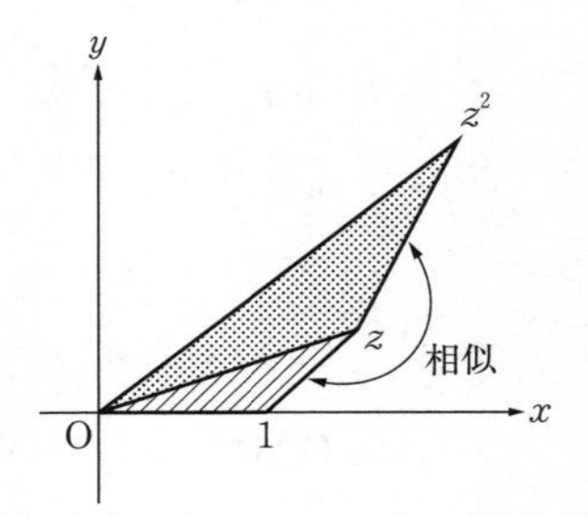

▶三角形の頂点を表す複素数を α，β，γ とするときに，正の実数 r と実数 θ により，

$$w=r(\cos\theta+i\sin\theta)$$

と表される複素数 w をそれぞれに掛けると，3点は $w\alpha$，$w\beta$，$w\gamma$ に移ります．これは，三角形全体を点0を中心に r 倍に拡大し，θ だけ反時計回りに回転することと同じです．つまり，本問では

　0，z，z^2 が二等辺三角形の3頂点である

⇔ 0，1，z が二等辺三角形の3頂点である

と読みかえれば，(2)の処理が多少は楽になります．

67. 3点が正三角形の3頂点となる必要十分条件

〈頻出度 ★★★〉

複素数平面上で，複素数α，β，γを表す点をそれぞれA，B，Cとする．

(1) A，B，Cが正三角形の3頂点であるとき，

$$\alpha^2+\beta^2+\gamma^2-\alpha\beta-\beta\gamma-\gamma\alpha=0 \quad \cdots\cdots(*)$$

が成立することを示せ．

(2) 逆に，この関係式$(*)$が成立するとき，A＝B＝Cとなるか，または A，B，Cが正三角形の3頂点となることを示せ．

（金沢大）

着眼 VIEWPOINT

有名角の絡む図形，とりわけ正三角形は複素数の問題の題材によく上げられます．辺の長さに着目するか，角の大きさに着目するか，と悩むところですが，ここでは，問題65と同様に点(ベクトル)の回転で説明するのが簡潔でしょう．「解答」の(1)は3点を右回り，左回りの両方から見ることで説明していますが，ある1点を始点とし，残る2点へのベクトルを考える方が自然と思う人も多いでしょう．(☞詳説)

解答 ANSWER

(1) A，B，Cが正三角形の3頂点であるとき

$$\frac{\mathrm{AC}}{\mathrm{AB}}=\frac{\mathrm{BA}}{\mathrm{BC}} \quad かつ \quad \angle\mathrm{BAC}=\angle\mathrm{CBA}=\frac{\pi}{3}$$

が成り立つ．つまり，α，β，γが相異なるもとで

$$\left|\frac{\gamma-\alpha}{\beta-\alpha}\right|=\left|\frac{\alpha-\beta}{\gamma-\beta}\right| \quad かつ \quad \arg\left(\frac{\gamma-\alpha}{\beta-\alpha}\right)=\arg\left(\frac{\alpha-\beta}{\gamma-\beta}\right)$$

より，

$$\frac{\gamma-\alpha}{\beta-\alpha}=\frac{\alpha-\beta}{\gamma-\beta} \quad \cdots\cdots①$$

が成り立つ．①を整理して

$$(\gamma-\alpha)(\gamma-\beta)=(\alpha-\beta)(\beta-\alpha) \quad \cdots\cdots②$$

すなわち，$\alpha^2+\beta^2+\gamma^2-\alpha\beta-\beta\gamma-\gamma\alpha=0$ $(\cdots\cdots(*))$が成り立つ．（証明終）

(2) $(*)$が成り立つとき，②が成り立つ．

(i) $\alpha=\beta$ $(\cdots\cdots③)$のとき

$(\gamma-\alpha)^2=0$ より，$\gamma=\alpha$

である．③と合わせて，$\alpha=\beta=\gamma$，つまりA＝B＝Cである．

(ii) $\alpha \neq \beta$のとき

②より，$\beta \neq \gamma$である．つまり，②が成り立つことから，

$$② \iff \frac{\gamma-\alpha}{\beta-\alpha}=\frac{\alpha-\beta}{\gamma-\beta}$$

$$\iff \left|\frac{\gamma-\alpha}{\beta-\alpha}\right|=\left|\frac{\alpha-\beta}{\gamma-\beta}\right| \quad \text{かつ} \quad \arg\left(\frac{\gamma-\alpha}{\beta-\alpha}\right)=\arg\left(\frac{\alpha-\beta}{\gamma-\beta}\right)$$

ゆえに

$$\frac{\mathrm{AC}}{\mathrm{AB}}=\frac{\mathrm{BA}}{\mathrm{BC}} \quad \text{かつ} \quad \angle\mathrm{BAC}=\angle\mathrm{CBA}$$

が成り立つ．つまり，$\triangle\mathrm{ABC} \backsim \triangle\mathrm{BCA}$．したがって，$\angle\mathrm{A}=\angle\mathrm{B}=\angle\mathrm{C}$であり，$\triangle\mathrm{ABC}$は正三角形である．

以上，(i)，(ii)より示した．（証明終）

詳説 EXPLANATION

▶(1)は，複素数の回転で素朴に計算してしまう手もあります．

別解

(1) $\cos\frac{\pi}{3}\pm i\sin\frac{\pi}{3}=\frac{1\pm\sqrt{3}\,i}{2}$（複号同順）であることに注意する．A，B，Cが正三角形の3頂点であるとき，α，β，γが相異なるもとで

$$\frac{\gamma-\alpha}{\beta-\alpha}=\frac{1+\sqrt{3}\,i}{2} \quad \text{または} \quad \frac{\gamma-\alpha}{\beta-\alpha}=\frac{1-\sqrt{3}\,i}{2}$$

が成り立つ．つまり

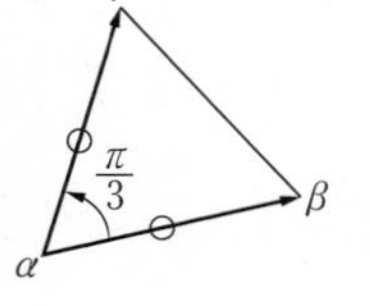

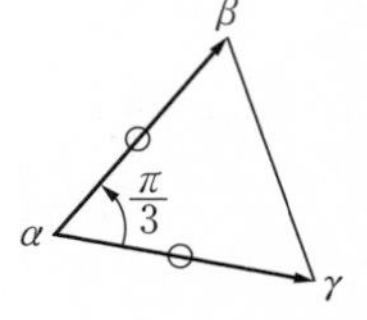

$$\frac{\gamma-\alpha}{\beta-\alpha}-\frac{1}{2}=\pm\frac{\sqrt{3}}{2}i$$

$$\iff \left(\frac{\gamma-\alpha}{\beta-\alpha}-\frac{1}{2}\right)^2=\left(\frac{\sqrt{3}}{2}i\right)^2$$

$$\iff \left(\frac{\gamma-\alpha}{\beta-\alpha}\right)^2-\frac{\gamma-\alpha}{\beta-\alpha}+\frac{1}{4}=-\frac{3}{4}$$

であり，これを整理して，$\alpha^2+\beta^2+\gamma^2-\alpha\beta-\beta\gamma-\gamma\alpha=0$を得る．

（証明終）

68. 1次分数変換①

〈頻出度 ★★★〉

複素数平面上を動く点zを考える．

(1) 等式 $|z-1|=|z+1|$ を満たす点zの全体は虚軸であることを示せ．

(2) 点zが原点を除いた虚軸上を動くとき，$w=\dfrac{z+1}{z}$ が描く図形は直線から1点を除いたものとなる．この図形をかけ．

(3) aを正の実数とする．点zが虚軸上を動くとき，$w=\dfrac{z+1}{z-a}$ が描く図形は円から1点を除いたものとなる．この円の中心と半径を求めよ．

（筑波大）

着眼 VIEWPOINT

(1)は，「$|\alpha-\beta|$ が2点α，βの距離である」ことから明らかでしょう．(2)以降は，(問題62のように図形的には考えにくいので，)軌跡の原理，つまり「入力側」の複素数zの存在する条件からwの軌跡を求めます．

軌跡の原理

点zが図形D上を動くとき，$w=f(z)$ により定まる点wの軌跡をIとすれば，次が成り立つ．

$w\in I \iff w=f(z)$ を満たすzがD上に存在する

解答 ANSWER

(1) $|z-1|=|z+1|$ ……①

$|z-1|$ は点zと点1の距離，
$|z+1|$，つまり$|z-(-1)|$ は点zと点-1の距離を表す．したがって，①を満たすzの全体は2点1，-1を両端とする線分の垂直二等分線，つまり虚軸である．（証明終）

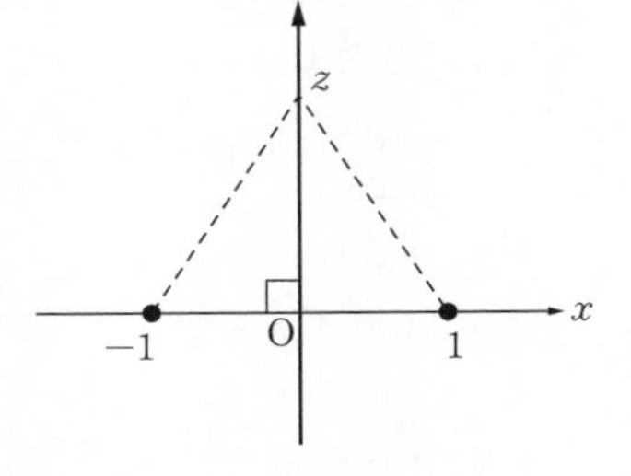

(2) $w=\dfrac{z+1}{z}$ (……②)の描く図形をFとする．

$w\in F \iff$ ①かつ②を満たす複素数zが存在する

ここで，②より

$$w=1+\frac{1}{z} \quad \text{すなわち} \quad w-1=\frac{1}{z}$$

であり，$w=1$ のとき，この式の等号は成り立たないので，$w\neq 1$.

である．つまり，$z=\dfrac{1}{w-1}$ である．(……(*))

したがって，①かつ②を満たす z が存在する条件を書き換えると，

$$\left|\frac{1}{w-1}-1\right|=\left|\frac{1}{w-1}+1\right|$$

$\Leftrightarrow$ $|1-(w-1)|=|1+(w-1)|$ かつ $w\neq 1$

$\Leftrightarrow$ $|w-2|=|w|$ かつ $w\neq 1$

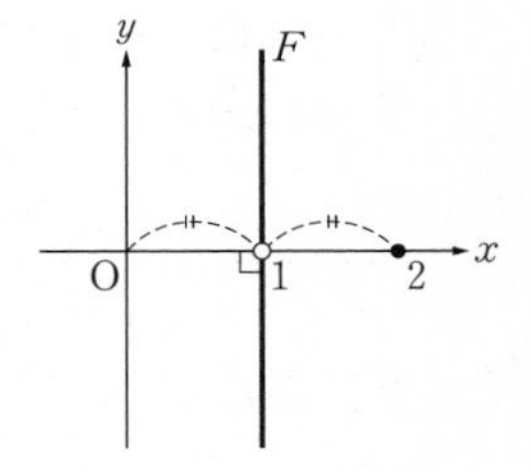

$|w-2|$ は点 w と点2の距離，$|w|$ は点 w と点0の距離を表す．したがって，点 w が描く図形 F は，点1を通り虚軸に平行な直線から，点1を除いた図形全体であり，右図の太線部分である．

(3) $w=\dfrac{z+1}{z-a}$(……③)の描く図形を G とする．

$w\in G$ $\Leftrightarrow$ ①かつ③を満たす複素数 z が存在する

ここで，

$$\frac{z+1}{z-a}=\frac{(z-a)+(a+1)}{z-a}=1+\frac{a+1}{z-a}$$

より，$w-1=\dfrac{a+1}{z-a}$ である．$a>0$ より，$a+1\neq 0$ なので，$w\neq 1$ である．したがって，

$$z=a+\frac{a+1}{w-1}=\frac{aw+1}{w-1}$$

である．これより，①かつ③を満たす z が存在する条件を書き換えると，$w\neq 1$ のもとで，

$$\left|\frac{aw+1}{w-1}-1\right|=\left|\frac{aw+1}{w-1}+1\right|$$

$\Leftrightarrow$ $|aw+1-(w-1)|=|aw+1+(w-1)|$

$\Leftrightarrow$ $|(a-1)w+2|=|(a+1)w|$

$\Leftrightarrow$ $|(a-1)w+2|^2=|(a+1)w|^2$

$\Leftrightarrow$ $\{(a-1)w+2\}\overline{\{(a-1)w+2\}}=\{(a+1)w\}\overline{\{(a+1)w\}}$

$\Leftrightarrow$ $\{(a-1)w+2\}\{(a-1)\overline{w}+2\}=\{(a+1)w\}\{(a+1)\overline{w}\}$

$\Leftrightarrow$ $(a-1)^2w\overline{w}+2(a-1)w+2(a-1)\overline{w}+4=(a+1)^2w\overline{w}$

$\Leftrightarrow$ $2aw\overline{w}-(a-1)w-(a-1)\overline{w}-2=0$

$$\Leftrightarrow w\overline{w}-\frac{a-1}{2a}w-\frac{a-1}{2a}\overline{w}-\frac{1}{a}=0$$

$$\Leftrightarrow \left(w-\frac{a-1}{2a}\right)\left(\overline{w}-\frac{a-1}{2a}\right)=\frac{a^2+2a+1}{4a^2}$$

$$\Leftrightarrow \left|w-\frac{a-1}{2a}\right|^2=\left(\frac{a+1}{2a}\right)^2$$

$$\Leftrightarrow \left|w-\frac{a-1}{2a}\right|=\frac{a+1}{2a} \quad \cdots\cdots ④$$

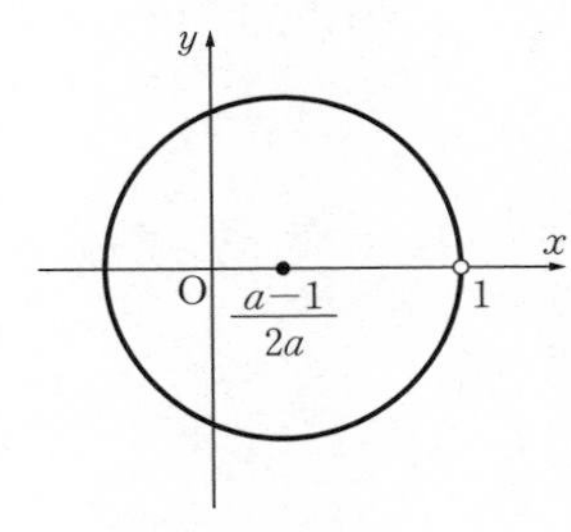

ここで,

$$\left|1-\frac{a-1}{2a}\right|=\left|\frac{a+1}{2a}\right|=\frac{a+1}{2a}$$

なので，点1は円④の上にある．したがって，点wが描く図形Gは,

中心$\boldsymbol{\dfrac{a-1}{2a}}$，半径$\boldsymbol{\dfrac{a+1}{2a}}$の円④から点1を除いた部分 ……**答**

であり，右上図の太線部分である．

Chapter 5 複素数平面

詳説 EXPLANATION

▶(1), (2)は，z，wそれぞれの実部，虚部に着目して説明することもできます.

別解

(1)　①を変形する.

$$① \Leftrightarrow |z-1|^2=|z+1|^2$$
$$\Leftrightarrow (z-1)\overline{(z-1)}=(z+1)\overline{(z+1)}$$
$$\Leftrightarrow (z-1)(\overline{z}-1)=(z+1)(\overline{z}+1)$$
$$\Leftrightarrow z+\overline{z}=0$$
$$\Leftrightarrow \mathrm{Re}(z)=0$$

したがって，点zの全体は虚軸である．(証明終)

(2)　(*)までは「解答」と同じ．zが原点を除いた虚軸全体を動く(……⑤)ことから，②かつ⑤を満たすzが存在する条件を書き換えると,

$$\mathrm{Re}\left(\frac{1}{w-1}\right)=0 \Leftrightarrow \frac{1}{w-1}+\overline{\left(\frac{1}{w-1}\right)}=0$$

$$\Leftrightarrow \frac{1}{w-1}+\frac{1}{\overline{w}-1}=0$$

$$\Leftrightarrow (\overline{w}-1)+(w-1)=0 \quad かつ \quad w\neq 1$$

$$\Leftrightarrow w+\overline{w}=2 \quad かつ \quad w\neq 1$$

$$\Leftrightarrow \frac{w+\overline{w}}{2}=1 \quad \text{かつ} \quad w \neq 1$$

$$\Leftrightarrow \mathrm{Re}(w)=1 \quad \text{かつ} \quad w \neq 1$$

Fの図は「解答」と同じ.

69. 1次分数変換②

〈頻出度 ★★★〉

複素数平面上の原点以外の点 z に対して，$w=\dfrac{1}{z}$ とする．

(1) α を 0 でない複素数とし，点 α と原点Oを結ぶ線分の垂直二等分線を L とする．点 z が直線 L 上を動くとき，点 w の軌跡は円から 1 点を除いたものになる．この円の中心と半径を求めよ．

(2) 1 の 3 乗根のうち，虚部が正であるものを β とする．点 β と点 β^2 を結ぶ線分上を点 z が動くときの点 w の軌跡を求め，複素数平面上に図示せよ．

（東京大）

着眼 VIEWPOINT

方針は問題68と全く同じです．ただし，z の描く図形の式を工夫して自分で立てなければならず，この点では前問に比べてややハードルが高いでしょう．β, β^2 を結ぶ「直線上」であれば，2 点 0，-1 を結ぶ線分の垂直二等分線として処理できますが，β, β^2 が両端の「線分」としなくてはなりません．「直線を切る」条件は，O からの距離に着目すれば簡潔に表せます．

解答 ANSWER

(1) L 上の任意の点 z が満たす条件は，点 z から 0，α までの距離が等しいことより，$|z|=|z-\alpha|$ (……①) である．

$w=\dfrac{1}{z}$ (……②) の存在する範囲を F とする．このとき

$w\in F \iff$ ①かつ②を満たす複素数 z が存在する

ここで，②より $zw=1$ である．ここで，$w=0$ で等号は成り立たないので，

$w\neq 0$ であり，このとき $z=\dfrac{1}{w}$ である．したがって，①かつ②を満たす z が存在する条件は $w\neq 0$ のもとで，

$$\left|\frac{1}{w}\right|=\left|\frac{1}{w}-\alpha\right|$$

$$\iff \left|\frac{1}{w}\right|=\left|\frac{1-\alpha w}{w}\right|$$

$$\iff |\alpha w-1|=1$$

$\alpha \neq 0$ から,

$$\left|w-\frac{1}{\alpha}\right|=\frac{1}{|\alpha|} \quad \cdots\cdots ③$$

ここで, $w=0$ で③の等号が成り立つことから, 点 w は③の表す図形から点 O を除いた全体を動く. つまり, 答えは

中心 $\dfrac{1}{\alpha}$, 半径 $\dfrac{1}{|\alpha|}$ ……**答**

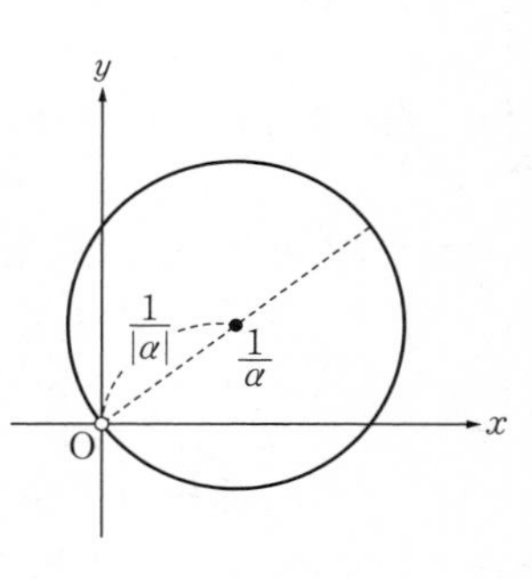

F を図示すると, 右図の実線部分である. ただし, 原点を除く.

(2)　$\beta=-\dfrac{1}{2}+\dfrac{\sqrt{3}}{2}i$ より,

$$\beta^2=\left(-\frac{1}{2}+\frac{\sqrt{3}}{2}i\right)^2=-\frac{1}{2}-\frac{\sqrt{3}}{2}i$$

したがって, 点 β と点 β^2 を結ぶ線分は図の実線部分である.

つまり, 点 z の存在する範囲は

「2点 0, -1 を両端とする線分の垂直二等分線上」

かつ「原点からの距離が 1 以下」である. これは,

$$|z|=|z+1| \quad \cdots\cdots ④ \quad かつ \quad |z| \leqq 1 \quad \cdots\cdots ⑤$$

と表される.

点 w の存在する範囲を G とする.

$w \in G \iff$ ②かつ④かつ⑤を満たす複素数 z が存在する

②かつ④は, (1)で $\alpha=-1$ とおくことで, $|w+1|=1$(……⑥)を得る.

②より $w \neq 0$ が成り立つので, ②かつ⑤を満たす z の存在条件は,

$$\left|\frac{1}{w}\right| \leqq 1$$

$$\iff |w| \geqq 1 \quad \cdots\cdots ⑦$$

⑥かつ⑦から, 点 w の軌跡 G は

$$|w+1|=1 \quad かつ \quad |w| \geqq 1$$

であり, これを図示すると右図の太線部である.

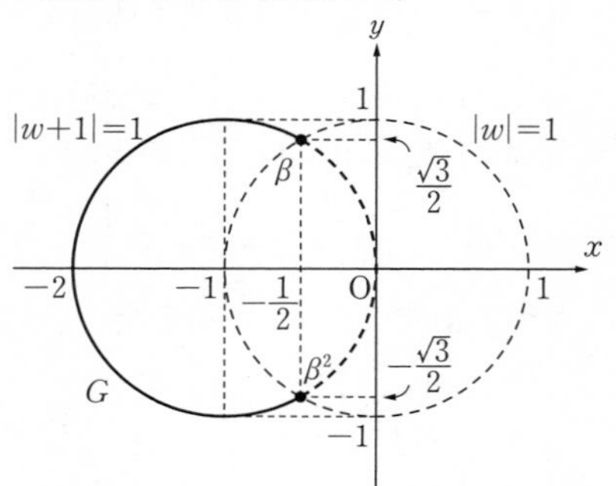

70. $f(z)=z+\dfrac{a^2}{z}$ 型の変換

〈頻出度 ★★★〉

iを虚数単位とする．このとき，以下の問いに答えよ．

(1) 等式 $2\left|z-\dfrac{i}{3}\right|=\left|z-\dfrac{4i}{3}\right|$ を満たす複素数 z を極形式で表せ．

(2) 0でない複素数 z が(1)の等式を満たしながら変化するとき，複素数 $z+\dfrac{1}{z}$ は，複素数平面上でどのような図形を描くか．その概形をかけ．

(3) 0でない複素数 w が $|w-1|=|w-i|$ を満たしながら変化するとき，複素数 $w+\dfrac{1}{w}$ は，複素数平面上でどのような図形を描くか．その概形をかけ．

（三重大）

着眼 VIEWPOINT

条件を満たす点 $w=f(z)$ の軌跡（存在範囲）を調べる問題は，問題68，69のような，zの存在条件から考えるものが圧倒的に多いのですが，本問で同様に解こうとしてもうまくいきません．これは，$y=f(z)$ から $z=f^{-1}(y)$ を作れないからです．ここで，「$x+yi$ の形を利用するか？」「極形式に書き換えるか？」と方針を切りかえる必要があります．

解答 ANSWER

(1) $2\left|z-\dfrac{i}{3}\right|=\left|z-\dfrac{4}{3}i\right|$ より

$$4\left|z-\frac{i}{3}\right|^2=\left|z-\frac{4}{3}i\right|^2 \iff 4\left(z-\frac{i}{3}\right)\left(\bar{z}+\frac{i}{3}\right)=\left(z-\frac{4}{3}i\right)\left(\bar{z}+\frac{4}{3}i\right)$$

$$\iff 4z\bar{z}+\frac{4}{3}iz-\frac{4}{3}i\bar{z}+\frac{4}{9}=z\bar{z}+\frac{4}{3}iz-\frac{4}{3}i\bar{z}+\frac{16}{9}$$

$$\iff z\bar{z}=\frac{4}{9}$$

$$\iff |z|=\frac{2}{3}$$

zを極形式で表すと，θを偏角として，$\boldsymbol{z=\dfrac{2}{3}(\cos\theta+i\sin\theta)}$ ……**答**

(2)　(1)より，

$$z+\frac{1}{z}=\frac{2}{3}(\cos\theta+i\sin\theta)+\frac{3}{2}(\cos\theta-i\sin\theta)$$

$$=\frac{13}{6}\cos\theta-\frac{5}{6}i\sin\theta$$

つまり，x，yを実数として$z+\frac{1}{z}=x+yi$と表すとき，

$$(x,\ y)=\left(\frac{13}{6}\cos\theta,\ -\frac{5}{6}\sin\theta\right)$$

である．θが実数全体を動くことと合わせて，点$(x,\ y)$は

楕円C：$\dfrac{x^2}{\left(\frac{13}{6}\right)^2}+\dfrac{y^2}{\left(\frac{5}{6}\right)^2}=1$ 全体を動く．

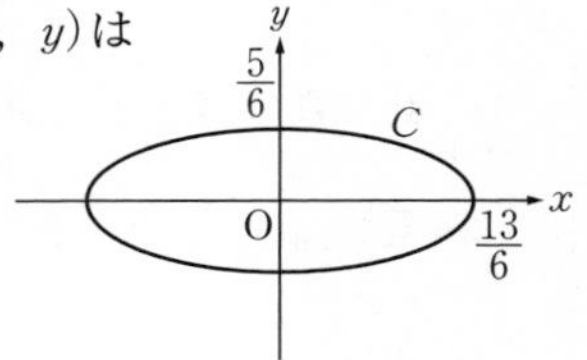

Cの概形は右図のとおり．

(3)　$$|w-1|=|w-i|\quad\cdots\cdots①$$

①は，wが2点1，iを結ぶ線分の垂直二等分線を動くことを示している．したがって，tを0でない実数として$w=(1+i)t$と表せるので

$$w+\frac{1}{w}=(1+i)t+\frac{1}{(1+i)t}$$

$$=t+\frac{1}{2t}+\left(t-\frac{1}{2t}\right)i$$

← $\frac{1}{1+i}$ $=\frac{1}{1+i}\cdot\frac{1-i}{1-i}$ $=\frac{1-i}{1-(-1)}$

X，Yを実数として$w=X+Yi$と表すとき，$(X,\ Y)$

$=\left(t+\frac{1}{2t},\ t-\frac{1}{2t}\right)$である．$w+\frac{1}{w}$の存在する範囲を$F$とすれば

$$w+\frac{1}{w}\in F$$

$\Leftrightarrow X=t+\frac{1}{2t}\quad\cdots\cdots②\quad$ かつ $\quad Y=t-\frac{1}{2t}\quad\cdots\cdots③$

を満たす実数tが存在する　……(*)

$\Leftrightarrow X+Y=2t\quad$ かつ $\quad X-Y=\frac{1}{t}$

を満たす実数tが存在する

← ②，③の辺々の和，差をとる

$\Leftrightarrow t=\frac{X+Y}{2}\quad$ かつ $\quad X-Y=\frac{1}{t}$

を満たす実数tが存在する

したがって，②かつ③を満たす実数 t が存在する条件は

$$X-Y=\frac{2}{X+Y} \iff (X+Y)(X-Y)=2$$
$$\iff X^2-Y^2=2$$

つまり，$w+\dfrac{1}{w}$ の存在する範囲 F は双曲線

$x^2-y^2=2$ 全体である．図示すると，右図のとおり．

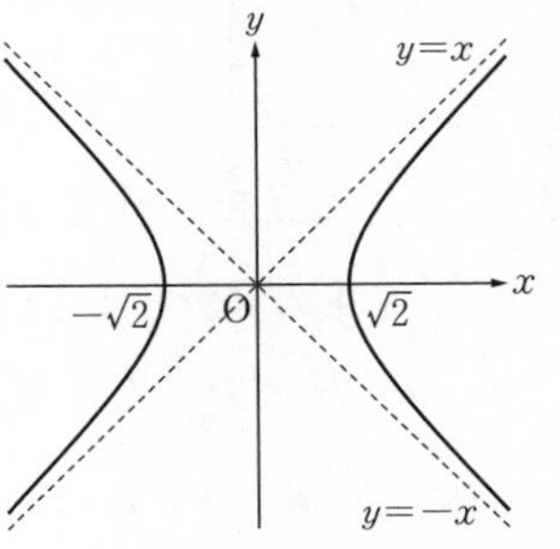

詳説 EXPLANATION

▶ (*) までは「解答」と同じとして，次のような答案が散見されます．

『$X=t+\dfrac{1}{2t}$，$Y=t-\dfrac{1}{2t}$ より

$$X^2-Y^2=\left(t+\frac{1}{2t}\right)^2-\left(t-\frac{1}{2t}\right)^2=1-(-1)=2$$

したがって，$w+\dfrac{1}{w}$ の存在する範囲 F は双曲線 $x^2-y^2=2$ である．』

これでは，点 $w+\dfrac{1}{w}$ が双曲線 $x^2-y^2=2$ 上に存在することはわかりますが，点が $x^2-y^2=2$ の全体を動くことの説明になっていません．

2次曲線

71. 焦点を共有する2次曲線

〈頻出度 ★★★〉

pを正の実数とする．Oを原点とする座標平面上に，2つの焦点$F_1(p,\ 0)$，$F_2(-p,\ 0)$からの距離の和が一定である楕円Cがあり，Cは2点$(-3,\ 0)$，$\left(\sqrt{3},\ -\dfrac{2\sqrt{6}}{3}\right)$を通る．

(1) Cの方程式を求めよ．

(2) pを求めよ．

(3) F_1，F_2を焦点とし，2本の漸近線$y=\pm\dfrac{1}{2}x$をもつ双曲線の方程式を求めよ．

(4) (3)の双曲線とCの共有点のうち，第1象限にあるものをAとする．Aの座標を求めよ．また，$\angle \mathrm{OAF_1}$の大きさを求めよ．

（関西大 改題）

着眼 VIEWPOINT

楕円，双曲線の標準形，焦点や漸近線等に関する基本的な知識を問う問題です．基本事項に抜けがなければ，よどみなく解答に至るでしょう．

楕円

平面上で2定点F，F′からの距離の和が一定値となる点の軌跡を**楕円**といい，この2定点F，F′を楕円の**焦点**という．また，2つの焦点を結ぶ線分の中点を**中心**という．

	(ア)	(イ)
標準形	$\dfrac{x^2}{a^2}+\dfrac{y^2}{b^2}=1\ (a>b>0)$	$\dfrac{x^2}{a^2}+\dfrac{y^2}{b^2}=1\ (b>a>0)$
焦点	$(\pm\sqrt{a^2-b^2},\ 0)$	$(0,\ \pm\sqrt{b^2-a^2})$
2焦点からの距離の和	$2a$	$2b$

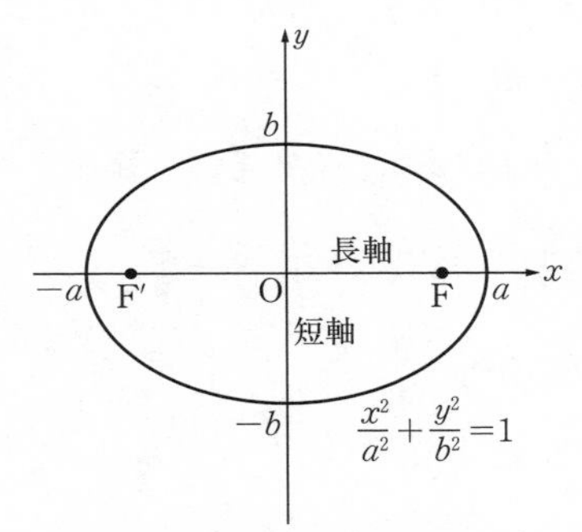

(ア)　F，F′が x 軸上$(a>b>0)$

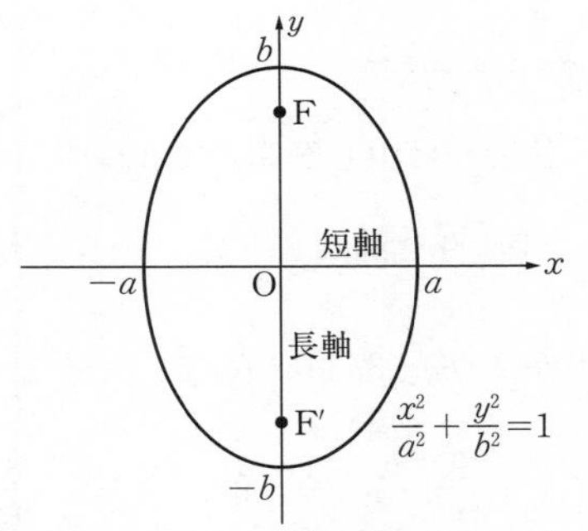

(イ)　F，F′が y 軸上$(b>a>0)$

双曲線

平面上で2定点F，F′からの距離の差が一定値となる点の軌跡を**双曲線**といい，この2定点F，F′を双曲線の**焦点**という．また，2つの焦点は結ぶ線分の中点を**中心**という．

	(ア)	(イ)
標準形	$\frac{x^2}{a^2}-\frac{y^2}{b^2}=1\ (a>0,\ b>0)$	$\frac{x^2}{a^2}-\frac{y^2}{b^2}=-1\ (a>0,\ b>0)$
焦点	$(\pm\sqrt{a^2+b^2},\ 0)$	$(0,\ \pm\sqrt{a^2+b^2})$
2焦点からの距離の差	$2a$	$2b$
漸近線の方程式	$y=\pm\frac{b}{a}x$	$y=\pm\frac{b}{a}x$

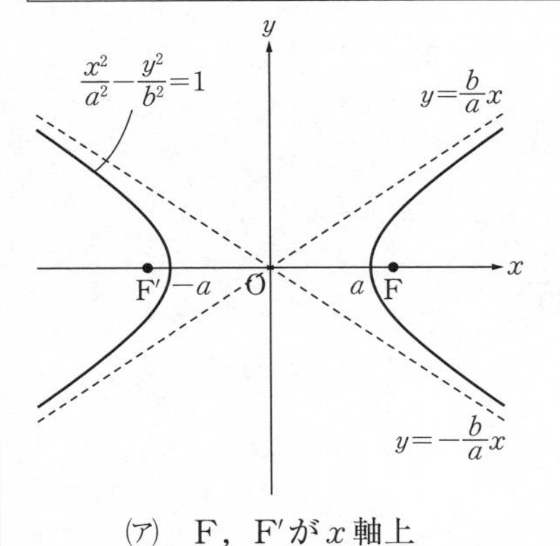

(ア)　F，F′が x 軸上

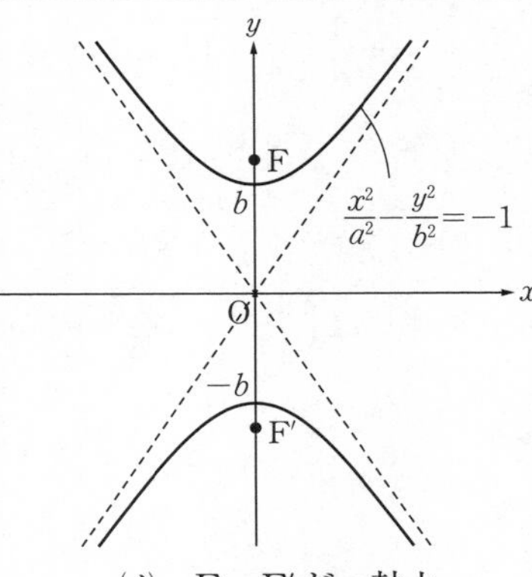

(イ)　F，F′が y 軸上

解答 ANSWER

(1)　楕円Cは中心が原点で2つの焦点がx軸上にあるから，その方程式は

$a>b>0$を満たす実数a，bにより$\dfrac{x^2}{a^2}+\dfrac{y^2}{b^2}=1$(……①)と表せる．

①が2点$(-3,\ 0)$，$\left(\sqrt{3},\ -\dfrac{2\sqrt{6}}{3}\right)$を通るから．

$$\frac{9}{a^2}=1\quad\cdots\cdots②,\qquad \frac{3}{a^2}+\frac{8}{3b^2}=1\quad\cdots\cdots③$$

が成り立つ．②から$a^2=9$(……④)であり，③に代入して

$$\frac{3}{9}+\frac{8}{3b^2}=1\quad すなわち\quad b^2=4\quad\cdots\cdots⑤$$

である．①より，楕円Cの方程式は　$\boldsymbol{\dfrac{x^2}{9}+\dfrac{y^2}{4}=1}$　……⑥**答**

(2)　④，⑤より，$p=\sqrt{a^2-b^2}=\boldsymbol{\sqrt{5}}$　……**答**

(3)　直線$y=\pm\dfrac{1}{2}x$を漸近線とし，x軸上に焦点をもつ双曲線の方程式は，正の

実数tにより$\dfrac{x^2}{(2t)^2}-\dfrac{y^2}{t^2}=1$(……⑦)と表せる．双曲線の焦点の座標が

$(\pm\sqrt{5},\ 0)$であることより，⑦に代入して

$$(2t)^2+t^2=(\sqrt{5})^2\quad すなわち\quad t^2=1$$

⑦より，双曲線の方程式は　$\boldsymbol{\dfrac{x^2}{4}-y^2=1}$　……⑧**答**

(4)　⑥，⑧からyを消去すると

$$\frac{x^2}{9}+\frac{1}{4}\left(\frac{x^2}{4}-1\right)=1\quad すなわち\quad x^2=\frac{36}{5}\quad\cdots\cdots⑨$$

⑧，⑨より，$y^2=\dfrac{1}{4}\cdot\dfrac{36}{5}-1=\dfrac{4}{5}$(……⑩)である．

⑨，⑩と，点Aが第1象限($x>0$かつ$y>0$)にあることより，

点Aの座標は$\boldsymbol{\left(\dfrac{6\sqrt{5}}{5},\ \dfrac{2\sqrt{5}}{5}\right)}$　……**答**

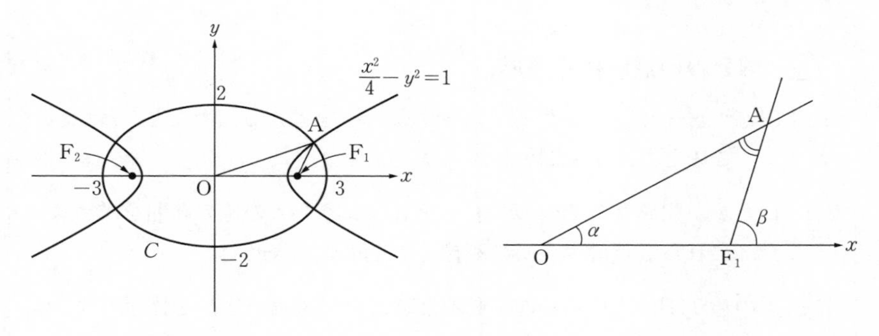

半直線OAと x 軸正方向のなす角を α, 半直線 F_1A と x 軸正方向のなす角を β とする．このとき(2), (4)の結果より，

$$\tan\alpha=(\text{OAの傾き})=\frac{(\text{Aの}\ y\ \text{座標})}{(\text{Aの}\ x\ \text{座標})}=\frac{1}{3}$$

$$\tan\beta=(\text{AF}_1\text{の傾き})=\frac{(\text{Aの}\ y\ \text{座標})}{(\text{Aの}\ x\ \text{座標})-(\text{F}_1\text{の}\ x\ \text{座標})}=2$$

である．したがって，$\angle \mathrm{OAF}_1=\beta-\alpha$ より，

$$\begin{aligned}\tan\angle\mathrm{OAF}_1&=\tan(\beta-\alpha)\\&=\frac{\tan\beta-\tan\alpha}{1+\tan\beta\cdot\tan\alpha}\\&=\frac{2-\frac{1}{3}}{1+2\cdot\frac{1}{3}}=1\end{aligned}$$

$$\therefore\quad \angle\mathrm{OAF}_1=\boldsymbol{\frac{\pi}{4}}$$ ……答

72. 線分の中点が描く図形

〈頻出度 ★★★〉

楕円 $C : x^2+9y^2=1$ と直線 $l : y=t(x-3)$ を考える．ただし，tは実数とする．このとき，次の問いに答えよ．

(1)　Cとlが相異なる２つの共有点をもつようなtの値の範囲を求めよ．また，これら２点の中点Mの座標をtを用いて表せ．

(2)　tの値が(1)で求めた範囲を動くとき，点Mの描く図形を図示せよ．

（香川大）

着眼 VIEWPOINT

楕円に切りとられる線分の中点の軌跡を調べます．「円に切りとられる線分」でもよく見る問題で，パラメタの存在条件から説明する方法がよいでしょう．

解答 ANSWER

(1)　楕円 $C : x^2+9y^2=1$ と直線 $l : y=t(x-3)$ の式を連立して，yを消すと

$$x^2+9\{t(x-3)\}^2=1$$
$$x^2+9t^2(x^2-6x+9)=1$$
$$(9t^2+1)x^2-54t^2x+81t^2-1=0 \quad \cdots\cdots①$$

Cとlが相異なる２つの共有点をもつ条件は，xの２次方程式①の判別式をDとすると，$D>0$である．つまり，

$$(-27t^2)^2-(9t^2+1)(81t^2-1)>0$$
$$t^2<\frac{1}{72}$$
$$\therefore \quad -\frac{1}{6\sqrt{2}}<t<\frac{1}{6\sqrt{2}} \quad \cdots\cdots② \text{答}$$

②のとき，①の異なる２つの実数解をα，βとおく．Cとlの相異なる２つの共有点のx座標はα，βである．ここで，①について解と係数の関係から，

$\alpha+\beta=\dfrac{54t^2}{9t^2+1}$ が成り立つ．

つまり，$\mathrm{M}(X,\ Y)$とおくと，

$$X=\frac{\alpha+\beta}{2}=\frac{27t^2}{9t^2+1} \quad \cdots\cdots③$$

が成り立つ．また，点Mは直線l上にあるから，

$Y=t(X-3)$ ……④

が成り立つ．③，④より，

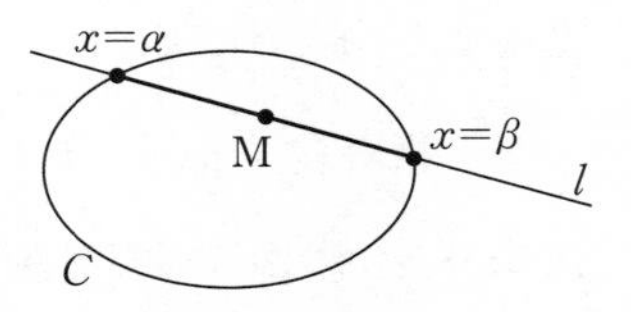

$$Y=t\left(\frac{27t^2}{9t^2+1}-3\right)=-\frac{3t}{9t^2+1} \quad \cdots\cdots ⑤$$

③，⑤から　$\mathbf{M}\left(\dfrac{\mathbf{27t^2}}{\mathbf{9t^2+1}},\ -\dfrac{\mathbf{3t}}{\mathbf{9t^2+1}}\right)$ ……**答**

(2)　Mの描く図形をFとする．

$(X,\ Y)\in F \Leftrightarrow$ ②かつ③かつ④を満たす実数tが存在する　……(*)

ここで

$$X-3=\frac{27t^2}{9t^2+1}-3=-\frac{3}{9t^2+1}<0$$

なので，$X\neq 3$である．つまり，④より$t=\dfrac{Y}{X-3}$(……⑥)である．

つまり，「③かつ④を満たすtが存在する条件」を書き換えると，

$$X=\frac{27\left(\dfrac{Y}{X-3}\right)^2}{9\left(\dfrac{Y}{X-3}\right)^2+1} \Leftrightarrow X=\frac{27Y^2}{9Y^2+(X-3)^2}$$

$$\Leftrightarrow X\{9Y^2+(X-3)^2\}=27Y^2$$

$$\Leftrightarrow X(X-3)^2+9Y^2(X-3)=0$$

$X-3\neq 0$より，この式をさらに変形して，

$$X(X-3)+9Y^2=0 \Leftrightarrow \left(X-\frac{3}{2}\right)^2+9Y^2=\left(\frac{3}{2}\right)^2$$

$$\Leftrightarrow \frac{4}{9}\left(X-\frac{3}{2}\right)^2+4Y^2=1 \quad \cdots\cdots ⑦$$

である．また，②，⑥より，$\left|\dfrac{Y}{X-3}\right|<\dfrac{1}{6\sqrt{2}}$(……⑧)である．

⑦，⑧より，楕円C'：$\dfrac{4}{9}\left(x-\dfrac{3}{2}\right)^2+4y^2=1$のうち，領域$\left|\dfrac{y}{x-3}\right|<\dfrac{1}{6\sqrt{2}}$に含まれる部分が求める図形である．ここで，$t=\pm\dfrac{1}{6\sqrt{2}}$すなわち$t^2=\dfrac{1}{72}$のとき，

③より

$$X=\frac{3(9t^2+1)-3}{9t^2+1}=3-\frac{3}{9t^2+1}=3-\frac{3}{9\cdot\dfrac{1}{72}+1}=\frac{1}{3}$$

であることに注意する．

Chapter 6 2次曲線

以上より，求める図形は

$$\text{楕円 } C' : \frac{4}{9}\left(x-\frac{3}{2}\right)^2+4y^2=1 \text{ の } x<\frac{1}{3} \text{ の部分}$$

であり，次の図の実線部分のようになる．

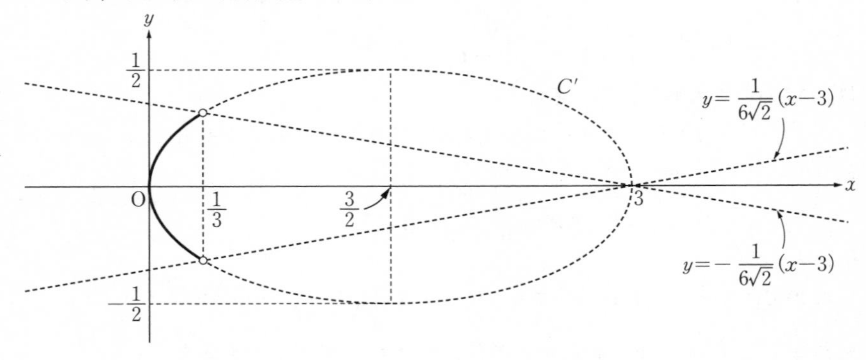

詳説 EXPLANATION

▶(1)で点Mの座標を求めたのに，(2)で使わないのだろうか，と疑問に思う人もいるでしょう．これを用いて解いてもよいのですが，結局のところ，tの存在条件を調べるために

$$X=3-\frac{3}{9t^2+1} \quad \text{かつ} \quad Y=-\frac{3t}{9t^2+1}$$

$$\Leftrightarrow X-3=-\frac{3}{9t^2+1} \quad \text{かつ} \quad Y=-\frac{3t}{9t^2+1}$$

と読みかえられるので，「解答」と同じことになります．

▶楕円は，x軸方向，またはy軸方向に図形を拡大(縮小)することで，円に変換される性質があります．これを利用して，次のように考えることもできます．

別解

(2)　与えられた図形全体を，「x軸を中心にy軸方向へ3倍に変換」する．この変換をfとする．つまり，点$(x,\ y)$から$(X,\ Y)$へ，$\begin{cases} X=x \\ Y=3y \end{cases}$と変換する．

このとき，

楕円 $C : x^2+9y^2=1$　は　円 $C' : X^2+Y^2=1$　……⑨

直線 $l : y=t(x-3)$　は　直線 $l' : Y=3t(X-3)$

に移される．

この変換 f によって，C と l の相異なる 2 つの共有点 A，B を両端とする線分の中点Mは，C' と l' の相異なる 2 つの共有点(A′，B′とする)を両端とする線分の中点M′に移る．A′，B′は C' 上の異なる 2 点なので，M′と円の中心Oを結ぶ線分OM′は，線分A′B′と垂直である．

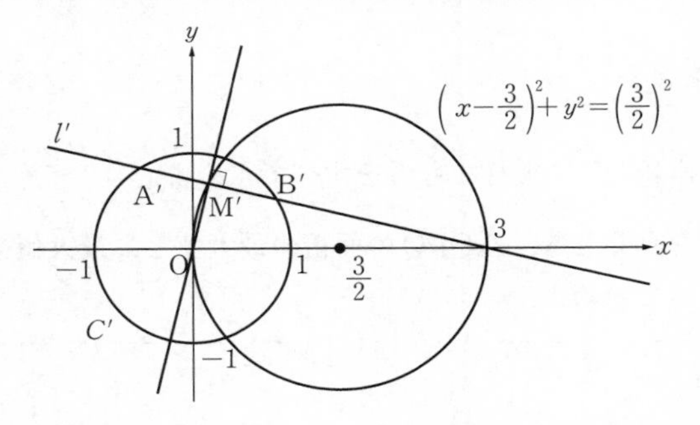

以上から，M′の軌跡は，原点と点(3，0)を直径の両端とする

円C_0：$\left(X-\dfrac{3}{2}\right)^2+Y^2=\left(\dfrac{3}{2}\right)^2$ のうち，円C'に含まれる部分である．C_0式は

$$X^2-3X+Y^2=0 \quad \cdots\cdots⑩$$

である．⑨，⑩の辺々の差をとり

$$3X=1 \quad \text{すなわち} \quad X=\frac{1}{3} \quad \cdots\cdots⑪$$

⑪は f により不変である．求める軌跡は

$$\text{楕円 } \frac{4}{9}\left(x-\frac{3}{2}\right)^2+4y^2=1 \text{ の } x<\frac{1}{3} \text{ の部分}$$

である．図は「解答」と同じ．

Chapter 6 2次曲線

73. 曲線上の点を頂点とする三角形の面積

〈頻出度 ★★★〉

Oを原点とする座標平面における曲線 C : $\dfrac{x^2}{4}+y^2=1$ 上に，

点 $\mathrm{P}\left(1,\ \dfrac{\sqrt{3}}{2}\right)$ をとる．

(1)　C の接線で直線OPに平行なものをすべて求めよ．

(2)　点Qが C 上を動くとき，△OPQの面積の最大値と，最大値を与えるQの座標をすべて求めよ．

（岡山大）

着眼 VIEWPOINT

楕円上の点を頂点とする三角形の面積を考えます．

楕円の接線

a，b を正の実数とする．楕円 C : $\dfrac{x^2}{a^2}+\dfrac{y^2}{b^2}=1$ 上の点 $(p,\ q)$ における C の接線の方程式は

$$\frac{px}{a^2}+\frac{qy}{b^2}=1$$

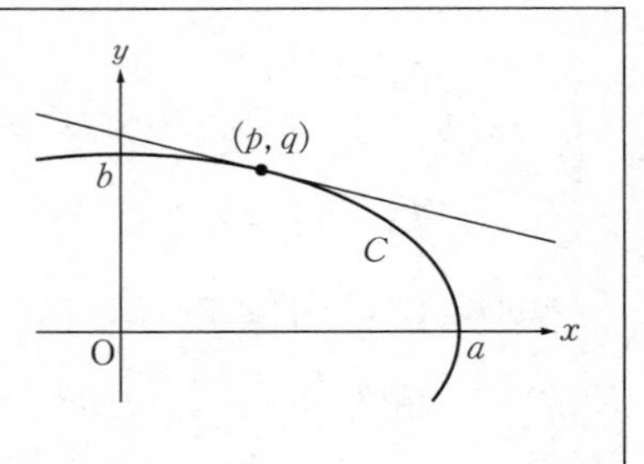

この公式を使ってもよいですし，直線の傾きが与えられているのでこの式を立て，重解条件から考えてもよいでしょう．（☞詳説）

解答 ANSWER

(1)　接点の座標を $\mathrm{T}(a,\ b)$ $(a \neq 0)$ とする．

Tにおける楕円の接線の方程式は，

$$\frac{ax}{4}+by=1 \quad \cdots\cdots①$$

である．ここで，直線OPの傾きは $\dfrac{\sqrt{3}}{2}$，

①の傾きは $-\dfrac{a}{4b}$ なので，

①が直線OPに平行である条件は

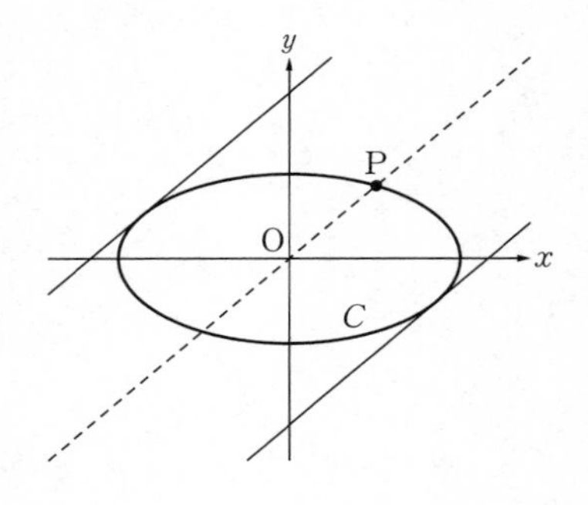

$$-\frac{a}{4b}=\frac{\sqrt{3}}{2} \quad \text{すなわち} \quad a=-2\sqrt{3}\,b \quad \cdots\cdots②$$

また，T$(a,\ b)$は曲線C上の点なので，$\frac{a^2}{4}+b^2=1$（……③）が成り立つ．

②，③より，$\frac{(-2\sqrt{3}\,b)^2}{4}+b^2=1$，すなわち$b=\pm\frac{1}{2}$である．②と合わせて，

$(a,\ b)=\left(\sqrt{3},\ -\frac{1}{2}\right)$，$\left(-\sqrt{3},\ \frac{1}{2}\right)$（……④）である．

④を①に代入して，求める直線の方程式は

$$\boldsymbol{\sqrt{3}\,x-2y=4,\ -\sqrt{3}\,x+2y=4} \quad \cdots\cdots\text{答}$$

(2) 線分OPを△OPQの底辺とみれば，その高さは点Qと直線OPの距離dである．

△OPQの面積が最大になるのは，dが最大のときであり，このとき，点Qは(1)で求めた接線の接点と一致する．

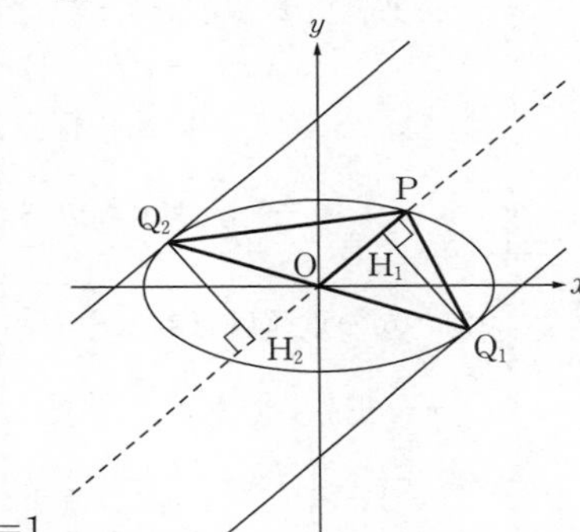

Q$\left(\sqrt{3},\ -\frac{1}{2}\right)$のとき（図の$Q_1$），△OPQの面積$S$は

$$\triangle\mathrm{OPQ}=\frac{1}{2}\left|1\cdot\left(-\frac{1}{2}\right)-\frac{\sqrt{3}}{2}\cdot\sqrt{3}\right|=1$$

であり，これはQ$\left(-\sqrt{3},\ \frac{1}{2}\right)$のとき（図の$Q_2$）も同じである．

したがって，△OPQの面積の最大値は**1** ……答

このときのQの座標は$\left(\boldsymbol{\sqrt{3},\ -\frac{1}{2}}\right)$，$\left(\boldsymbol{-\sqrt{3},\ \frac{1}{2}}\right)$ ……答

詳説 EXPLANATION

▶(2)において，△OPQの面積の計算では，次の式を用いています．

三角形の面積

座標平面における点A，B，Cが三角形の異なる頂点であり，$\overrightarrow{\mathrm{AB}}=\begin{pmatrix}x_1\\y_1\end{pmatrix}$，$\overrightarrow{\mathrm{AC}}=\begin{pmatrix}x_2\\y_2\end{pmatrix}$のとき，三角形ABCの面積は

$$\triangle\mathrm{ABC}=\boldsymbol{\frac{1}{2}|x_1y_2-x_2y_1|}$$

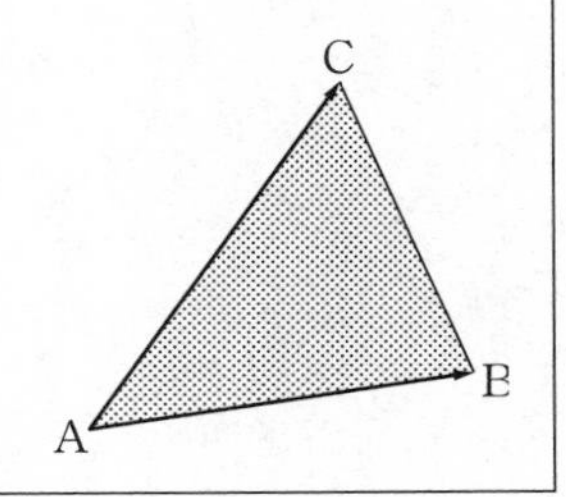

▶直線の傾きから方程式を立て，Cの式と連立してもよいでしょう．

別解

(1)　OPの傾きは$\frac{\sqrt{3}}{2}$である．ゆえに，kを実数として，求める接線の方程式は $y=\frac{\sqrt{3}}{2}x+k$（……⑤）と表せる．Cの式と連立して

$$\frac{x^2}{4}+\left(\frac{\sqrt{3}}{2}x+k\right)^2=1$$

$$x^2+\sqrt{3}\,kx+(k^2-1)=0 \quad \cdots\cdots⑥$$

方程式⑥が重解をもつときのkを求める．(⑥の判別式)$=0$から

$$(\sqrt{3}\,k)^2-4(k^2-1)=0 \quad すなわち \quad k=\pm 2 \quad \cdots\cdots⑦$$

⑤，⑦より，求める接線の方程式は

$$\boldsymbol{y=\frac{\sqrt{3}}{2}x+2,\ y=\frac{\sqrt{3}}{2}x-2} \quad \cdots\cdots \textbf{答}$$

(2)　⑥の重解は$x=-\frac{\sqrt{3}}{2}k$である．つまり，⑦より，⑥の重解は $x=\pm\sqrt{3}$ である．⑤より，それぞれのxに対応する接点Qの座標は $\left(\sqrt{3},\ \frac{1}{2}\right)$，$\left(-\sqrt{3},\ \frac{1}{2}\right)$である．

以下，「解答」と同じ．

74. 座標軸により切りとられる楕円の接線

〈頻出度 ★★★〉

曲線 $\dfrac{x^2}{4}+y^2=1\ (x>0,\ y>0)$ 上の動点Pにおける接線と，x軸，y軸との交点をそれぞれQ，Rとする．このとき，線分QRの長さの最小値と，そのときの点Pの座標を求めよ．

（信州大）

着眼 VIEWPOINT

問題73と同様，接線に関する問題ですが，加えて，曲線のパラメタ表示の使いどころです．

楕円のパラメタ表示

a，bを正の実数とする．

$\dfrac{x^2}{a^2}+\dfrac{y^2}{b^2}=1$ で表される楕円上の任意の点$(x,\ y)$に対して，

$$x=a\cos\theta,\ y=b\sin\theta$$

となるがθが $0\leqq\theta<2\pi$ に存在する．

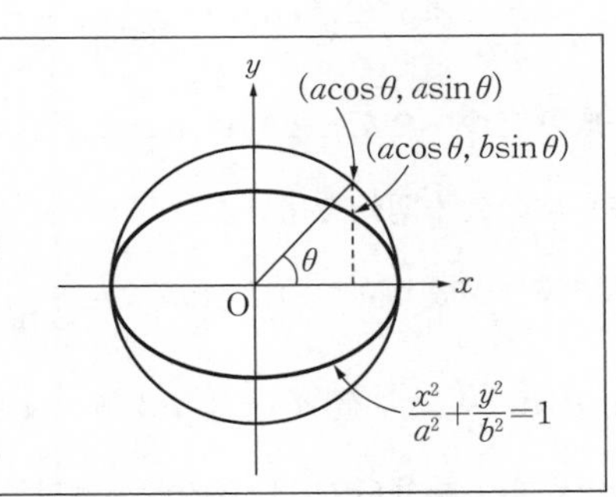

曲線上の点（この問題であれば，接点）を**パラメタ表示することで，線分の長さや面積などを三角関数で表せます**．これにより，最大値，最小値などを調べる際に（三角比の諸定理などを利用できて）式変形の見通しが立てやすいというメリットがあります．

解答 ANSWER

曲線C：$\dfrac{x^2}{4}+y^2=1\ (x>0,\ y>0)$は楕円の一部である．$C$上の任意の

点P$(x,\ y)$は，$0<\theta<\dfrac{\pi}{2}$ を満たすθにより

$$x=2\cos\theta,\ y=\sin\theta \quad \cdots\cdots①$$

と表される．

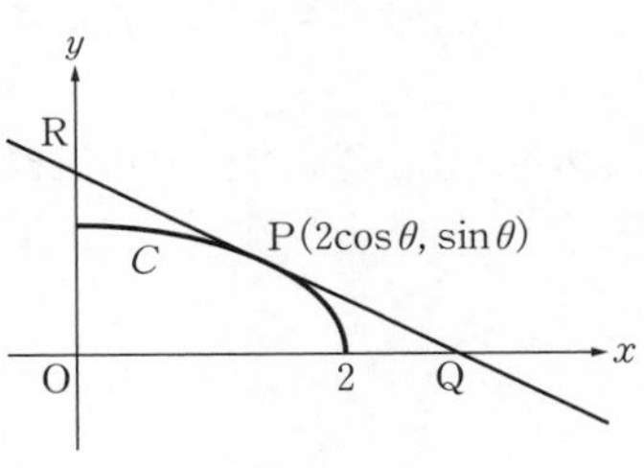

点Pにおける接線の方程式は

$$\frac{2\cos x}{4}x+(\sin\theta)y=1$$

$$\frac{\cos\theta}{2}x+(\sin\theta)y=1 \quad \cdots\cdots②$$

である．②で $y=0$，また $x=0$ とすることで，点Q，Rの座標

$\mathrm{Q}\left(\dfrac{2}{\cos\theta},\ 0\right)$，$\mathrm{R}\left(0,\ \dfrac{1}{\sin\theta}\right)$ を得る．したがって

$$\begin{aligned}\mathrm{QR}^2&=\left(\frac{2}{\cos\theta}\right)^2+\left(\frac{1}{\sin\theta}\right)^2\\&=4(1+\tan^2\theta)+\left(\frac{1}{\tan^2\theta}+1\right)\\&=5+4\tan^2\theta+\frac{1}{\tan^2\theta}\\&\geqq 5+2\sqrt{4\tan^2\theta\cdot\frac{1}{\tan^2\theta}}=9\quad\cdots\cdots③\end{aligned}$$

が成り立つ．ただし，③において，$0<\theta<\dfrac{\pi}{2}$ より $\tan^2\theta>0$ から，相加平均・相乗平均の大小関係を用いた．

②で等号が成り立つのは $4\tan^2\theta=\dfrac{1}{\tan^2\theta}$ かつ $\tan\theta>0$ となる θ のとき，つまり，

$\tan\theta=\dfrac{1}{\sqrt{2}}$（……④）のときであり，④を満たす $\theta=\theta_0$ は $0<\theta<\dfrac{\pi}{2}$ に存在する．

以上から，線分QRの長さの最小値は　$\sqrt{9}=\mathbf{3}$　……**答**

このときのPの座標を求める．④から

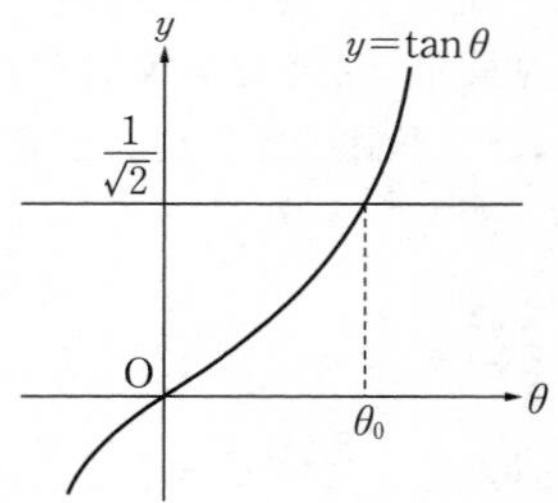

$$\cos^2\theta_0=\frac{1}{1+\tan^2\theta_0}=\frac{2}{3},$$

$$\sin^2\theta_0=1-\cos^2\theta_0=\frac{1}{3}$$

であり，$x>0$，$y>0$ より $\cos\theta_0$，$\sin\theta_0$ はともに正なので

$$\cos\theta_0=\frac{\sqrt{6}}{3},\ \sin\theta_0=\frac{\sqrt{3}}{3}\quad\cdots\cdots⑤$$

である．①，⑤より，Pの座標は　$\left(\dfrac{\mathbf{2\sqrt{6}}}{\mathbf{3}},\ \dfrac{\mathbf{\sqrt{3}}}{\mathbf{3}}\right)$　……**答**

75. 曲線外から引く接線と面積

〈頻出度 ★★★〉

点 P(3, 2) から楕円 $C:\dfrac{x^2}{3}+\dfrac{y^2}{4}=1$ に 2 本の接線 l_1, l_2 を引き，それぞれの接点を T_1, T_2 とする．

(1) 接点 T_1, T_2 の座標を求めよ．

(2) C の $x\geqq 0$ の部分を C_0 とするとき，C_0 と l_1 および l_2 で囲まれた部分の面積 S を求めよ．

（和歌山大）

着眼 VIEWPOINT

(1)は，接線公式を用いてもよいですし，重解条件から説明しても苦労はしないでしょう（☞詳説）．(2)は，問題72でも登場した**楕円は，相似変換することで円になることを積極的に利用したい問題**です．楕円のままでは定積分せざるを得ませんが，円であれば扇形を切り出すなどの図形的な解法が利用できます．接点の座標などを求め，相似変換したときに有名角がうまくとれるかを考え，円に変換するか，そのまま定積分するか，を判断できるとよいでしょう．

解答 ANSWER

(1) 以下，（点 T_1 の x 座標）＜（点 T_2 の x 座標）とする．楕円 $C:\dfrac{x^2}{3}+\dfrac{y^2}{4}=1$（……①）上の点 $(x_0,\ y_0)$ における接線の方程式は，

$$\frac{x_0x}{3}+\frac{y_0y}{4}=1 \quad \cdots\cdots ②$$

直線②が点 P(3, 2) を通ることから，

$$x_0+\frac{y_0}{2}=1 \quad \cdots\cdots ③$$

また，点 $(x_0,\ y_0)$ は楕円①上にあるから，

$$\frac{x_0{}^2}{3}+\frac{y_0{}^2}{4}=1 \quad \cdots\cdots ④$$

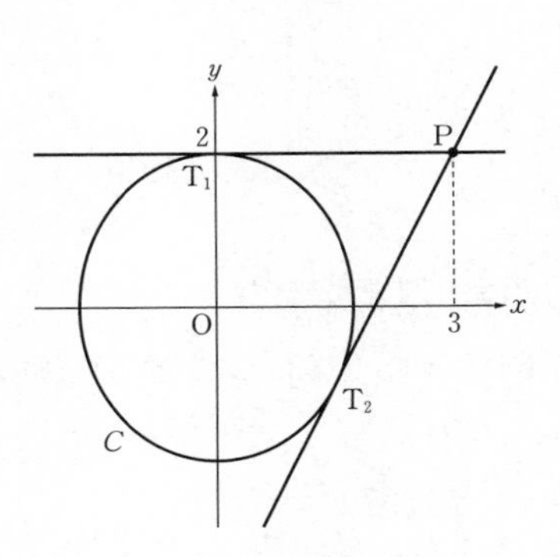

③，④から，

$$\frac{x_0{}^2}{3}+(1-x_0)^2=1$$

$$2x_0{}^2-3x_0=0 \qquad \therefore \quad x_0=0,\ \frac{3}{2} \quad \cdots\cdots ⑤$$

したがって，③，⑤から，$\mathbf{T_1(0,\ 2)}$，$\mathbf{T_2\left(\frac{3}{2},\ -1\right)}$ ……答

(2)　面積を求める図形は，左下図の網目部分である．この図形を y 軸方向に $\frac{\sqrt{3}}{2}$ 倍に変換すると，右下図のようになる．

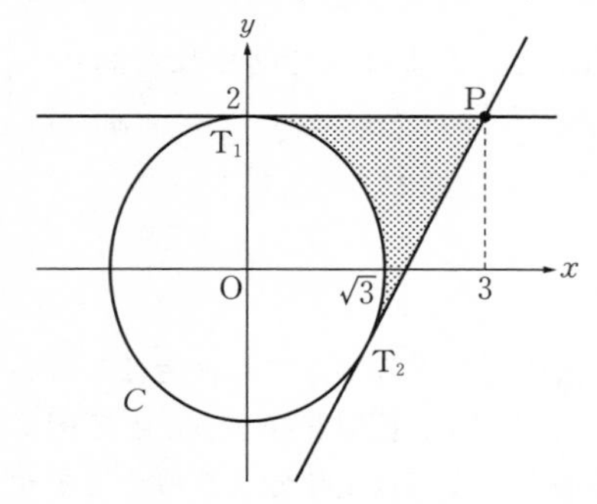

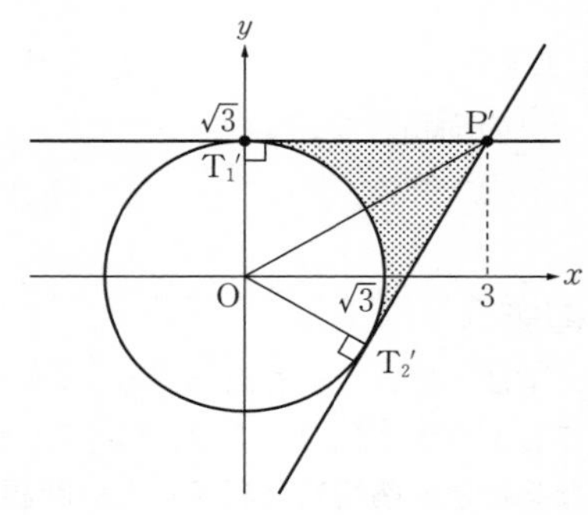

ここで，直角三角形△OP′T₁′，△OP′T₂′について，△OP′T₁′≡△OP′T₂′である．

OT₁′：T₁′P′$=\sqrt{3}:3=1:\sqrt{3}$ なので，$\angle \mathrm{T_1'OT_2'}=2\angle \mathrm{T_1'OP'}=2\cdot\frac{\pi}{3}=\frac{2}{3}\pi$ である．したがって，右上図の網目部分の面積を S_0 とすれば

$$\begin{aligned}S_0&=\triangle \mathrm{OP'T_1'}+\triangle \mathrm{OP'T_2'}-(\text{扇形}\,\mathrm{OT_2'T_1'})\\&=2\triangle \mathrm{OP'T_1'}-(\text{扇形}\,\mathrm{OT_2'T_1'})\\&=2\cdot\frac{1}{2}\cdot\sqrt{3}\cdot 3-\frac{1}{2}\cdot(\sqrt{3})^2\cdot\frac{2}{3}\pi\\&=3\sqrt{3}-\pi\end{aligned}$$

したがって，求める面積 S は，$S=\frac{2}{\sqrt{3}}S_0=\mathbf{6-\frac{2\sqrt{3}}{3}\pi}$ ……答

詳説 EXPLANATION

▶(1)では，点(3, 2)を通る直線の方程式を立て，重解条件から説明してもよいでしょう．

別解

(1)　直線 $x=3$ は l_1，l_2 ではない．

したがって，点(3, 2)を通る直線の方程式を，傾きを m として

$$y-2=m(x-3) \quad \text{すなわち} \quad y=mx-(3m-2) \quad \cdots\cdots ⑥$$

と表せる．①，⑥から y を消して

$$\frac{x^2}{3}+\frac{\{mx-(3m-2)\}^2}{4}=1$$

$$4x^2+3\{mx-(3m-2)\}^2=12$$

$$(3m^2+4)x^2-6m(3m-2)x+9m(3m-4)=0 \quad \cdots\cdots ⑦$$

x の2次方程式⑦が重解をもつときに，⑥は①の接線である．(⑦の判別式)$=0$ より，

$$\{-3m(3m-2)\}^2-(3m^2+4)\cdot 9m(3m-4)=0$$

$$m(m-2)=0$$

$$\therefore \quad m=0,\ 2$$

このときの⑦の重解は $x=\dfrac{3m(3m-2)}{3m^2+4}$ であることから，$x=0,\ \dfrac{3}{2}$ である．⑥から，対応する y 座標を求めて，接点の座標は

$$\mathbf{(0,\ 2),\ \left(\frac{3}{2},\ -1\right)} \quad \cdots\cdots \text{答}$$

Chapter 6 2次曲線

▶(2)で円に変換せず，定積分により面積を計算することもできます．

別解

(2)　C の $x \geqq 0$ の部分 C_0 の方程式は，①から，$x=\sqrt{3}\sqrt{1-\dfrac{y^2}{4}}$ と表される．

点 H$(0,\ -1)$ として，求める面積 S は，

$$S=(\text{台形}\mathrm{PT_1HT_2})-\sqrt{3}\int_{-1}^{2}\sqrt{1-\frac{y^2}{4}}\,dy$$

← ここで $\dfrac{y^2}{4}=\cos\theta$ など と置換しても計算できる．

$$=(\text{台形}\mathrm{PT_1HT_2})-\frac{\sqrt{3}}{2}\int_{-1}^{2}\sqrt{4-y^2}\,dy$$

$$=\frac{1}{2}\cdot\left(3+\frac{3}{2}\right)\cdot(2+1)-\frac{\sqrt{3}}{2}\left(\frac{1}{2}\cdot 2^2\cdot\frac{2}{3}\pi+\frac{1}{2}\cdot 1\cdot\sqrt{3}\right)$$

$$=\frac{27}{4}-\frac{\sqrt{3}}{2}\left(\frac{4}{3}\pi+\frac{\sqrt{3}}{2}\right)$$

$$=\mathbf{6-\frac{2\sqrt{3}}{3}\pi} \quad \cdots\cdots \text{答}$$

ただし，$\displaystyle\int_{-1}^{2}\sqrt{4-y^2}\,dy$ は右図の網目部分および斜線部分の面積とみた．

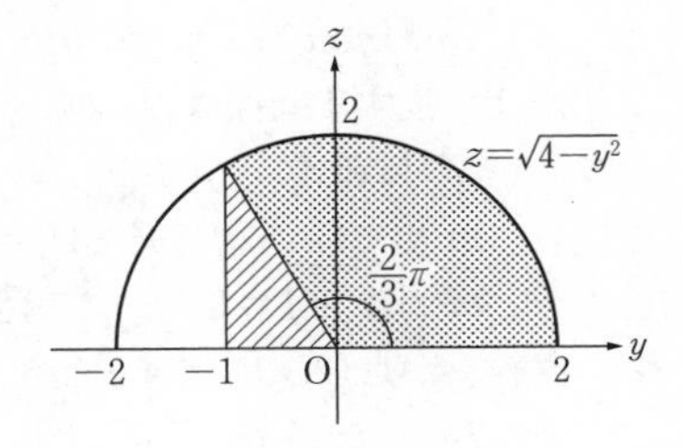

76. 楕円の直交する2接線の交点

〈頻出度 ★★★〉

次の問いに答えよ.

(1)　直線 $y=mx+n$ が楕円 $x^2+\frac{y^2}{4}=1$ に接するための条件を m, n を用いて表せ.

(2)　点(2, 1)から楕円 $x^2+\frac{y^2}{4}=1$ に引いた2つの接線が直交することを示せ.

(3)　楕円 $x^2+\frac{y^2}{4}=1$ の直交する2つの接線の交点の軌跡を求めよ.

(島根大)

着眼 VIEWPOINT

2次曲線の接線に関する問題では, 次のような式の立て方が考えられます.

・接線の公式を利用する. ……(*)

・直線の式を立てて, 2次曲線と接する条件を(重解条件などから)与える. ……(**)

この問題は「直交する接線について考える」「点の軌跡を調べる」という事情を踏まえると, 直線の傾きを文字でおく(**)の方が, (*)よりも望ましいでしょう.

解答 ANSWER

(1)　$y=mx+n$ ……①, $x^2+\frac{y^2}{4}=1$ ……②

①, ②から y を消して,

$$4x^2+(mx+n)^2=4$$

$$\therefore\quad (m^2+4)x^2+2mnx+n^2-4=0 \quad \cdots\cdots ③$$

①が②に接する条件は, x の2次方程式③が重解をもつことである. したがって, (③の判別式)$=0$ より

$$m^2n^2-(m^2+4)(n^2-4)=0$$

$$\boldsymbol{m^2-n^2+4=0} \quad \cdots\cdots ④$$ **答**

(2)　直線①が点(2, 1)を通るとき,

$$2m+n=1 \quad \cdots\cdots ⑤$$

④, ⑤より n を消して,

$$m^2-(-2m+1)^2+4=0$$
$$3m^2-4m-3=0 \quad \cdots\cdots ⑥$$

mの方程式⑥の判別式をDとすると,

$$\frac{D}{4}=(-2)^2-3\cdot(-3)=13>0$$

つまり，⑥は異なる２つの実数解m_1，m_2をもつ．これらは，点$(2,\ 1)$から楕円②に引いた２つの接線の傾きである．

⑥について解と係数の関係より，$m_1m_2=-1$である．したがって，２つの接線は直交する．（証明終）

(3)　点$\mathrm{P}(X,\ Y)$から楕円②に引いた接線について考える．Pは楕円②の外側にあることから$X^2+\dfrac{Y^2}{4}>1$（……⑦）が成り立つ．

$(X,\ Y)=(1,\ 2)$，$(-1,\ 2)$，$(-1,\ -2)$，$(1,\ -2)$のときは，それぞれの点から②に引いた２接線が直交することは明らかである．以下，$X\neq\pm1$かつ$Y=\pm2$とする．このとき，点$\mathrm{P}(X,\ Y)$から楕円②に引いた接線はy軸に平行にならないから，求める接線の方程式は

$$y-Y=m(x-X) \quad \text{すなわち} \quad y=mx+(-mX+Y) \quad \cdots\cdots ⑧$$

と実数mを用いて表せる．このとき，⑧が楕円②と接する条件は，④においてnを$-mX+Y$とおき換えることで，

$$m^2-(-mX+Y)^2+4=0$$
$$(1-X^2)m^2+2XYm+(4-Y^2)=0 \quad \cdots\cdots ⑨$$

である．mの方程式⑨の判別式をD'とすれば

$$\frac{D'}{4}=(XY)^2-(1-X^2)(4-Y^2)=4\left(X^2+\frac{Y^2}{4}-1\right)$$

であり，⑦より常に$D'>0$である．つまり，⑨を満たす異なる２つの実数m_1'，m_2'が存在する．解と係数の関係より

$$m_1'm_2'=\frac{4-Y^2}{1-X^2}$$

であり，②に引いた２接線が直交することから，$m_1'm_2'=-1$である．

つまり，$\dfrac{4-Y^2}{1-X^2}=-1$より

$$4-Y^2=X^2-1$$
$$X^2+Y^2=5 \quad \cdots\cdots ⑩$$

である．また，４点$(X,\ Y)=(\pm1,\ \pm2)$（複号任意）は⑩を満たす．

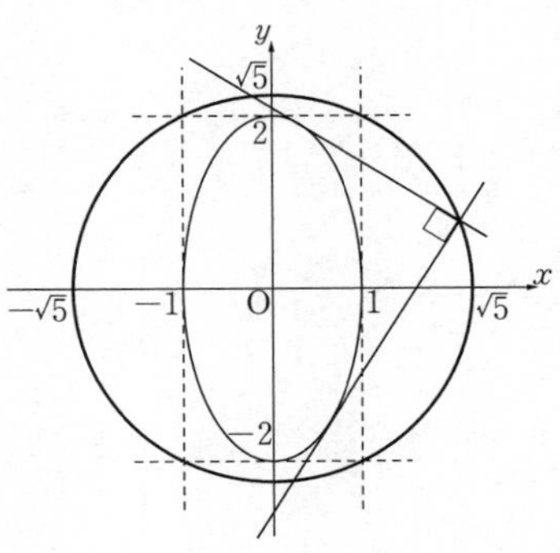

以上から，求める軌跡は，

原点を中心とする半径$\sqrt{5}$の円　……**答**

詳説 EXPLANATION

▶楕円E:$\dfrac{x^2}{a^2}+\dfrac{y^2}{b^2}=1$に対し，直交する２接線が引ける点の集合は円$C$：$x^2+y^2=a^2+b^2$であることが知られており，この円は($E$の)準円，と呼ばれています．２次曲線の問題の中では，準円をテーマとする問いは非常によく出題されるので，結果は知っておいてもよいでしょう．

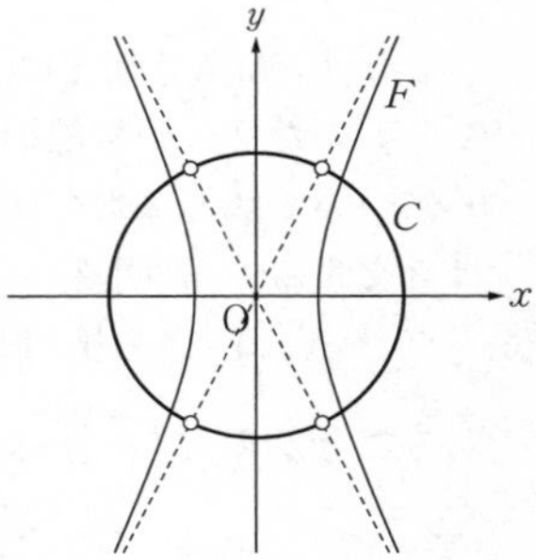

双曲線F:$\dfrac{x^2}{a^2}-\dfrac{y^2}{b^2}=\pm1$に対して，直交する２接線が引ける点は定円$C$上になりますが，この点が存在する範囲は円$C$全体とならず，$F$の漸近線上の４点がとり除かれた全体となります．

77. 焦点の性質

〈頻出度 ★★★〉

$a>b>0$ として，座標平面上の楕円 $\dfrac{x^2}{a^2}+\dfrac{y^2}{b^2}=1$ を C とおく．C 上の点 $\mathrm{P}(p_1,\ p_2)$ $(p_2\neq 0)$ における C の接線を l，法線を n とする．

(1) 接線 l および法線 n の方程式を求めよ．

(2) 2点 $\mathrm{A}(\sqrt{a^2-b^2},\ 0)$，$\mathrm{B}(-\sqrt{a^2-b^2},\ 0)$ に対して，法線 n は $\angle\mathrm{APB}$ の二等分線であることを示せ．

（お茶の水女子大）

着眼 VIEWPOINT

楕円の内側が鏡になっていると考えたときに，「楕円の焦点から出た光は，曲線上で反射して他方の焦点を通る」という有名な性質があります．このような，2次曲線特有の性質を証明する問題がしばしば出題されます．

座標の計算を中心に進めますが，常に，「楕円（双曲線）の定義，性質を証明に活かせるか」，「示すべきことを，より示しやすい事柄に読みかえられるか」という視点をもちつつ解き進めたい問題です．楕円とは，「2つの焦点から距離の和が一定である点の集合」であり，このことを用いて証明します．

解答 ANSWER

(1) 接線 l の方程式は，

$$\frac{p_1x}{a^2}+\frac{p_2y}{b^2}=1 \quad \text{すなわち} \quad \boldsymbol{b^2p_1x+a^2p_2y=a^2b^2} \quad \cdots\cdots① \text{答}$$

である．

①より，$\vec{d}=\begin{pmatrix} b^2p_1 \\ a^2p_2 \end{pmatrix}$ は l の法線ベクトルである．

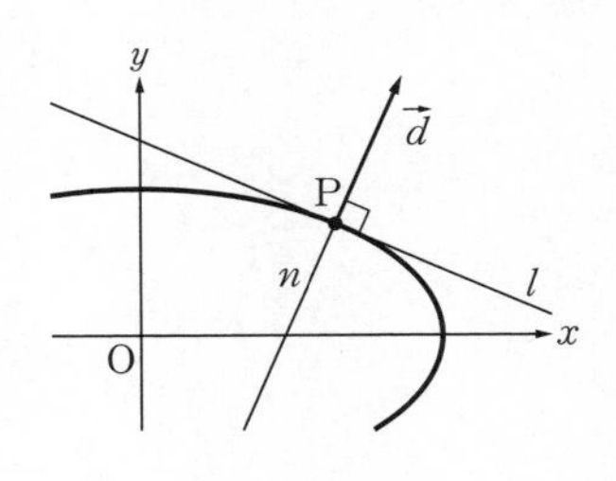

また，直線 n は $\vec{d}$ と平行かつ点 $(p_1,\ p_2)$ を通る直線である．$\vec{d}$ と垂直なベクトルとして，$\vec{d'}=\begin{pmatrix} a^2p_2 \\ -b^2p_1 \end{pmatrix}$ がとれる．n 上の点を $\mathrm{Q}(x,\ y)$ とするとき，$\vec{d'}\cdot\overrightarrow{\mathrm{PQ}}=0$ から，n の方程式は，

$$\begin{pmatrix} a^2p_2 \\ -b^2p_1 \end{pmatrix}\cdot\begin{pmatrix} x-p_1 \\ y-p_2 \end{pmatrix}=0$$

$$a^2p_2(x-p_1)-b^2p_1(y-p_2)=0$$

$$\boldsymbol{a^2p_2x-b^2p_1y=p_1p_2(a^2-b^2)} \quad \cdots\cdots② \text{答}$$

(2)　$\sqrt{a^2-b^2}=c$ とする．すなわち，
$a^2-b^2=c^2$（……③）である．
直線 n と x 軸の交点をRとする．②，③より，
Rの x 座標は，

$$a^2p_2x=p_1p_2(a^2-b^2)=p_1p_2c^2$$

$$\therefore\quad x=\frac{c^2p_1}{a^2}$$

したがって，

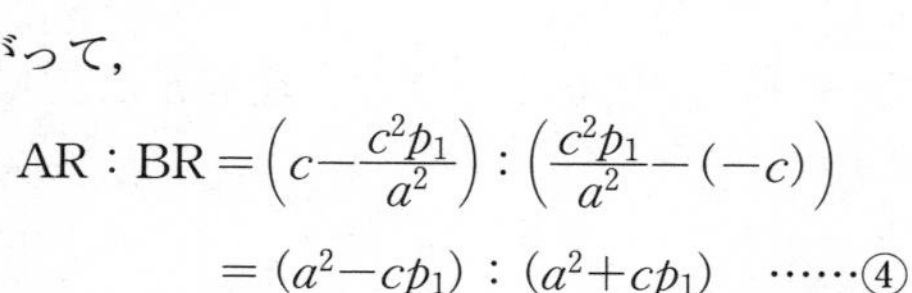

$$\mathrm{AR}:\mathrm{BR}=\left(c-\frac{c^2p_1}{a^2}\right):\left(\frac{c^2p_1}{a^2}-(-c)\right)$$

$$=(a^2-cp_1):(a^2+cp_1)\quad\cdots\cdots④$$

である．また，楕円の性質から，$\mathrm{AP}+\mathrm{BP}=2a$（……⑤）が成り立つ．
ここで，$\mathrm{A}(c,\ 0)$，$\mathrm{B}(-c,\ 0)$，$\mathrm{P}(p_1,\ p_2)$ より，

$$\mathrm{AP}^2-\mathrm{BP}^2=(p_1-c)^2+p_2{}^2-\{(p_1+c)^2+p_2{}^2\}=-4cp_1\quad\cdots\cdots⑥$$

である．したがって，⑤，⑥より

$$\mathrm{AP}-\mathrm{BP}=\frac{\mathrm{AP}^2-\mathrm{BP}^2}{\mathrm{AP}+\mathrm{BP}}=\frac{-4cp_1}{2a}=-\frac{2cp_1}{a}\quad\cdots\cdots⑦$$

である．

⑤，⑦の辺々の和，差をとることで，$\mathrm{AP}=\dfrac{a^2-cp_1}{a}$，$\mathrm{BP}=\dfrac{a^2+cp_1}{a}$ を得る．

つまり，

$$\mathrm{AP}:\mathrm{BP}=(a^2-cp_1):(a^2+cp_1)\quad\cdots\cdots⑧$$

である．
したがって，④，⑧より，

$$\mathrm{AP}:\mathrm{BP}=\mathrm{AR}:\mathrm{BR}$$

が成り立つから，n は∠APBの二等分線である．（証明終）

78. 楕円と放物線の共有点の個数

〈頻出度 ★★★〉

aを実数とする．xy平面上に，曲線C_1：$\dfrac{x^2}{4}+y^2=1$，曲線C_2：$y=\dfrac{x^2}{2}+a$，次の連立不等式の表す領域Dがある．

$$\frac{x^2}{4}+y^2 \leqq 1,\ \ y \geqq \frac{x^2}{2}-1$$

以下の問いに答えよ．

(1) C_1とC_2が共有点をもつとき，aの値の範囲を求めよ．

(2) C_1とC_2の共有点の個数を，aの値によって分類せよ．

(3) Dの面積を求めよ．

（京都府立大）

着眼 VIEWPOINT

2次曲線同士の共有点に関する考察です．例えば，「xを消してyの方程式」にするのであれば，yを求めたうえで，対応するxが存在するか，いくつ決まるのか，に注意しましょう．(3)の面積計算は，問題72などと同様に楕円から円への相似変換で考えるとよいでしょう．

解答 ANSWER

$$\frac{x^2}{4}+y^2=1 \quad \cdots\cdots ①, \qquad y=\frac{x^2}{2}+a \quad \cdots\cdots ②$$

(1)(2) ②より，$x^2=2y-2a$である．①，②からx^2を消すと，

$$\frac{y-a}{2}+y^2=1$$

$$\therefore \ \ 2y^2+y-2=a \quad \cdots\cdots ③$$

C_1とC_2の共有点の個数は，連立方程式「①かつ②」の相異なる実数解$(x,\ y)$の個数に等しい．ここで，③の実数解yに対して，①，つまり$x^2=4(1-y^2)$からxの値が決まる．したがって，連立方程式「①かつ②」の実数解$(x,\ y)$の個数は，③の実数解yに対して

$|y|>1$ ならば0個

$|y|=1$ ならば1個

$|y|<1$ ならば2個

だけ定まる．

← $\begin{cases} ① \\ ② \end{cases} \Leftrightarrow \begin{cases} ① \\ ③ \end{cases}$
と読みかえている．

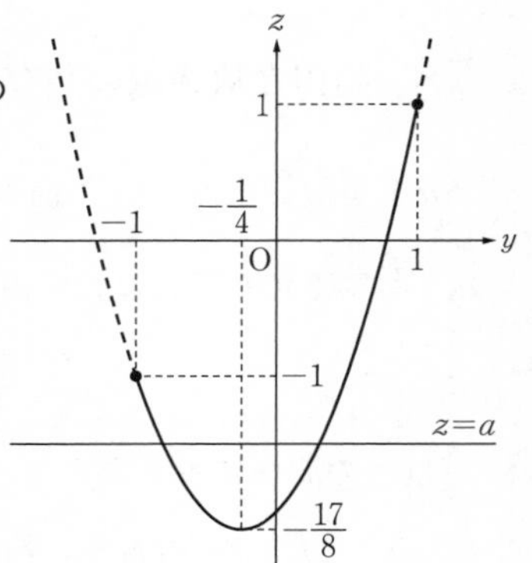

③の実数解 y は，yz平面における放物線 $z=2y^2+y-2$（……④）と直線 $z=a$ の共有点の y座標である．

$$z=2y^2+y-2=2\left(y+\frac{1}{4}\right)^2-\frac{17}{8}$$

より，④を図示すると右図のとおり．

したがって，C_1 と C_2 が共有点をもつ a の値の範囲は，$\boldsymbol{-\frac{17}{8}\leqq a\leqq 1}$ ……**答**

また，C_1 と C_2 の共有点 $(x,\ y)$ の個数は，

$\boldsymbol{a<-\frac{17}{8},\ a>1}$ **のとき**	**0 個**
$\boldsymbol{a=1}$ **のとき**	**1 個**
$\boldsymbol{a=-\frac{17}{8},\ -1<a<1}$ **のとき**	**2 個**
$\boldsymbol{a=-1}$ **のとき**	**3 個**
$\boldsymbol{-\frac{17}{8}<a<-1}$ **のとき**	**4 個**

……**答**

である．

(3)　$a=-1$ のとき，(2)より C_1 と C_2 は３つの共有点をもつ．ここで，③より，

$$2y^2+y-1=0\quad すなわち\quad y=-1,\ \frac{1}{2}\quad ……⑤$$

①，⑤より，C_1，C_2，の共有点の座標は $(0,\ -1)$，$\left(\pm\sqrt{3},\ \frac{1}{2}\right)$ である．領域 Dは左下図の網目部分である．

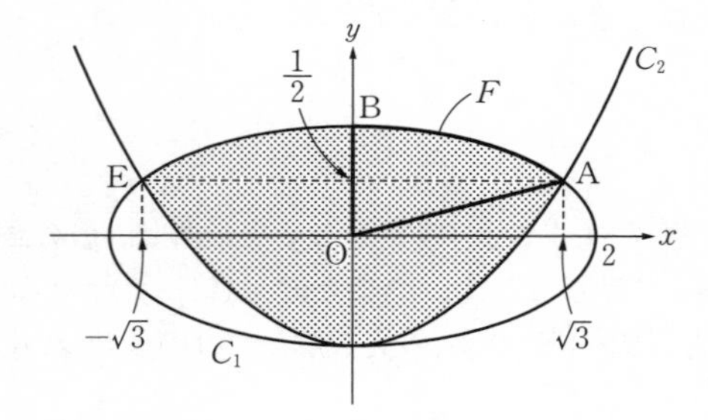

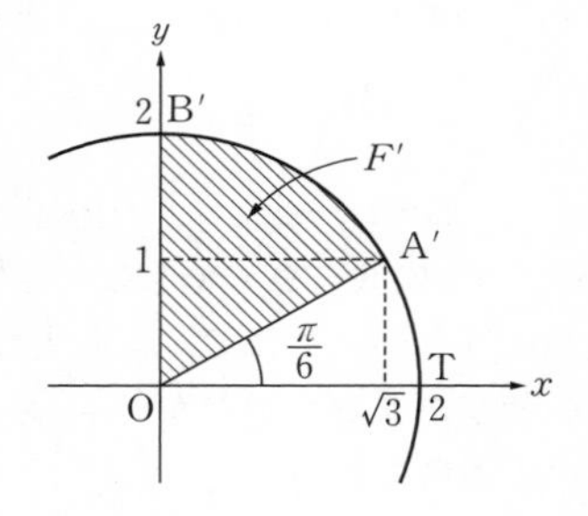

$\mathrm{A}\left(\sqrt{3},\ \frac{1}{2}\right)$，$\mathrm{B}(0,\ 1)$，$\mathrm{E}\left(-\sqrt{3},\ \frac{1}{2}\right)$ とする．線分OA，OBと C_1 上の孤ABで囲まれた，左上図の太線で囲まれた部分 F を y 軸方向に２倍に拡大すると，右上図の斜線部分 F' となる．ここで，Aは $\mathrm{A}'(\sqrt{3},\ 1)$，Bは $\mathrm{B}'(0,\ 2)$ に移って

おり，T(2, 0)とすれば，A′の座標より，$\angle \mathrm{A'OT}=\dfrac{\pi}{6}$ である．つまり，F'の

面積は $\dfrac{1}{2}\cdot 2^2\cdot\dfrac{\pi}{3}=\dfrac{2}{3}\pi$ であり，図形Fの面積はこの扇形の面積の$\dfrac{1}{2}$倍，つま

り $\dfrac{\pi}{3}$ である．

したがって，Dのうち直線 $y=\dfrac{1}{2}$ より下側の部分の面積をTとすると，求める

面積Sは，

$$
\begin{aligned}
S&=2\times(F\text{の面積})-\triangle\mathrm{OAE}+T\\
&=2\cdot\frac{\pi}{3}-\frac{1}{2}\cdot 2\sqrt{3}\cdot\frac{1}{2}+\int_{-\sqrt{3}}^{\sqrt{3}}\left\{\frac{1}{2}-\left(\frac{x^2}{2}-1\right)\right\}dx\\
&=\frac{2}{3}\pi-\frac{\sqrt{3}}{2}-\frac{1}{2}\int_{-\sqrt{3}}^{\sqrt{3}}(x+\sqrt{3})(x-\sqrt{3})\,dx\\
&=\frac{2}{3}\pi-\frac{\sqrt{3}}{2}+\frac{1}{2}\cdot\frac{1}{6}\left\{\sqrt{3}-(-\sqrt{3})\right\}^3\\
&=\frac{2}{3}\pi-\frac{\sqrt{3}}{2}+2\sqrt{3}\\
&=\boldsymbol{\frac{2}{3}\pi+\frac{3\sqrt{3}}{2}}\quad\cdots\cdots\text{答}
\end{aligned}
$$

詳説 EXPLANATION

▶(3)の面積の計算では，次の式を用いています．

積分の計算の工夫（$\dfrac{1}{6}$公式）

$$
\int_{\alpha}^{\beta}(x-\alpha)(x-\beta)\,dx=-\frac{1}{6}(\beta-\alpha)^3\quad(\alpha,\ \beta\text{は定数})
$$

79. 極座標を用いた線分の長さの和の計算

〈頻出度 ★★★〉

方程式 $\dfrac{x^2}{2}+y^2=1$ で定まる楕円 E とその焦点 $\mathrm{F}(1,0)$ がある．E 上に点Pをとり，直線PFと E との交点のうちPと異なる点をQとする．Fを通り直線PFと垂直な直線と E との2つの交点をR，Sとする．

(1)　r を正の実数，θ を実数とする．点 $(r\cos\theta+1,\ r\sin\theta)$ が E 上にあるとき，r を θ で表せ．

(2)　Pが E 上を動くとき，PF＋QF＋RF＋SF の最小値を求めよ．

（北海道大）

着眼 VIEWPOINT

極座標を利用して，線分の長さの和を調べる問題です．この問題は，点Fが極，Fから x 軸正方向の半直線が始線となっているということです．
(1)は代入計算でよいでしょう．(2)をどう処理するかが問題です．点Pを $(r\cos\theta+1,\ r\sin\theta)$ とするときに，r と θ が何を表しているかを図形的に読みとれるか，このときに，Q，R，Sがどう表されるか，がポイントです．

解答 ANSWER

(1)　$E:\dfrac{x^2}{2}+y^2=1$（……①）とする．点 $(r\cos\theta+1,\ r\sin\theta)$ が楕円 E 上にあることから，①より，

$$\frac{1}{2}(r\cos\theta+1)^2+(r\sin\theta)^2=1$$

$$\left(\frac{1}{2}\cos^2\theta+\sin^2\theta\right)r^2+(\cos\theta)r-\frac{1}{2}=0 \quad \cdots\cdots②$$

が成り立つ．②を r の2次方程式にみる．2次方程式の解の公式より，

$$r=\frac{-\cos\theta+\sqrt{\cos^2\theta+(\cos^2\theta+2\sin^2\theta)}}{\cos^2\theta+2\sin^2\theta}$$

$$=\frac{\sqrt{2}-\cos\theta}{\cos^2\theta+2(1-\cos^2\theta)}$$

$$=\frac{\sqrt{2}-\cos\theta}{(\sqrt{2}+\cos\theta)(\sqrt{2}-\cos\theta)}=\frac{1}{\sqrt{2}+\cos\theta}$$

$-1 \leqq \cos\theta \leqq 1$ より $\dfrac{1}{\sqrt{2}+\cos\theta}>0$ である． $\boldsymbol{r=\dfrac{1}{\sqrt{2}+\cos\theta}}$ ……**答**

(2) $\vec{d}=\begin{pmatrix}\cos\theta \\ \sin\theta\end{pmatrix}$ とする．このとき，$|\vec{d}|=1$ なので，(1)の r に対して，

$$\overrightarrow{\mathrm{OP}}=\begin{pmatrix}1 \\ 0\end{pmatrix}+r\begin{pmatrix}\cos\theta \\ \sin\theta\end{pmatrix}=\overrightarrow{\mathrm{OF}}+r\vec{d}$$

と表せる．このとき，$\mathrm{A}(\sqrt{2},\ 0)$ とすれば，$\mathrm{PF}=r$ であり，また $\angle\mathrm{PFA}=\theta$ としてよい．また，P，R，Q，S は E 上でこの順に反時計回りにあるとしても，一般性を失わない．このとき，$\angle\mathrm{RFA}=\theta+\dfrac{\pi}{2}$，

$\angle\mathrm{QFA}=\theta+\pi$，$\angle\mathrm{SFA}=\theta+\dfrac{3}{2}\pi$

であることに注意して，(1)を用いると

$$\mathrm{PF}=r=\frac{1}{\sqrt{2}+\cos\theta}$$

$$\mathrm{RF}=\frac{1}{\sqrt{2}+\cos\left(\theta+\frac{\pi}{2}\right)}=\frac{1}{\sqrt{2}-\sin\theta}$$

$$\mathrm{QF}=\frac{1}{\sqrt{2}+\cos\theta(\theta+\pi)}=\frac{1}{\sqrt{2}-\cos\theta}$$

$$\mathrm{SF}=\frac{1}{\sqrt{2}+\cos\left(\theta+\frac{3}{2}\pi\right)}=\frac{1}{\sqrt{2}+\sin\theta}$$

である．したがって，

$$\begin{aligned}
&\mathrm{PF}+\mathrm{RF}+\mathrm{QF}+\mathrm{SF}\\
&=\frac{1}{\sqrt{2}+\cos\theta}+\frac{1}{\sqrt{2}-\sin\theta}+\frac{1}{\sqrt{2}-\cos\theta}+\frac{1}{\sqrt{2}+\sin\theta}\\
&=\frac{2\sqrt{2}}{2-\cos^2\theta}+\frac{2\sqrt{2}}{2-\sin^2\theta}\\
&=\frac{2\sqrt{2}}{2-\cos^2\theta}+\frac{2\sqrt{2}}{1+\cos^2\theta}\\
&=\frac{6\sqrt{2}}{(2-\cos^2\theta)(1+\cos^2\theta)}\\
&=\frac{6\sqrt{2}}{-\cos^4\theta+\cos^2\theta+2} \quad \cdots\cdots③
\end{aligned}$$

ここで,

$$(③の分母)=-\left(\cos^2\theta-\frac{1}{2}\right)^2+\frac{9}{4} \quad \cdots\cdots ④$$

である. ④は $\cos^2\theta=\dfrac{1}{2}$ つまり $\cos\theta=\pm=\dfrac{1}{\sqrt{2}}$ のとき, 最大値 $\dfrac{9}{4}$ をとる.

したがって, ③の最小値は,

$$6\sqrt{2}\cdot\frac{4}{9}=\boldsymbol{\frac{8\sqrt{2}}{3}} \quad \cdots\cdots 答$$

80. 極方程式への書き換え

〈頻出度 ★★★〉

座標平面において，方程式 $(x^2+y^2)^2=2xy$ の表す曲線Cを考える．

(1) C上の点Pと2点A$(a,\ a)$，B$(-a,\ -a)$ $(a>0)$との距離の積PA･PBが常に一定の値であるとき，a，PA･PBの値を求めよ．

(2) 極座標$(r,\ \theta)$に関するCの極方程式が $r^s=\sin(t\theta)$ と表されるとき，s，tの値を求めよ．

(3) Cの概形として最もふさわしいものを下から選べ．

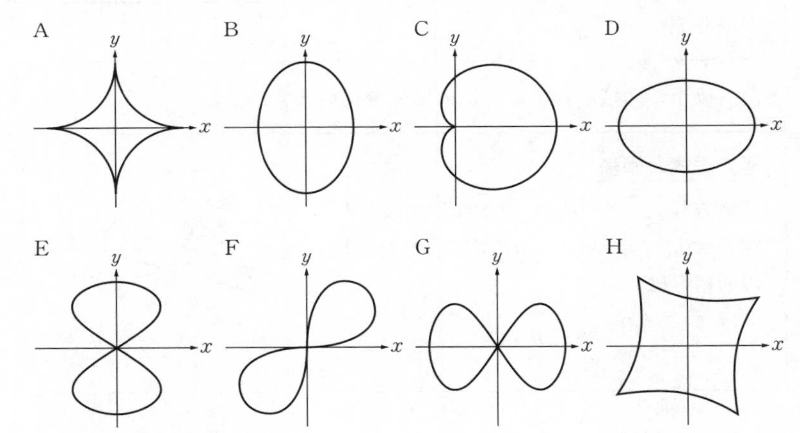

(4) C上の点でx座標が最大である点Mの偏角 θ_0 $(0\leqq\theta_0<2\pi)$ を求めよ．

(5) Mを通りy軸に平行な直線をlとする，C上の点を極座標で$(r,\ \theta)$と表すとき，Cの $0\leqq\theta\leqq\theta_0$ の部分と，x軸，およびlで囲まれた部分の面積を求めよ．

(6) Cで囲まれた部分の面積を求めよ．

（上智大）

Chapter 6 2次曲線

着眼 VIEWPOINT

xy座標での曲線の式を，極方程式に書き換えます．次の関係を用います．

直交座標と極座標の対応

直交座標で$\mathrm{P}(x,\ y)$と表される点について，$\mathrm{OP}=r$，半直線OPとx軸方向のなす角をθとするとき

$$x=r\cos\theta,\ y=r\sin\theta,$$
$$x^2+y^2=r^2$$

が成り立つ．

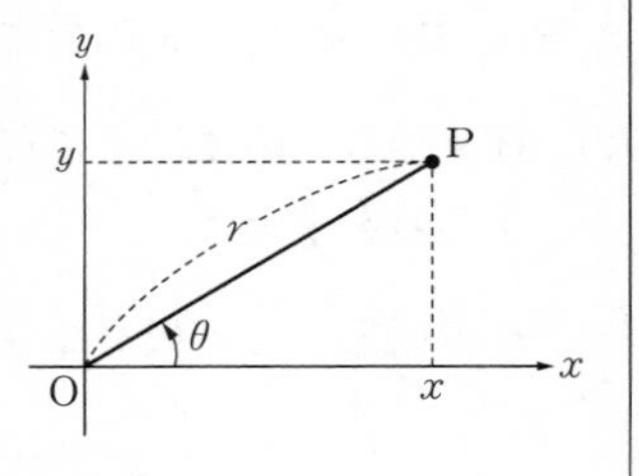

また，後半の面積計算では，次の関係を用います．

極方程式と面積

極方程式 $r=f(\theta)$ で表される曲線と直線 $\theta=\theta_1$，$\theta=\theta_2\,(\theta_1\leqq\theta_2)$で囲まれた図形の面積$S$は

$$S=\int_{\theta_1}^{\theta_2}\frac{1}{2}r^2d\theta$$

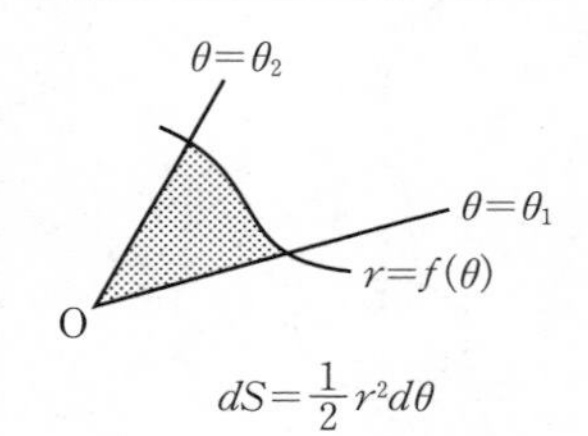

$dS=\frac{1}{2}r^2d\theta$

解答 ANSWER

$$(x^2+y^2)^2=2xy \quad \cdots\cdots①$$

(1)　$\mathrm{P}(x,\ y)$とする．①が成り立つことに注意して，

$$\begin{aligned}\mathrm{PA}^2\cdot\mathrm{PB}^2&=\{(x-a)^2+(y-a)^2\}\{(x+a)^2+(y+a)^2\}\\&=\{x^2+y^2+2a^2-2a(x+y)\}\{x^2+y^2+2a^2+2a(x+y)\}\\&=(x^2+y^2+2a^2)^2-4a^2(x+y)^2\\&=(x^2+y^2)^2+4a^4-8a^2xy\\&=2xy+4a^4-8a^2xy \quad (①より)\\&=2(1-4a^2)xy+4a^4 \quad \cdots\cdots②\end{aligned}$$

②がx，yによらず一定であるとき，$a>0$ より

$$1-4a^2=0 \quad すなわち \quad a=\frac{1}{2} \quad \cdots\cdots③\text{答}$$

③のとき，②は $\mathrm{PA}^2\cdot\mathrm{PB}^2=4a^4$ なので，$\mathrm{PA}\cdot\mathrm{PB}=2a^2=\frac{1}{2}$ ……答

(2) 極座標が $(r,\ \theta)$ の点 $(r \geqq 0,\ 0 \leqq \theta < 2\pi)$ の直交座標を $(x,\ y)$ と表すとき，$x = r\cos\theta,\ y = r\sin\theta$ である．①を書き換えると，

$$r^4 = 2r^2\cos\theta\sin\theta$$
$$\Leftrightarrow r^2(r^2 - \sin 2\theta) = 0$$
$$\Leftrightarrow r^2 = 0 \quad \cdots\cdots④ \quad \text{または} \quad r^2 = \sin 2\theta \quad \cdots\cdots⑤$$

⑤で $\theta = 0$ とすれば $r^2 = 0$ である．つまり，④は⑤に含まれるので，C の極方程式は，

$$\boldsymbol{r^2 = \sin 2\theta} \quad \cdots\cdots \text{答}$$

また，$(\boldsymbol{s},\ \boldsymbol{t}) = (\boldsymbol{2},\ \boldsymbol{2})$ ……答

(3) ⑤より，$\sin 2\theta \geqq 0$ である．θ のとりうる範囲は $0 \leqq \theta < 2\pi$ なので $0 \leqq 2\theta < 4\pi$ で考えればよく，このうちで $\sin 2\theta \geqq 0$ となるのは $0 \leqq 2\theta \leqq \pi$，$2\pi \leqq 2\theta \leqq 3\pi$ である．つまり，

$$0 \leqq \theta \leqq \frac{\pi}{2} \quad \text{または} \quad \pi \leqq \theta \leqq \frac{3}{2}\pi \quad \cdots\cdots⑥$$

である．点 $(x,\ y)$ の偏角 θ の範囲が⑥となっているのは，選択肢の

F ……答

(4) F の図から，

$$0 \leqq \theta \leqq \frac{\pi}{2} \text{ において } x \geqq 0,\quad \pi \leqq \theta \leqq \frac{3}{2}\pi \text{ において } x \leqq 0$$

である．したがって，x 座標が最大の点 $(x,\ y)$ を調べるには，$0 \leqq \theta \leqq \dfrac{\pi}{2}$ についてのみ考えれば十分である．$x = r\cos\theta$ と，(2)の結果から

$$\begin{aligned} x^2 &= r^2\cos^2\theta \\ &= \sin 2\theta\cos^2\theta \quad (⑤より) \\ &= 2\sin\theta\cos^3\theta \quad \cdots\cdots⑦ \end{aligned}$$

である．⑦を $f(\theta)$ とおくと，

$$\begin{aligned} f'(\theta) &= 2\{\cos\theta\cdot\cos^3\theta + \sin\theta\cdot 3\cos^2\theta(-\sin\theta)\} \\ &= 2\cos^2\theta(\cos^2\theta - 3\sin^2\theta) \\ &= 2\cos^2\theta(1 - 4\sin^2\theta) \\ &= 2\cos^2\theta(1 - 2\sin\theta)(1 + 2\sin\theta) \end{aligned}$$

⇐ $\cos^2\theta = 1 - \sin^2\theta$

$0 \leqq \theta \leqq \dfrac{\pi}{2}$ において $f'(\theta)$ と $1 - 2\sin\theta$ の符号は同じである．したがって，

$f(\theta)$ の増減は次のようになる．

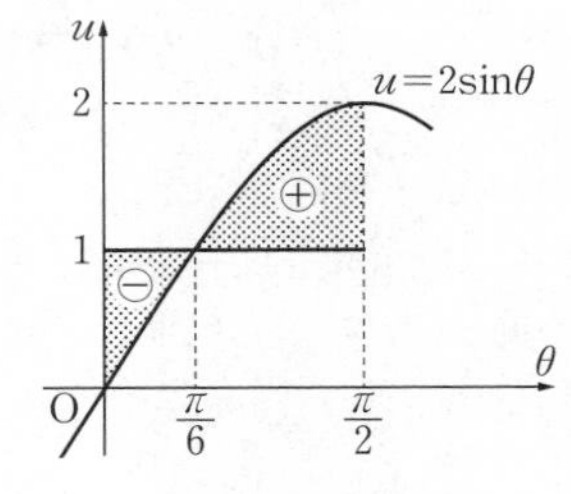

θ	0	$\cdots$	$\frac{\pi}{6}$	$\cdots$	$\frac{\pi}{2}$
$f'(\theta)$		$+$	0	$-$	
$f(\theta)$		↗		↘	

ゆえに，$x=\sqrt{f(\theta)}$ を最大にする $\theta=\theta_0$ は，$\theta_0=\boldsymbol{\frac{\pi}{6}}$ ……**答**

(5) l と x 軸の交点をAとし，$\theta=\theta_0$ のときの r を r_0 とする．

面積を求める部分は，右下図の網目部分である．したがって，面積 S は

$$S=\triangle\mathrm{OAM}-(\text{斜線部分の図形の面積})$$

$$=\frac{1}{2}\cdot r_0\cos\theta_0\cdot r_0\sin\theta_0-\int_0^{\theta_0}\frac{1}{2}r^2d\theta$$

$$=\frac{1}{2}\sin 2\theta_0\sin\theta_0\cos\theta_0-\int_0^{\theta_0}\frac{1}{2}\sin 2\theta d\theta$$

$$=\frac{1}{4}\sin^2 2\theta_0-\left[-\frac{1}{4}\cos 2\theta\right]_0^{\theta_0}$$

$$=\frac{1}{4}\sin^2\frac{\pi}{3}+\frac{1}{4}\left(\cos\frac{\pi}{3}-1\right)$$

$$=\boldsymbol{\frac{1}{16}}$$ ……**答**

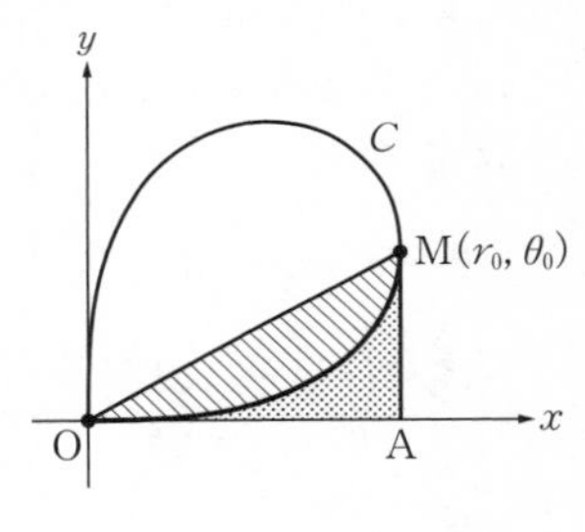

(6) ①より，C は原点に関して対称である．

求める面積は，

$$2\int_0^{\frac{\pi}{2}}\frac{1}{2}r^2d\theta=\int_0^{\frac{\pi}{2}}\sin 2\theta d\theta$$

$$=\left[-\frac{1}{2}\cos 2\theta\right]_0^{\frac{\pi}{2}}$$

$$=\mathbf{1}$$ ……**答**

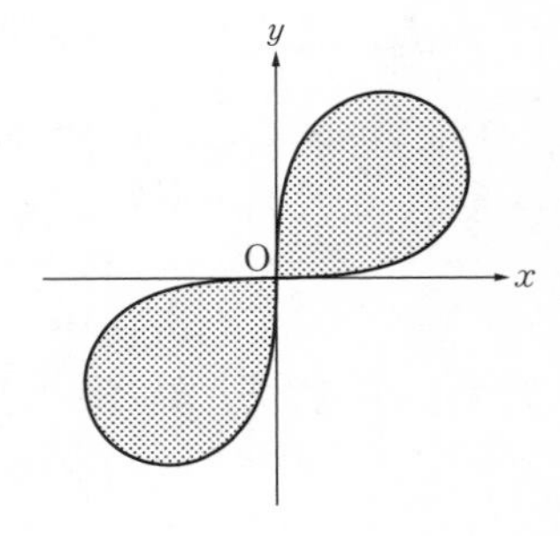

詳説 EXPLANATION

▶この問題の曲線はレムニスケート（連珠形）と呼ばれるものです．この曲線は「平面上の2定点からの距離の積が一定である点の集合」として知られており，定点を仮にA(1, 0)，B(−1, 0)として，P(x, y)に関して，PA·PB＝1を満たす点Pの軌跡 I を調べると

$$\sqrt{(x-1)^2+y^2}\cdot\sqrt{(x+1)^2+y^2}=1$$

$$\Leftrightarrow\ \{(x-1)^2+y^2\}\{(x+1)^2+y^2\}=1^2$$

$$\Leftrightarrow\ \{(x^2+y^2+1)-2x\}\{(x^2+y^2+1)+2x\}=1$$

$\Longleftrightarrow\ (x^2+y^2+1)^2-(2x)^2=1$

$\Longleftrightarrow\ (x^2+y^2)^2=2(x^2-y^2)$ ……⑧

となります.「解答」と同様に,$(x,\ y)=(r\cos\theta,\ r\sin\theta)$ より⑧を書き換えると

$(r^2)^2=2r^2(\cos^2\theta-\sin^2\theta)$

$\Longleftrightarrow\ (r^2)^2=2r^2\cos 2\theta$

$\Longleftrightarrow\ r^2(r^2-2\cos 2\theta)=0$

$\Longleftrightarrow\ r=0$ ……⑨ または $r^2=2\cos 2\theta$ ……⑩

⑩で $\theta=\dfrac{\pi}{4}$ のときに $r=0$ となるので,⑨は⑩に含まれる.したがって,I の極方程式は⑩,つまり $r^2=2\cos 2\theta$ です.

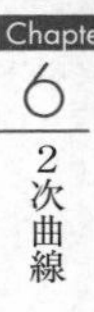

メモ MEMO

索引 INDEX

▶この索引には，目次にある各章・各問題（1～80）のタイトル，および本文中にある定義・定理など（四角枠部分）のタイトルを**50音順**に掲載しています。「**小さい太字**」は定義・定理などのタイトルです。

あ

か

さ

た

な

は

ま

や

ら

わ

【訂正のお知らせはコチラ】 

本書の内容に万が一誤りがございました場合は，東進 WEB 書店（https://www.toshin.com/books/）の本書ページにて随時お知らせいたしますので，こちらをご確認ください。☞

※未掲載の誤植はメール <books@toshin.com> でお問い合わせください。

数学Ⅲ・C 最重要問題80

発行日：2023 年　12 月 25 日　　初版発行

著者：**寺田英智**
発行者：**永瀬昭幸**

編集担当：八重樫清隆
発行所：株式会社ナガセ
〒 180-0003 東京都武蔵野市吉祥寺南町 1-29-2
出版事業部（東進ブックス）
TEL：0422-70-7456 ／ FAX：0422-70-7457
URL：http://www.toshin.com/books（東進 WEB 書店）
※訂正のお知らせや東進ブックスの最新情報は上記ホームページをご覧ください。

編集主幹：森下聡吾
編集協力：太田涼花　佐藤誠馬　山下芽久
入試問題分析：土屋岳弘　森下聡吾　清水梨愛　井原穣　日野まほろ
校閲：村田弘樹
組版・制作協力：㈱明友社
印刷・製本：三省堂印刷㈱

Printed in Japan
ISBN978-4-89085-946-7　C7341

WEBで体験

東進ドットコムで授業を体験できます!
実力講師陣の詳しい紹介や、各教科の学習アドバイスも読めます。
www.toshin.com/teacher/

国語

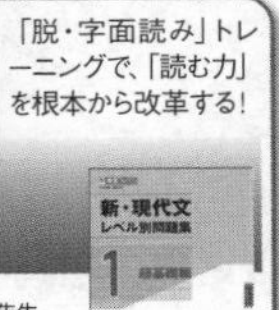

「脱・字面読み」トレーニングで、「読む力」を根本から改革する!

輿水 淳一先生
[現代文]

明快な構造板書と豊富な具体例で必ず君を納得させる!「本物」を伝える現代文の新鋭。

西原 剛先生
[現代文]

東大・難関大志望者から絶大なる信頼を得る本質の指導を追究。

栗原 隆先生
[古文]

ビジュアル解説で古文を簡単明快に解き明かす実力講師。

富井 健二先生
[古文]

縦横無尽な知識に裏打ちされた立体的な授業に、グングン引き込まれる!

三羽 邦美先生
[古文・漢文]

幅広い教養と明解な具体例を駆使した緩急自在の講義。漢文が身近になる!

寺師 貴憲先生
[漢文]

文章で自分を表現できれば、受験も人生も成功できますよ。「笑顔と努力」で合格を!

石関 直子先生
[小論文]

理科

正しい道具の使い方で、難問が驚くほどシンプルに見えてくる!

宮内 舞子先生
[物理]

化学現象を疑い化学全体を見通す"伝説の講義"は東大理三合格者も絶賛。

鎌田 真彰先生
[化学]

「なぜ」をとことん追究し「規則性」「法則性」が見えてくる大人気の授業!

立脇 香奈先生
[化学]

「いきもの」をこよなく愛する心が君の探究心を引き出す!生物の達人。

飯田 高明先生
[生物]

地歴公民

歴史の本質に迫る授業と、入試頻出の「表解板書」で圧倒的な信頼を得る!

金谷 俊一郎先生
[日本史]

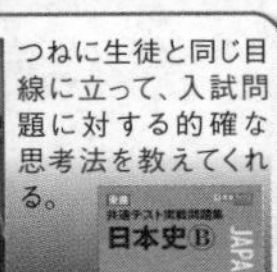

つねに生徒と同じ目線に立って、入試問題に対する的確な思考法を教えてくれる。

井之上 勇 先生
[日本史]

"受験世界史に荒巻あり"と言われる超実力人気講師!世界史の醍醐味を。

荒巻 豊志先生
[世界史]

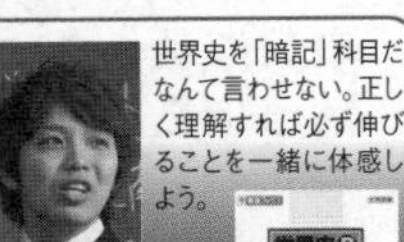

世界史を「暗記」科目だなんて言わせない。正しく理解すれば必ず伸びることを一緒に体感しよう。

加藤 和樹先生
[世界史]

どんな複雑な歴史も難問も、シンプルな解説で本質から徹底理解できる。

清水 裕子先生
[世界史]

わかりやすい図解と統計の説明に定評。

山岡 信幸先生
[地理]

政治と経済のメカニズムを論理的に解明しながら、入試頻出ポイントを明確に示す。

清水 雅博先生
[公民]

「今」を知ることは「未来」の扉を開くこと。受験に留まらず、目標を高く、そして強く持て!

執行 康弘先生
[公民]

合格の秘訣2 基礎から志望校対策まで合格に必要なすべてを網羅した 学習システム

映像によるIT授業を駆使した最先端の勉強法

高速学習

一人ひとりのレベル・目標にぴったりの授業

東進はすべての授業を映像化しています。その数およそ1万種類。これらの授業を個別に受講できるので、一人ひとりのレベル・目標に合った学習が可能です。1.5倍速受講ができるほか自宅からも受講できるので、今までにない効率的な学習が実現します。

1年分の授業を最短2週間から1カ月で受講

従来の予備校は、毎週1回の授業。一方、東進の高速学習なら毎日受講することができます。だから、1年分の授業も最短2週間から1カ月程度で修了可能。先取り学習や苦手科目の克服、勉強と部活との両立も実現できます。

現役合格者の声

東京大学 文科一類
早坂 美玖さん
東京都 私立 女子学院高校卒

私は基礎に不安があり、自分に合ったレベルから対策ができる東進を選びました。東進では、担任の先生との面談が頻繁にあり、その都度、学習計画について相談できるので、目標が立てやすかったです。

先取りカリキュラム

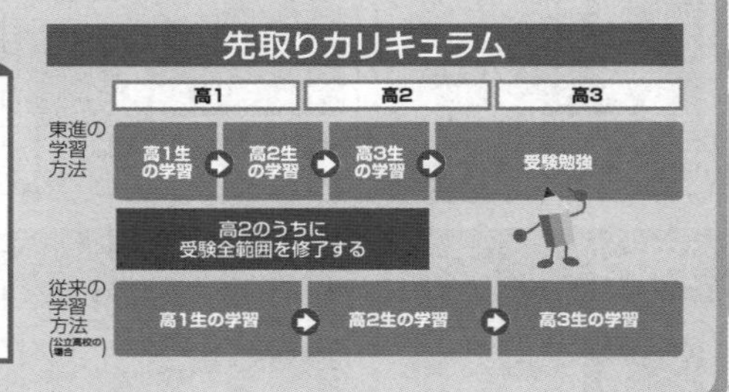

目標まで一歩ずつ確実に

スモールステップ・パーフェクトマスター

自分にぴったりのレベルから学べる 習ったことを確実に身につける

高校入門から最難関大までの12段階から自分に合ったレベルを選ぶことが可能です。「簡単すぎる」「難しすぎる」といったことがなく、志望校へ最短距離で進みます。

授業後すぐに確認テストを行い内容が身についたかを確認し、合格したら次の授業に進むので、わからない部分を残すことはありません。短期集中で徹底理解をくり返し、学力を高めます。

パーフェクトマスターのしくみ

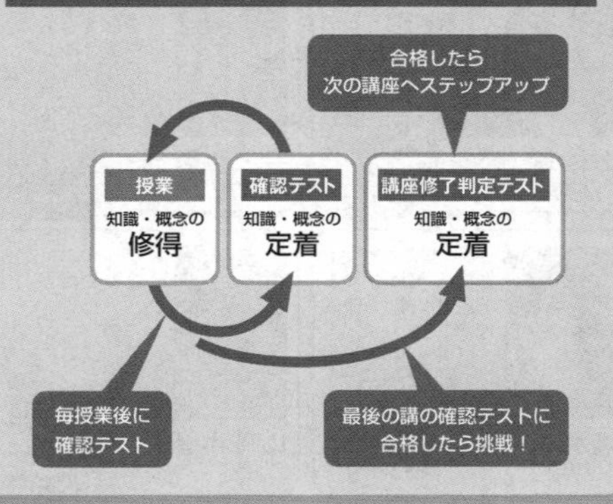

現役合格者の声

東北大学 工学部
関 響希くん
千葉県立 船橋高校卒

受験勉強において一番大切なことは、基礎を大切にすることだと学びました。「確認テスト」や「講座修了判定テスト」といった東進のシステムは基礎を定着させるうえでとても役立ちました。

東進ハイスクール 在宅受講コースへ

「遠くて東進の校舎に通えない……」。そんな君も大丈夫！ 在宅受講コースなら自宅のパソコンを使って勉強できます。ご希望の方には、在宅受講コースのパンフレットをお送りいたします。お電話にてご連絡ください。学習・進路相談も随時可能です。 **0120-531-104**

徹底的に学力の土台を固める

高速マスター基礎力養成講座

高速マスター基礎力養成講座は「知識」と「トレーニング」の両面から、効率的に短期間で基礎学力を徹底的に身につけるための講座です。英単語をはじめとして、数学や国語の基礎項目も効率よく学習できます。オンラインで利用できるため、校舎だけでなく、スマートフォンアプリで学習することも可能です。

東進公式スマートフォンアプリ

東進式マスター登場！
（英単語／英熟語／英文法／基本例文）

スマートフォンアプリでスキマ時間も徹底活用！

1）スモールステップ・パーフェクトマスター！

頻出度（重要度）の高い英単語から始め、1つのSTAGE（計100語）を完全修得すると次のSTAGEに進めるようになります。

2）自分の英単語力が一目でわかる！

トップ画面に「修得語数・修得率」をメーター表示。
自分が今何語修得しているのか、どこを優先的に学習すべきなのか一目でわかります。

3）「覚えていない単語」だけを集中攻略できる！

未修得の単語、または「My単語（自分でチェック登録した単語）」だけをテストする出題設定が可能です。
すでに覚えている単語を何度も学習するような無駄を省き、効率良く単語力を高めることができます。

現役合格者の声

早稲田大学 基幹理工学部
曽根原 和奏さん
東京都立 立川国際中等教育学校卒

演劇部の部長と両立させながら受験勉強をスタートさせました。「高速マスター基礎力養成講座」はおススメです。特に英単語は、高3になる春までに完成させたことで、その後の英語力の自信になりました。

共通テスト対応英単語1800
共通テスト対応英熟語750
英文法750
英語基本例文300

「共通テスト対応英単語1800」2023年共通テストカバー率99.8%！

君の合格力を徹底的に高める

志望校対策

第一志望校突破のために、志望校対策にどこよりもこだわり、合格力を徹底的に極める質・量ともに抜群の学習システムを提供します。従来からの「過去問演習講座」に加え、AIを活用した「志望校別単元ジャンル演習講座」、「第一志望校対策演習講座」で合格力を飛躍的に高めます。東進が持つ大学受験に関するビッグデータをもとに、個別対応の演習プログラムを実現しました。限られた時間の中で、君の得点力を最大化します。

大学受験に必須の演習

過去問演習講座

1. 最大10年分の徹底演習
2. 厳正な採点、添削指導
3. 5日以内のスピード返却
4. 再添削指導で着実に得点力強化
5. 実力講師陣による解説授業

東進×AIでかつてない志望校対策

志望校別単元ジャンル演習講座

過去問演習講座の実施状況や、東進模試の結果など、東進で活用したすべての学習履歴をAIが総合的に分析。学習の優先順位をつけ、志望校別に「必勝必達演習セット」として十分な演習問題を提供します。問題は東進が分析した、大学入試問題の膨大なデータベースから提供されます。苦手を克服し、一人ひとりに適切な志望校対策を実現する日本初の学習システムです。

志望校合格に向けた最後の切り札

第一志望校対策演習講座

第一志望校の総合演習に特化し、大学が求める解答力を身につけていきます。対応大学は校舎にお問い合わせください。

現役合格者の声

京都大学 法学部
山田 悠雅くん
神奈川県 私立 浅野高校卒

「過去問演習講座」には解説授業や添削指導があるので、とても復習がしやすかったです。「志望校別単元ジャンル演習講座」では、志望校の類似問題をたくさん演習できるので、これで力がついたと感じています。

合格の秘訣3

東進模試

申込受付中

※お問い合わせ先は付録7ページをご覧ください。

学力を伸ばす模試

本番を想定した「厳正実施」
統一実施日の「厳正実施」で、実際の入試と同じレベル・形式・試験範囲の「本番レベル」模試。
相対評価に加え、絶対評価で学力の伸びを具体的な点数で把握できます。

12大学のべ42回の「大学別模試」の実施
予備校界随一のラインアップで志望校に特化した"学力の精密検査"として活用できます(同日・直近日体験受験を含む)。

単元・ジャンル別の学力分析
対策すべき単元・ジャンルを一覧で明示。学習の優先順位がつけられます。

最短中5日で成績表返却
WEBでは最短中3日で成績を確認できます。※マーク型の模試のみ

合格指導解説授業
模試受験後に合格指導解説授業を実施。重要ポイントが手に取るようにわかります。

2023年度

東進模試 ラインアップ

共通テスト対策
- 共通テスト本番レベル模試 …… 全4回
- 全国統一高校生テスト〈全学年統一部門〉〈高2生部門〉〈高1生部門〉 …… 全2回

同日体験受験
- 共通テスト同日体験受験 …… 全1回

記述・難関大対策
- 早慶上理・難関国公立大模試 全5回
- 全国有名国公私大模試 …… 全5回
- 医学部82大学判定テスト …… 全2回

基礎学力チェック
- 高校レベル記述模試〈高2〉〈高1〉 …… 全2回
- 大学合格基礎力判定テスト …… 全4回
- 全国統一中学生テスト〈全学年統一部門〉〈中2生部門〉〈中1生部門〉 …… 全2回
- 中学学力判定テスト〈中2生〉〈中1生〉 …… 全4回

※ 2023年度に実施予定の模試は、今後の状況により変更する場合があります。
最新の情報はホームページでご確認ください。

大学別対策
- 東大本番レベル模試 …… 全4回
- 高2東大本番レベル模試 全4回
- 京大本番レベル模試 …… 全4回
- 北大本番レベル模試 …… 全2回
- 東北大本番レベル模試 …… 全2回
- 名大本番レベル模試 …… 全3回
- 阪大本番レベル模試 …… 全3回
- 九大本番レベル模試 …… 全3回
- 東工大本番レベル模試 …… 全2回
- 一橋大本番レベル模試 …… 全2回
- 神戸大本番レベル模試 …… 全2回
- 千葉大本番レベル模試 …… 全1回
- 広島大本番レベル模試 …… 全1回

同日体験受験
- 東大入試同日体験受験 …… 全1回
- 東北大入試同日体験受験 …… 全1回
- 名大入試同日体験受験 …… 全1回

直近日体験受験 …… 各1回
- 京大入試 直近日体験受験
- 北大入試 直近日体験受験
- 阪大入試 直近日体験受験
- 九大入試 直近日体験受験
- 東工大入試 直近日体験受験
- 一橋大入試 直近日体験受験

※2023年4月現在

数学 Ⅲ・C
最重要問題
80

【別冊付録】
問題編

極限

数学	Ⅲ
解説頁	P.8
問題数	10問

1.　やや複雑な極限の計算

〈頻出度 ★★★〉

[1]　極限 $\lim_{x\to 0}\left(\dfrac{x\tan x}{\sqrt{\cos 2x}-\cos x}+\dfrac{x}{\tan 2x}\right)$ を求めよ.

（岩手大）

[2]　極限 $\lim_{x\to\frac{1}{4}}\dfrac{\tan(\pi x)-1}{4x-1}$ を求めよ.

（立教大）

[3]　n を正の整数とする．極限 $\lim_{n\to\infty}\left(\dfrac{n+1}{n+2}\right)^{3n-3}$ を求めよ.

（産業医科大）

2.　収束する条件

〈頻出度 ★★★〉

定数 a，b に対して，等式 $\lim_{x\to\infty}\{\sqrt{4x^2+5x+6}-(ax+b)\}=0$ が成り立つとき，$(a,\ b)$ を求めよ.

（関西大）

3.　漸化式 $a_{n+1}=f(a_n)$ で定められた数列の極限①

〈頻出度 ★★★〉

関数 $f(x)=\sqrt{2x+1}$ に対して，数列 $\{a_n\}$ を次で定義する.

$a_1=3,\ a_{n+1}=f(a_n)\ (n=1,\ 2,\ 3,\ \cdots\cdots)$

方程式 $f(x)=x$ の解を α とおく．次の問いに答えよ.

(1)　自然数 n に対して，$a_n>\alpha$ が成り立つことを示せ.

(2)　自然数 n に対して，$a_{n+1}-\alpha<\dfrac{1}{2}(a_n-\alpha)$ が成り立つことを示せ.

(3)　数列 $\{a_n\}$ が収束することを示し，その極限値を求めよ.　（名古屋工業大）

4. 漸化式$a_{n+1}=f(a_n)$で定められた数列の極限②

〈頻出度 ★☆☆〉

次の初項と漸化式で定まる数列 $\{a_n\}$ を考える.

$$a_n=\frac{1}{2},\quad a_{n+1}=e^{-an}\quad (n=1,\ 2,\ 3,\ \cdots\cdots)$$

ここで, e は自然対数の底で, $1<e<3$ である. このとき, 次の問いに答えなさい.

(1) すべての自然数 n について $\frac{1}{3}<a_n<1$ が成り立つことを示しなさい.

(2) 方程式 $x=e^{-x}$ はただ1つの実数解をもつことと, その解は $\frac{1}{3}$ と1の間にあることを示しなさい.

(3) 関数 $f(x)=e^{-x}$ に平均値の定理を用いることによって, 次の不等式が成り立つことを示しなさい. $\frac{1}{3}$ と1との間の任意の実数 x_1, x_2 について,

$$|f(x_2)-f(x_1)|\leqq e^{-\frac{1}{3}}|x_2-x_1|$$

(4) 数列 $\{a_n\}$ は, 方程式 $x=e^{-x}$ の実数解に収束することを示しなさい.

(山口大)

5. 多項式関数と指数関数の比較

〈頻出度 ★★☆〉

n は自然数とし, $t>0$, $0<r<1$ とする. 次の問いに答えよ.

(1) 次の不等式を示せ. $(1+t)^n\geqq 1+nt+\frac{n(n-1)}{2}t^2$

(2) 次の極限値を求めよ. $\lim_{n\to\infty}\frac{n}{(1+t)^n}$, $\lim_{n\to\infty}nr^n$

(3) $x\neq -1$ のとき, 次の和 S_n を求めよ.

$$S_n=1-2x+3x^2-4x^3+\cdots\cdots+(-1)^{n-1}nx^{n-1}$$

(4) (3)の S_n について, $0<x<1$ のとき, 極限値 $\lim_{n\to\infty}S_n$ を求めよ.

(大阪教育大)

6. 円に内接，外接する円

〈頻出度 ★★★〉

平面上に半径1の円Cがある．この円に外接し，さらに隣り合う2つが互いに外接するように，同じ大きさのn個の円を図（例1）のように配置し，その1つの円の半径をR_nとする．また，円Cに内接し，さらに隣り合う2つが互いに外接するように，同じ大きさのn個の円を図(例2)のように配置し，その1つの円の半径をr_nとする．ただし，$n \geqq 3$とする．

(1) R_6，r_6を求めよ．

(2) $\lim_{n \to \infty} n^2(R_n - r_n)$を求めよ．ただし，$\lim_{\theta \to 0} \frac{\sin\theta}{\theta} = 1$を用いてよい．

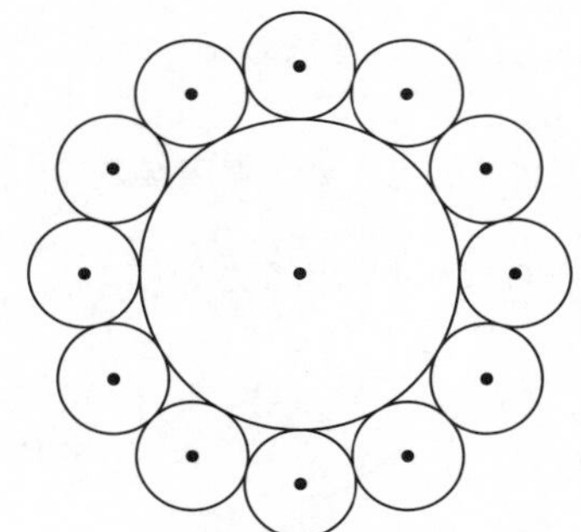

例1：$n=12$の場合

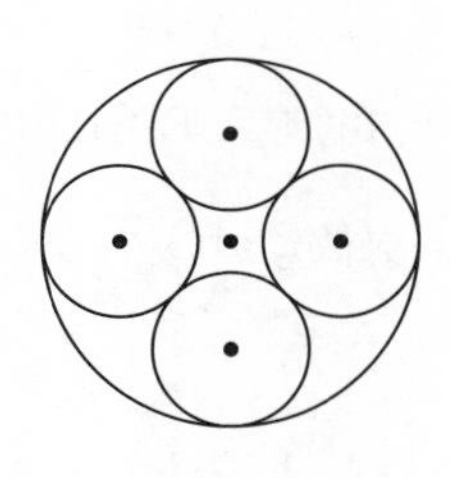

例2：$n=4$の場合

（岡山大）

7. 無限級数の部分和

〈頻出度 ★★★〉

次の問いに答えよ．

(1) 次の無限級数の和を求めよ．

$$\frac{1}{1\cdot3} + \frac{1}{3\cdot5} + \cdots\cdots + \frac{1}{(2n-1)(2n+1)} + \cdots\cdots$$

(2) 数列$\{a_n\}$を

$$a_n = \begin{cases} \dfrac{1}{(n+3)(n+5)} & (n\text{が奇数のとき}) \\ \dfrac{-1}{(n+4)(n+6)} & (n\text{が偶数のとき}) \end{cases}$$

と定める．このとき，無限級数$\sum_{n=1}^{\infty} a_n$の和を求めよ．

（島根大）

8. 相似な図形と無限等比級数

〈頻出度 ★★★〉

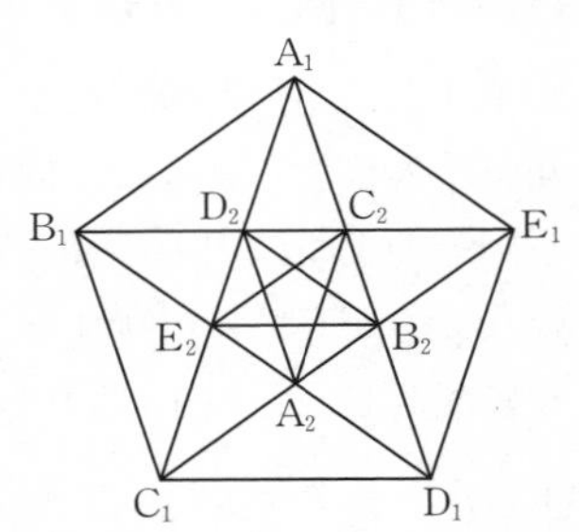

一辺の長さが a の正五角形 $A_1B_1C_1D_1E_1$ がある．対角線を結んで，内部に正五角形 $A_2B_2C_2D_2E_2$ を図のように作る．さらに正五角形 $A_2B_2C_2D_2E_2$ の対角線を結んで，内部に正五角形 $A_3B_3C_3D_3E_3$ を作る．

この操作を繰り返し，正五角形 $A_kB_kC_kD_kE_k$ の内部に正五角形 $A_{k+1}B_{k+1}C_{k+1}D_{k+1}E_{k+1}$ を作るとき，以下の問いに答えなさい．

(1) 正五角形 $A_1B_1C_1D_1E_1$ の対角線 B_1E_1 の長さを求めなさい．

(2) 正五角形 $A_kB_kC_kD_kE_k$ の一辺の長さを l_k とする．無限級数 $\sum_{k=1}^{\infty} l_k$ の収束，発散について調べ，収束するならば和を求めなさい．

(大分大)

9. 区分求積法による極限の計算

〈頻出度 ★★★〉

次の極限値を求めよ．

(1) $\displaystyle\lim_{n\to\infty}\sum_{k=1}^{n}\frac{1}{n+k}$　(2) $\displaystyle\lim_{n\to\infty}\frac{1}{n^4}\sum_{k=0}^{n-1}k^2\sqrt{n^2-k^2}$　(3) $\displaystyle\lim_{n\to\infty}\left(\frac{(2n)!}{n!n^n}\right)^{\frac{1}{n}}$

(大阪教育大)

10. $[x]$ と挟みうちの原理

〈頻出度 ★★☆〉

実数 x に対し $[x]$ を $x-1<[x]\leqq x$ を満たす整数とする．次の極限を求めよ．

(1) $\displaystyle\lim_{n\to\infty}\frac{1}{n}\left[\frac{1}{\sin\frac{1}{n}}\right]$

(2) $\displaystyle\lim_{n\to\infty}\frac{1}{n\sqrt{n}}\left(1+[\sqrt{2}\,]+[\sqrt{3}\,]+\cdots\cdots+[\sqrt{n}\,]\right)$

(早稲田大)

問題 第2章 微分法

数学 III
解説頁 P.34
問題数 15問

11. 導関数の公式の証明

〈頻出度 ★★★〉

以下の問いに答えよ.

(1) 関数 $f(x)$ が $x=a$ で微分可能であることの定義を述べよ.

(2) 関数 $f(x)$ が $x=a$ で微分可能ならば, $f(x)$ は $x=a$ で連続であることを証明せよ.

(3) 関数 $f(x)=\sin x$ の導関数を述べ, それを証明せよ. ただし,

$\lim_{\theta \to 0}\dfrac{\sin\theta}{\theta}=1$ は証明なしに用いてよい.

(大阪教育大 改題)

12. 関数の微分可能性

〈頻出度 ★★★〉

a, b を実数の定数とする. 関数 $f(x)=\begin{cases}\sqrt{x^2-2}+3 & (x \geqq 2)\\ ax^2+bx & (x<2)\end{cases}$ が微分可能となるような実数の組 $(a,\ b)$ を求めよ.

(関西大)

13. 条件を満たす関数 $f(x)$ の決定

〈頻出度 ★★★〉

微分可能な関数 $f(x)$ が, すべての実数 x, y に対して
$f(x)f(y)-f(x+y)=\sin x\sin y$ を満たし, さらに $f'(0)=0$ を満たすとする. 次の問いに答えよ.

(1) $f(0)$ を求めよ.

(2) 関数 $f(x)$ の導関数 $f'(x)$ を求めよ. また, $f(x)$ を求めよ. (新潟大 改題)

14. $y=f(x)$ のグラフ①

〈頻出度 ★★★〉

$f(x)=x^3+x^2+7x+3$, $g(x)=\dfrac{x^3-3x+2}{x^2+1}$ とする．

(1) 方程式 $f(x)=0$ はただ1つの実数解をもち，その実数解 α は $-2<\alpha<0$ を満たすことを示せ．

(2) 曲線 $y=g(x)$ の漸近線を求めよ．

(3) α を用いて関数 $y=g(x)$ の増減を調べ，そのグラフをかけ．ただし，グラフの凹凸を調べる必要はない．

（富山大）

15. $y=f(x)$ のグラフ②

〈頻出度 ★★★〉

関数 $y=e^{\sin x+\cos x}$ $(-\pi \leqq x \leqq \pi)$ の増減，極値，凹凸を調べ，そのグラフをかけ．

（琉球大）

16. 極値の存在条件

〈頻出度 ★★★〉

a を実数とする．関数 $f(x)=ax+\cos x+\dfrac{1}{2}\sin 2x$ が極値をもたないように，a の値の範囲を定めよ．

（神戸大）

17. 有名角でない θ で最大となる関数

〈頻出度 ★★★〉

半径1の円に外接する AB＝AC の二等辺三角形ABCにおいて $\angle\mathrm{BAC}=2\theta$ とする．

(1) ACを θ の三角関数を用いて表せ．

(2) ACが最小となるときの $\sin\theta$ を求めよ．

（早稲田大）

18. 導関数の一部をとり出して調べる

〈頻出度 ★★★〉

関数$f(x)=\pi x\cos(\pi x)-\sin(\pi x)$，$g(x)=\dfrac{\sin(\pi x)}{x}$を考える．ただし，$x$の範囲は$0<x\leqq 2$とする．以下の問いに答えよ．

(1) 関数$f(x)$の増減を調べ，グラフの概形を描け．

(2) $f(x)=0$の解がただ1つ存在し，それが$\dfrac{4}{3}<x<\dfrac{3}{2}$の範囲にあることを示せ．

(3) nを整数とする．各nについて，直線$y=n$と曲線$y=g(x)$の共有点の個数を求めよ．

（お茶の水女子大）

19. 2つのグラフの共有点の個数

〈頻出度 ★★★〉

kを実数，$\log x$はxの自然対数とする．座標平面において，$y=2(\log x)^2-6\log x$のグラフと$y=kx^2-3$のグラフが$x>0$で異なる3点で交わるようなkの値の範囲を求めなさい．ただし，必要であれば，

$\displaystyle\lim_{x\to\infty}\frac{\log x}{x}=0$を用いてよい．

（都立大 改題）

20. 曲線外から引ける接線の本数

〈頻出度 ★★★〉

関数$f(x)=\dfrac{(x-1)^2}{x^3}$ $(x>0)$を考える．

(1) 関数$f(x)$の極大値および極小値を求めなさい．

(2) y軸上に点P$(0,\ p)$をとる．pの値によって，P$(0,\ p)$から曲線$y=f(x)$に何本の接線が引けるかを調べなさい．

（東京理科大）

21. 2つのグラフの共通接線

〈頻出度 ★★★〉

aを正の実数とする．２つの放物線$C_1：y=x^2$，$C_2：x=y^2+\frac{1}{4}a$を考える．直線lがC_1にもC_2にも接するとき，直線lはC_1とC_2の共通接線であるという．ただし，接点は異なっていてもよい．

(1)　実数s，tに対し，直線$l：y=tx+s$がC_1とC_2の共通接線であるとき，aをtのみを用いて表せ．

(2)　２つの放物線C_1とC_2が，相異なる３本の共通接線をもつとき，aのとりうる値の範囲を求めよ．

（信州大）

22. $f(a)=f(b)$ を作る

〈頻出度 ★★★〉

(1)　$x>0$のとき，関数$f(x)=\frac{\log x}{x}$の最大値を求めなさい．ただし，対数は自然対数とする．

(2)　正の整数の組$(a,\ b)$で，$a^b=b^a$かつ$a\neq b$を満たすものをすべて求めなさい．

（山口大）

23. 不等式と極限①

〈頻出度 ★★★〉

(1)　$x>0$のとき，$\log x \leqq \frac{2\sqrt{x}}{e}$を示せ．ただし，$e$は自然対数の底である．

(2)　(1)を用いて，$\lim_{x\to\infty}\frac{\log x}{x^2}=0$を示せ．

(3)　aを実数とするとき，方程式$e^{ax^2}=x$の異なる実数解の個数を調べよ．

（広島大）

24. 不等式と極限②

〈頻出度 ★★★〉

次の問いに答えよ.

(1) $x \geqq 0$ のとき, $x-\frac{x^3}{6} \leqq \sin x \leqq x$ を示せ.

(2) $x \geqq 0$ のとき, $\frac{x^3}{3}-\frac{x^5}{30} \leqq \int_0^x t\sin t\,dt \leqq \frac{x^3}{3}$ を示せ.

(3) 極限値 $\lim_{x\to 0}\frac{\sin x - x\cos x}{x^3}$ を求めよ.

(北海道大)

25. 不等式の応用

〈頻出度 ★★★〉

次の問いに答えよ.

(1) $x>0$ の範囲で不等式 $x-\frac{x^2}{2} < \log(1+x) < \frac{x}{\sqrt{1+x}}$ が成り立つことを示せ.

(2) x が $x>0$ の範囲を動くとき, $y=\frac{1}{\log(1+x)}-\frac{1}{x}$ のとりうる値の範囲を求めよ.

(大阪大)

積分法（計算中心）

数学 Ⅲ
解説頁 P.72
問題数 14問

26. 定積分の計算①

〈頻出度 ★★★〉

関数 $f(x)=\dfrac{4(x-1)}{(x^2-2)(x^2-2x+2)}$ について，以下の問いに答えよ．

(1) $\displaystyle\int_{-1}^{0}\frac{dx}{x^2+1}$ を求めよ．

(2) $f(x)=\dfrac{Ax+B}{x^2-2}+\dfrac{Cx+D}{x^2-2x+2}$ が成り立つように定数 A，B，C，D の値を定めよ．

(3) $\displaystyle\int_{0}^{1}f(x)\,dx$ を求めよ．

（大阪教育大 改題）

27. 定積分の計算②

〈頻出度 ★★★〉

1 m，n は正の整数とする．$\displaystyle\int_{-\pi}^{\pi}\sin mx\sin nx\,dx$ を求めよ．

（鹿児島大）

2 (1) $\displaystyle\int_{0}^{\frac{\pi}{2}}x\sin x\,dx$ を求めよ．

(2) $\displaystyle\int_{0}^{\frac{\pi}{2}}x^2\cos x\,dx$ を求めよ．

（和歌山大）

3 $\displaystyle\int_{0}^{\frac{\pi}{4}}\frac{dx}{\cos x}$ を求めよ．

（京都大）

28. 定積分の計算③

〈頻出度 ★★★〉

関数$f(x)=2\log(1+e^x)-x-\log 2$を考える．ただし，対数は自然対数であり，$e$は自然対数の底とする．

(1) $f(x)$の第2次導関数を$f''(x)$とする．等式$\log f''(x)=-f(x)$が成り立つことを示せ．

(2) 定積分$\displaystyle\int_0^{\log 2}(x-\log 2)e^{-f(x)}dx$を求めよ．

（大阪大）

29. 置換積分による積分の等式証明とその利用

〈頻出度 ★★★〉

次の問いに答えよ．

(1) $f(x)$を連続関数とするとき，$\displaystyle\int_0^{\pi}xf(\sin x)dx=\frac{\pi}{2}\int_0^{\pi}f(\sin x)dx$が成り立つことを示せ．

(2) 定積分$\displaystyle\int_0^{\pi}\frac{x\sin^3 x}{\sin^2 x+8}dx$の値を求めよ．

（横浜国立大）

30. 定積分と漸化式①

〈頻出度 ★★★〉

自然数nに対して，$I_n=\displaystyle\int_0^{\frac{\pi}{2}}\sin^n x dx$とおく．次の問いに答えよ．

(1) 定積分I_1，I_2，I_3を求めよ．

(2) 次の不等式を証明せよ．$I_n \geqq I_{n+1}$

(3) 次の漸化式が成り立つことを証明せよ．$I_{n+2}=\dfrac{n+1}{n+2}I_n$

(4) 次の極限値を求めよ．$\displaystyle\lim_{n\to\infty}\frac{I_{2n+1}}{I_{2n}}$

（大阪教育大）

31. 定積分と漸化式②

〈頻出度 ★★★〉

数列 $\{I_n\}$ を関係式 $I_0=\int_0^1 e^{-x}dx$, $I_n=\dfrac{1}{n!}\int_0^1 x^n e^{-x}dx$ ($n=1$, 2, 3, ……) で定めるとき，次の問いに答えよ.

(1) I_0 を求めよ.

(2) I_1 を求めよ.

(3) $n\geqq 2$ のとき，I_n-I_{n-1} を n の式で表せ.

(4) $\lim_{n\to\infty} I_n$ を求めよ.

(5) $S_n=\sum_{k=0}^{n}\dfrac{1}{k!}$ とするとき，$\lim_{n\to\infty} S_n$ を求めよ.

（岡山理科大）

32. 定積分と漸化式③

〈頻出度 ★★★〉

負でない整数 m, n に対して，$B(m,\ n)=\int_0^1 x^m(1-x)^n dx$ と定義する．このとき，以下の問いに答えよ.

(1) $B(3,\ 2)$ を求めよ.

(2) $B(m,\ n)$ を $B(m+1,\ n-1)$ を使って表せ（ただし，$n\geqq 1$ とする).

(3) $B(m,\ n)$ を求めよ.

(4) a, b を相異なる実数とする．このとき，$\int_a^b (x-a)^m(x-b)^n dx$ を求めよ.

（横浜市立大）

33. 定積分で表された関数の最大・最小

〈頻出度 ★★★〉

次の問いに答えよ.

(1) $0<x<\pi$ のとき，$\sin x-x\cos x>0$ を示せ.

(2) 定積分 $I=\int_0^{\pi}|\sin x-ax|dx$ $(0<a<1)$ を最小にする a の値を求めよ.

（横浜国立大）

34. 等式を満たす関数 $f(x)$ の決定①

〈頻出度 ★★★〉

$f(x)=\cos x+\int_0^{\pi}\sin(x-t)f(t)\,dt$ を満たす関数 $f(x)$ を求めよ．

（福島県立医科大）

35. 等式を満たす関数 $f(x)$ の決定②

〈頻出度 ★★★〉

次の問いに答えよ．

(1) 不定積分 $\int xe^{-x}dx$ を求めよ．

(2) (1)の結果を用いて，不定積分 $\int x^2e^{-x}dx$ を求めよ．

(3) 次の等式を満たす連続関数 $f(x)$ を求めよ．

$$f(x)=x^3e^{-x}+\int_0^x f(x-t)e^{-t}dt$$

（静岡大）

36. 数列の和の評価①

〈頻出度 ★★★〉

次の問いに答えよ．ただし，対数は自然対数とする．

(1) n が 2 以上の自然数のとき，次の不等式を示せ．

$$\log n \leqq \sum_{k=1}^{n}\frac{1}{k}\leqq 1+\log n$$

(2) 極限 $\lim_{n\to\infty}\frac{1}{\log n}\sum_{k=1}^{n}\frac{1}{k}$ を求めよ．

（福岡教育大 改題）

37. 数列の和の評価②

〈頻出度 ★★★〉

数列 $\{a_n\}$ の一般項を $a_n=\frac{1}{\sqrt[3]{n^2}}$ $(n=1,\ 2,\ 3,\ \cdots\cdots)$ とする．また，数列 $\{a_n\}$ の初項 a_1 から第 n 項 a_n までの和を S_n とする．このとき，$S_{1000000}$ の整数部分を求めよ．

（名古屋市立大）

38. 定積分と級数①

〈頻出度 ★★★〉

$n=1,\ 2,\ 3,\ \cdots\cdots$に対して$I_n=(-1)^{n-1}\int_0^1 \frac{x^{2(n-1)}}{x^2+1}dx$とおく．

(1) I_1の値を求めよ．

(2) $I_n-I_{n+1}\ (n=1,\ 2,\ 3,\ \cdots)$の値を$n$を用いて表せ．

(3) $|I_n| \leqq \frac{1}{2n-1}\ (n=1,\ 2,\ 3,\ \cdots)$を示せ．

(4) 極限$\lim_{n\to\infty}\sum_{k=1}^{n}\frac{(-1)^{k-1}}{2k-1}$を求めよ．

（青山学院大　改題）

39. 定積分と級数②

〈頻出度 ★★★〉

自然数nに対し，定積分$I_n=\int_0^1 \frac{x^n}{x^2+1}dx$を考える．このとき，次の問いに答えよ．

(1) $I_n+I_{n+2}=\frac{1}{n+1}$を示せ．

(2) $0 \leqq I_{n+1} \leqq I_n \leqq \frac{1}{n+1}$を示せ．

(3) $\lim_{n\to\infty} nI_n$を求めよ．

(4) $S_n=\sum_{k=1}^{n}\frac{(-1)^{k-1}}{2k}$とする．このとき(1)，(2)を用いて$\lim_{n\to\infty}S_n$を求めよ．

（名古屋大）

問題 第4章 積分法（面積，体積など）

数学 III
解説頁 P.108
問題数 21問

40. 基本的な面積の計算

〈頻出度 ★★★〉

1 座標平面上の 2 つの曲線 $y=\dfrac{x-3}{x-4}$，$y=\dfrac{1}{4}(x-1)(x-3)$ をそれぞれ C_1，C_2 とする．このとき，C_1 と C_2 で囲まれた図形の面積を求めよ．

（神戸大 改題）

2 曲線 $y=e^x+\dfrac{6}{e^x+1}$ と直線 $y=4$ で囲まれた部分の面積を求めよ．ただし，e は自然対数の底である．

（弘前大）

3 方程式 $y^2=x^6(1-x^2)$ が表す図形で囲まれた面積を求めなさい．

（大分大）

41. 曲線と接線で囲まれた図形の面積

〈頻出度 ★★☆〉

$f(x)=\log(2x)$ とし，曲線 $y=f(x)$ を C とする．曲線 C と x 軸との交点における曲線 C の接線 l の方程式を $y=g(x)$ とする．

(1) 直線 l の方程式を求めよ．

(2) $h(x)=g(x)-f(x)$ $(x>0)$ とおくと，$h(x)\geqq 0$ $(x>0)$ であることを示せ．また，$h(x)=0$ となる x の値を求めよ．

(3) 曲線 C と直線 ℓ と直線 $x=\dfrac{1}{2}e$ で囲まれた部分の面積 S を求めよ．

（大分大）

42. 接線を共有する2曲線の囲む図形と面積

〈頻出度 ★★★〉

2つの定数 a，b $(a>0)$ に対して，$f(x)=\log(ax+1)$ $(x\geqq 0)$，$g(x)=x^2+b$ とおく．座標平面上の2曲線 $C_1: y=f(x)$，$C_2: y=g(x)$ が，ある点Pを共有し，その点Pで共通の接線 l をもつとする．ただし，$\log$ は自然対数を表す．

(1) 点Pの x 座標を t とするとき，a を用いて t を表せ．

(2) 点Pの x 座標が $\dfrac{1}{2}$ となるとき，a と b の値，および直線 l の方程式を求めよ．

(3) 点Pの x 座標が $\dfrac{1}{2}$ となるとき，2曲線 C_1，C_2 および y 軸で囲まれた部分の面積を求めよ．

（東京理科大）

43. 2曲線と共通接線で囲まれた図形の面積

〈頻出度 ★★★〉

2つの曲線 $C_1: y=x\log x$，$C_2: y=2x\log x$ について，次の問いに答えよ．ただし，$x>0$ である．

(1) C_1 と C_2 に共通する接線 l の方程式を求めよ．

(2) C_1，C_2 および l で囲まれた部分の面積 S を求めよ．

（富山県立大）

44. 境界に円弧を含む図形の面積

〈頻出度 ★★★〉

xy 平面上に円 C と双曲線 L が次の式で与えられている．

$$C: (x-1)^2+(y-1)^2=8 \qquad L: xy=1$$

次の問いに答えよ．

(1) 円 C と双曲線 L の共有点をすべて求めよ．

(2) 円 C の中心をPとし，(1)で求めた共有点のうち，x 座標が最も大きいものをQ，その次に大きいものをRとする．このとき，∠QPRを求めよ．

(3) 以下の領域の面積を求めよ．$\begin{cases} (x-1)^2+(y-1)^2\leqq 8 \\ xy\leqq 1 \end{cases}$

（埼玉大）

45. 減衰振動曲線と x 軸が囲む部分の面積

〈頻出度 ★★★〉

自然対数の底を e とする．区間 $x \geqq 0$ 上で定義される関数 $f(x)=e^{-x}\sin x$ を考え，曲線 $y=f(x)$ と x 軸との交点を，x 座標の小さい順に並べる．それらを，P_0, P_1, P_2, ………… とする．点 P_0 は原点である．

自然数 $n\,(n=1,\ 2,\ 3,\ \cdots\cdots)$ に対して，線分 $\mathrm{P}_{n-1}\mathrm{P}_n$ と $y=f(x)$ で囲まれた図形の面積を S_n とする．以下の問いに答えよ．

(1) 点 P_n の x 座標を求めよ．

(2) 面積 S_n を求めよ．

(3) $I_n=\displaystyle\sum_{k=1}^{n} S_k$ とする．このとき，I_n と $\displaystyle\lim_{n\to\infty} I_n$ を求めよ．

（長崎大）

46. 座標軸を中心とした回転体の体積①

〈頻出度 ★★★〉

[1] $f(x)=\dfrac{x}{2}+\sin x$, $g(x)=\dfrac{x}{2}+\cos x$ とする．

$\dfrac{\pi}{4} \leqq x \leqq \dfrac{5}{4}\pi$ において曲線 $y=f(x)$ と曲線 $y=g(x)$ で囲まれた部分を x 軸の周りに 1 回転してできる立体の体積を求めよ．

（津田塾大 改題）

[2] 曲線 $y=x^4-x^2$ と x 軸で囲まれた部分を y 軸の周りに 1 回転させてできる立体の体積を求めよ．

（弘前大）

47. 座標軸を中心とした回転体の体積②

〈頻出度 ★★★〉

座標平面上において，曲線 $y=-\cos\dfrac{x}{2}\,(0 \leqq x \leqq 2\pi)$ と曲線 $y=\sin\dfrac{x}{4}\,(0 \leqq x \leqq 2\pi)$ と y 軸とで囲まれた領域を D とする．

(1) 領域 D の面積を求めよ．

(2) 領域 D を x 軸の周りに 1 回転してできる立体の体積を求めよ．

(3) 領域 D を y 軸の周りに 1 回転してできる立体の体積を求めよ．

（久留米大）

48. 積分漸化式＋回転体の体積

〈頻出度 ★★★〉

nを0以上の整数とする．定積分 $I_n=\int_1^e \frac{(\log x)^n}{x^2}dx$ について，次の問いに答えよ．ただし，eは自然対数の底である．

(1) I_0，I_1の値をそれぞれ求めよ．

(2) I_{n+1}をI_nとnを用いて表せ．

(3) $x>0$とする．関数$f(x)=\frac{(\log x)^2}{x}$の増減表をかけ．ただし，極値も増減表に記入すること．

(4) 座標平面上の曲線 $y=\frac{(\log x)^2}{x}$，x軸と直線$x=e$とで囲まれた図形を，x軸の周りに1回転させてできる立体の体積Vを求めよ．

（立教大）

49. 座標空間における平面図形の回転

〈頻出度 ★★★〉

xyz空間内において，yz平面上で放物線$z=y^2$と直線$z=4$で囲まれる平面図形をDとする．点$(1,\ 1,\ 0)$を通りz軸に平行な直線をℓとし，ℓの周りにDを1回転させてできる立体をEとする．

(1) Dと平面$z=t$との交わりをD_tとする．ただし$0\leqq t\leqq 4$とする．点PがD_t上を動くとき，点Pと点$(1,\ 1,\ t)$との距離の最大値，最小値を求めよ．

(2) 平面$z=t$によるEの切り口の面積$S(t)$ $(0\leqq t\leqq 4)$を求めよ．

(3) Eの体積Vを求めよ．

（筑波大）

50. 立体の回転

〈頻出度 ★★★〉

空間内にある半径1の球(内部を含む)をBとする．直線lとBが交わっており，その交わりは長さ$\sqrt{3}$の線分である．

(1) Bの中心とlとの距離を求めよ．

(2) lの周りにBを1回転させてできる立体の体積を求めよ．　(名古屋大)

51. 座標軸に平行でない直線を軸とする回転体

〈頻出度 ★★★〉

曲線$y=x^2-x\ (0 \leqq x \leqq 2)$と直線$y=x$で囲まれた部分を直線$y=x$の周りに1回転させてできる立体の体積を求めよ．　(産業医科大)

52. 連立不等式で表される図形の体積①

〈頻出度 ★★★〉

$0 \leqq t \leqq 1$とする．空間において，平面$x=t$上にあり，連立不等式

$$\begin{cases} y^2 \leqq 1-t^2 \\ z \geqq 0 \\ z \leqq 2t \\ z \leqq -2t+2 \end{cases}$$

を満たす点$(t,\ y,\ z)$全体からなる図形の面積を$S(t)$とする．また，tが0から1まで動くとき，この図形が通過してできる立体の体積をVとする．次の問いに答えよ．

(1) $S(t)$を求めよ．

(2) Vの値を求めよ．　(神戸大)

53. 連立不等式で表される図形の体積②

〈頻出度 ★★★〉

xyz 空間の中で，方程式 $y=\dfrac{1}{2}(x^2+z^2)$ で表される図形は，放物線を y 軸の周りに回転して得られる曲面である．これを S とする．また，方程式 $y=x+\dfrac{1}{2}$ で表される図形は，xz 平面と 45° の角度で交わる平面である．これを H とする．さらに，S と H が囲む部分を K とおくと，K は不等式 $\dfrac{1}{2}(x^2+z^2)\leqq y\leqq x+\dfrac{1}{2}$ を満たす点 $(x,\ y,\ z)$ の全体となる．このとき，次の問いに答えよ．

(1) K を平面 $z=t$ で切ったときの切り口が空集合ではないような実数 t の範囲を求めよ．

(2) (1)の切り口の面積 $S(t)$ を t を用いて表せ．

(3) K の体積を求めよ．

（大阪市立大）

54. 立体図形の切断

〈頻出度 ★★★〉

半径1の円を底面とする高さ $\dfrac{1}{\sqrt{2}}$ の直円柱がある．底面の円の中心をOとし，直径を1つとりABとおく．ABを含み底面と 45° の角度をなす平面でこの直円柱を2つの部分に分けるとき，体積の小さい方の部分を V とする．

(1) 直径ABと直交し，Oとの距離が t $(0\leqq t\leqq 1)$ であるような平面で V を切ったときの断面積 $S(t)$ を求めよ．

(2) V の体積を求めよ．

（東北大）

55. 立体の通過範囲

〈頻出度 ★★★〉

次の問いに答えよ．

(1) 平面上の，１辺の長さが１の正方形ABCDを考える．点Pが正方形ABCDの辺の上を１周するとき，点Pを中心とする半径rの円（内部を含む）が通過する部分の面積$S(r)$を求めよ．

(2) 空間内の，１辺の長さが１の正方形ABCDを考える．点Pが正方形ABCDの辺の上を１周するとき，点Pを中心とする半径１の球（内部を含む）が通過する部分の体積Vを求めよ．

（富山大）

56. 円弧を含む切り口

〈頻出度 ★★★〉

正の整数nに対し　$I_n=\int_0^{\frac{\pi}{3}}\frac{d\theta}{\cos^n\theta}$ とする．

(1) I_1を求めよ．必要ならば$\frac{1}{\cos\theta}=\frac{1}{2}\left(\frac{\cos\theta}{1+\sin\theta}+\frac{\cos\theta}{1-\sin\theta}\right)$を使ってよい．

(2) $n\geqq3$のとき，I_nをI_{n-2}とnで表せ．

(3) xyz空間においてxy平面内の原点を中心とする半径１の円板をDとする．Dを底面とし，点$(0,\ 0,\ 1)$を頂点とする円錐をCとする．Cを平面$x=\frac{1}{2}$で２つの部分に切断したとき，小さい方をSとする．z軸に垂直な平面による切り口を考えてSの体積を求めよ．

（名古屋大）

57. パラメタ表示された曲線で囲まれた図形の面積①　〈頻出度 ★★★〉

座標平面上の曲線Cが媒介変数tを用いて，$x=1-\cos t$，$y=2-\sin 2t$，$0 \leqq t \leqq \pi$と表示されている．次の問いに答えよ．

(1)　$0<t<\pi$の範囲で，$\dfrac{dy}{dx}$をtの関数として表せ．

(2)　$0<t<\pi$の範囲で，$\dfrac{dy}{dx}=0$を満たすtの値をすべて求めよ．また，そのときのxの値を求めよ．

(3)　曲線Cの概形を座標平面上にかけ．ただし，曲線の凹凸は調べなくてよい．

(4)　曲線Cと直線$x=2$，x軸，およびy軸とで囲まれた図形の面積を求めよ．

（関西大）

58. パラメタ表示された曲線で囲まれた図形の面積②　〈頻出度 ★★★〉

媒介変数表示$x=\sin t$，$y=(1+\cos t)\sin t$　$(0 \leqq t \leqq \pi)$で表される曲線をCとする．以下の問いに答えよ．

(1)　$\dfrac{dy}{dx}$および$\dfrac{d^2y}{dx^2}$をtの関数として表せ．

(2)　Cの凹凸を調べ，Cの概形をかけ．

(3)　Cで囲まれる領域の面積Sを求めよ．

（神戸大）

59. 回転する円周上の点の軌跡

〈頻出度 ★★★〉

原点Oを中心とする，半径2の円をDとする．半径1の円盤D_1は最初に中心Qが$(3,\ 0)$にあり，円Dに外接しながら滑ることなく反時計回りに転がす．

点Pは円盤D_1の円周上に固定されていて，最初は$(2,\ 0)$にある．

D，D_1の接点をTとしたとき，線分OTがx軸の正の向きとなす角をθとする．

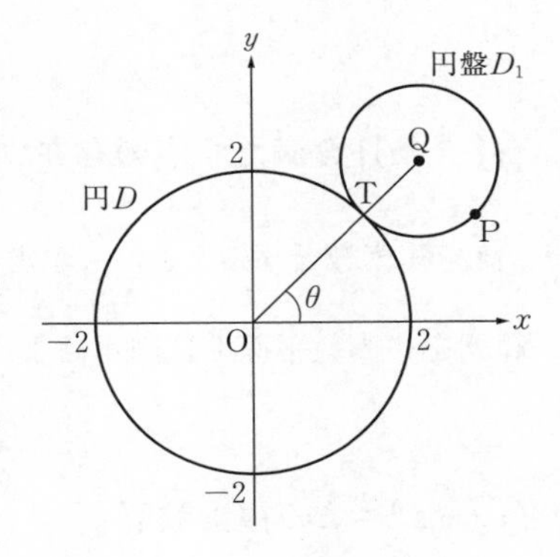

(1)　点Pの座標$(x,\ y)$を，θを用いて表せ．

(2)　θを$0 \leqq \theta \leqq \pi$で動かし，そのときの点Pの軌跡をCとする．曲線Cとx軸で囲まれた部分の面積を求めよ．

（東京工業大 改題）

60. 極方程式と面積

〈頻出度 ★★★〉

極方程式で表されたxy平面上の曲線$r = 1 + \cos\theta$　$(0 \leqq \theta \leqq 2\pi)$を$C$とする．

(1)　曲線C上の点を直交座標$(x,\ y)$で表す．$(x,\ y)$をθで表せ．また，$\dfrac{dx}{d\theta} = 0$となるθ，および$\dfrac{dy}{d\theta} = 0$となるθをそれぞれ求めよ．

(2)　$\displaystyle\lim_{\theta \to \pi} \frac{dy}{dx}$を求めよ．

(3)　曲線Cの概形をxy平面上にかけ．

(4)　曲線Cの長さを求めよ．また，Cで囲まれた部分の面積を求めよ．

（神戸大　改題）

複素数平面

数学 C
解説頁 P.176
問題数 10問

61. 条件を満たす点の存在する範囲

〈頻出度 ★★★〉

zを複素数とする．$z+\dfrac{3}{z}$が実数であり，$3 \leqq z+\dfrac{3}{z} \leqq 4$となる$z$の動く範囲を複素数平面上に図示せよ．

（琉球大）

62. $z^n=k$の複素数解

〈頻出度 ★★★〉

次の各問いに答えよ．ただし，iは虚数単位とする．

(1) 方程式$z^4=-1$を解け．

(2) αを方程式$z^4=-1$の解の1つとする．複素数平面に点βがあって$|z-\beta|=\sqrt{2}\,|z-\alpha|$を満たす点$z$全体が原点を中心とする円$C$を描くとき，複素数$\beta$を$\alpha$で表せ．

(3) 点zが(2)の円C上を動くとき，点iとzを結ぶ線分の中点wはどのような図形を描くか．

（鹿児島大）

63. 円分多項式

〈頻出度 ★★★〉

複素数αを$\alpha=\cos\dfrac{2\pi}{7}+i\sin\dfrac{2\pi}{7}$とおく．ただし，$i$は虚数単位を表す．

以下の問いに答えよ．

(1) $\alpha^6+\alpha^5+\alpha^4+\alpha^3+\alpha^2+\alpha$の値を求めよ．

(2) $t=\alpha+\overline{\alpha}$とおくとき，$t^3+t^2-2t$の値を求めよ．ただし，$\overline{\alpha}$は$\alpha$と共役な複素数を表す．

(3) $\dfrac{3}{5}<\cos\dfrac{2\pi}{7}<\dfrac{7}{10}$を示せ．

（九州大）

64. 複素数平面上の図形と距離

〈頻出度 ★★★〉

複素数 z に対し $f(z)=z\overline{z}+i(z-\overline{z})$ と定める．ただし，i は虚数単位とする．次の問いに答えよ．

(1) すべての複素数 z に対して，$f(z)$ は実数であることを示せ．

(2) 不等式 $0\leqq f(z)\leqq 1$ を満たす点 z を，複素数平面上に図示せよ．

(3) 複素数 z が，条件 $\begin{cases} 0\leqq f(z)\leqq 1 \\ |z|\geqq|z-2i| \end{cases}$ を満たしながら複素数平面上を動くとき，$|z+1|$ の最大値と最小値，およびそのときの z の値を求めよ．

（弘前大）

65. 3点のなす角

〈頻出度 ★★★〉

$\mathrm{A}(z_1)$，$\mathrm{B}(z_2)$，$\mathrm{C}(z_3)$ が $\dfrac{z_2-z_1}{z_3-z_1}=\dfrac{\sqrt{3}+1}{2}(\sqrt{3}+i)$ を満たすとする．ただし，i は虚数単位とする．このとき，以下の問いに答えよ．

(1) $\angle\mathrm{A}$ の大きさを求めよ．

(2) $\angle\mathrm{C}$ の大きさを求めよ．

（大阪府立大）

66. 同一直線上となる条件, 長さが等しくなる条件

〈頻出度 ★★★〉

z を複素数とする．複素数平面上の3点 $\mathrm{O}(0)$，$\mathrm{A}(z)$，$\mathrm{B}(z^2)$ について，以下の問いに答えよ．

(1) 3点O，A，Bが同一直線上にあるための z の必要十分条件を求めよ．

(2) 3点O，A，Bが二等辺三角形の頂点になるような z 全体を複素数平面上に図示せよ．

(3) 3点O，A，Bが二等辺三角形の頂点であり，かつ z の偏角 θ が $0\leqq\theta\leqq\dfrac{\pi}{3}$ を満たすとき，三角形OABの面積の最大値とそのときの z の値を求めよ．

（東北大）

67. 3点が正三角形の3頂点となる必要十分条件

〈頻出度 ★★★〉

複素数平面上で，複素数α，β，γを表す点をそれぞれA，B，Cとする.

(1) A，B，Cが正三角形の3頂点であるとき，

$$\alpha^2+\beta^2+\gamma^2-\alpha\beta-\beta\gamma-\gamma\alpha=0 \quad \cdots\cdots (*)$$

が成立することを示せ.

(2) 逆に，この関係式(*)が成立するとき，A＝B＝Cとなるか，またはA，B，Cが正三角形の3頂点となることを示せ.

（金沢大）

68. 1次分数変換①

〈頻出度 ★★★〉

複素数平面上を動く点zを考える.

(1) 等式$|z-1|=|z+1|$を満たす点zの全体は虚軸であることを示せ.

(2) 点zが原点を除いた虚軸上を動くとき，$w=\dfrac{z+1}{z}$が描く図形は直線から1点を除いたものとなる．この図形をかけ.

(3) aを正の実数とする．点zが虚軸上を動くとき，$w=\dfrac{z+1}{z-a}$が描く図形は円から1点を除いたものとなる．この円の中心と半径を求めよ.

（筑波大）

69. 1次分数変換②

〈頻出度 ★★★〉

複素数平面上の原点以外の点zに対して，$w=\dfrac{1}{z}$とする.

(1) αを0でない複素数とし，点αと原点Oを結ぶ線分の垂直二等分線をLとする．点zが直線L上を動くとき，点wの軌跡は円から1点を除いたものになる．この円の中心と半径を求めよ.

(2) 1の3乗根のうち，虚部が正であるものをβとする．点βと点β^2を結ぶ線分上を点zが動くときの点wの軌跡を求め，複素数平面上に図示せよ.

（東京大）

70. $f(z)=z+\dfrac{a^2}{z}$ 型の変換

〈頻出度 ★★★〉

iを虚数単位とする．このとき，以下の問いに答えよ．

(1) 等式 $2\left|z-\dfrac{i}{3}\right|=\left|z-\dfrac{4i}{3}\right|$ を満たす複素数 z を極形式で表せ．

(2) 0でない複素数 z が(1)の等式を満たしながら変化するとき，複素数 $z+\dfrac{1}{z}$ は，複素数平面上でどのような図形をえがくか．その概形をかけ．

(3) 0でない複素数 w が $|w-1|=|w-i|$ を満たしながら変化するとき，複素数 $w+\dfrac{1}{w}$ は，複素数平面上でどのような図形を描くか．その概形をかけ．

（三重大）

問題 第6章 2次曲線

数学	C
解説頁	P.204
問題数	10問

71. 焦点を共有する2次曲線

〈頻出度 ★★★〉

pを正の実数とする．Oを原点とする座標平面上に，2つの焦点$F_1(p,\ 0)$，$F_2(-p,\ 0)$からの距離の和が一定である楕円Cがあり，Cは2点$(-3,\ 0)$，$\left(\sqrt{3},\ -\dfrac{2\sqrt{6}}{3}\right)$を通る．

(1) Cの方程式を求めよ．

(2) pを求めよ．

(3) F_1，F_2を焦点とし，2本の漸近線$y=\pm\dfrac{1}{2}x$をもつ双曲線の方程式を求めよ．

(4) (3)の双曲線とCの共有点のうち，第1象限にあるものをAとする．Aの座標を求めよ．また，$\angle OAF_1$の大きさを求めよ．

（関西大 改題）

72. 線分の中点が描く図形

〈頻出度 ★★☆〉

楕円$C: x^2+9y^2=1$と直線$l: y=t(x-3)$を考える．ただし，tは実数とする．このとき，次の問いに答えよ．

(1) Cとlが相異なる2つの共有点をもつようなtの値の範囲を求めよ．また，これら2点の中点Mの座標をtを用いて表せ．

(2) tの値が(1)で求めた範囲を動くとき，点Mの描く図形を図示せよ．

（香川大）

73. 曲線上の点を頂点とする三角形の面積

〈頻出度 ★★★〉

Oを原点とする座標平面における曲線C：$\dfrac{x^2}{4}+y^2=1$上に，

点P$\left(1,\ \dfrac{\sqrt{3}}{2}\right)$をとる．

(1) Cの接線で直線OPに平行なものをすべて求めよ．

(2) 点QがC上を動くとき，△OPQの面積の最大値と，最大値を与えるQの座標をすべて求めよ．

（岡山大）

74. 座標軸により切りとられる楕円の接線

〈頻出度 ★★★〉

曲線$\dfrac{x^2}{4}+y^2=1\ (x>0,\ y>0)$上の動点Pにおける接線と，$x$軸，$y$軸との交点をそれぞれQ，Rとする．このとき，線分QRの長さの最小値と，そのときの点Pの座標を求めよ．

（信州大）

75. 曲線外から引く接線と面積

〈頻出度 ★★★〉

点P(3，2)から楕円C：$\dfrac{x^2}{3}+\dfrac{y^2}{4}=1$に2本の接線$l_1$，$l_2$を引き，それぞれの接点を$T_1$，$T_2$とする．

(1) 接点T_1，T_2の座標を求めよ．

(2) Cの$x\geqq 0$の部分をC_0とするとき，C_0とl_1およびl_2で囲まれた部分の面積Sを求めよ．

（和歌山大）

76. 楕円の直交する2接線の交点

〈頻出度 ★★★〉

次の問いに答えよ．

(1) 直線 $y=mx+n$ が楕円 $x^2+\dfrac{y^2}{4}=1$ に接するための条件を m，n を用いて表せ．

(2) 点 $(2,\ 1)$ から楕円 $x^2+\dfrac{y^2}{4}=1$ に引いた2つの接線が直交することを示せ．

(3) 楕円 $x^2+\dfrac{y^2}{4}=1$ の直交する2つの接線の交点の軌跡を求めよ．

（島根大）

77. 焦点の性質

〈頻出度 ★★★〉

$a>b>0$ として，座標平面上の楕円 $\dfrac{x^2}{a^2}+\dfrac{y^2}{b^2}=1$ を C とおく．C 上の点 $\mathrm{P}(p_1,\ p_2)$ $(p_2\neq 0)$ における C の接線を l，法線を n とする．

(1) 接線 l および法線 n の方程式を求めよ．

(2) 2点 $\mathrm{A}(\sqrt{a^2-b^2},\ 0)$，$\mathrm{B}(-\sqrt{a^2-b^2},\ 0)$ に対して，法線 n は $\angle\mathrm{APB}$ の二等分線であることを示せ．

（お茶の水女子大）

78. 楕円と放物線の共有点の個数

〈頻出度 ★★★〉

aを実数とする．xy平面上に，曲線$C_1:\frac{x^2}{4}+y^2=1$，曲線$C_2:y=\frac{x^2}{2}+a$，次の連立不等式の表す領域Dがある．

$$\frac{x^2}{4}+y^2\leqq 1,\ \ y\geqq\frac{x^2}{2}-1$$

以下の問いに答えよ．

(1) C_1とC_2が共有点をもつとき，aの値の範囲を求めよ．

(2) C_1とC_2の共有点の個数を，aの値によって分類せよ．

(3) Dの面積を求めよ．

（京都府立大）

79. 極座標を用いた線分の長さの和の計算

〈頻出度 ★★★〉

方程式$\frac{x^2}{2}+y^2=1$で定まる楕円Eとその焦点F(1, 0)がある．E上に点Pをとり，直線PFとEとの交点のうちPと異なる点をQとする．Fを通り直線PFと垂直な直線とEとの2つの交点をR，Sとする．

(1) rを正の実数，θを実数とする．点$(r\cos\theta+1,\ r\sin\theta)$が$E$上にあるとき，$r$を$\theta$で表せ．

(2) PがE上を動くとき，PF+QF+RF+SFの最小値を求めよ．

（北海道大）

80. 極方程式への書き換え

〈頻出度 ★★★〉

座標平面において，方程式 $(x^2+y^2)^2=2xy$ の表す曲線 C を考える．

(1) C 上の点Pと2点 $\mathrm{A}(a,\ a)$，$\mathrm{B}(-a,\ -a)$ $(a>0)$ との距離の積 PA·PB が常に一定の値であるとき，a，PA·PB の値を求めよ．

(2) 極座標 $(r,\ \theta)$ に関する C の極方程式が $r^s=\sin(t\theta)$ と表されるとき，s，t の値を求めよ．

(3) C の概形として最もふさわしいものを下から選べ．

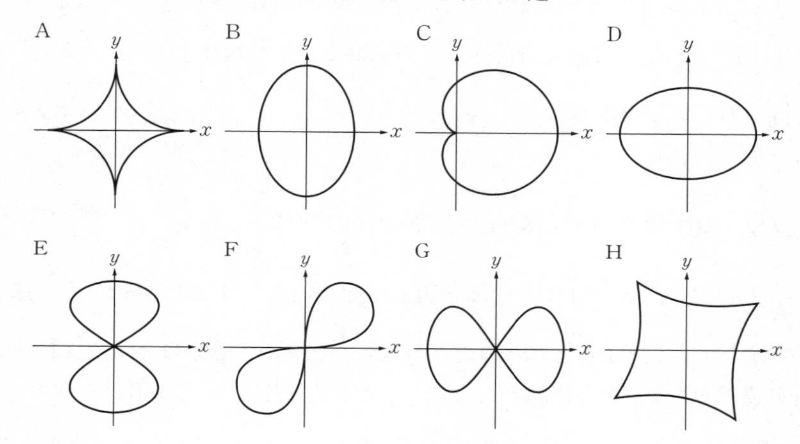

(4) C 上の点で x 座標が最大である点Mの偏角 θ_0 $(0\leqq\theta_0<2\pi)$ を求めよ．

(5) Mを通り y 軸に平行な直線を l とする，C 上の点を極座標で $(r,\ \theta)$ と表すとき，C の $0\leqq\theta\leqq\theta_0$ の部分と，x 軸，および l で囲まれた部分の面積を求めよ．

(6) C で囲まれた部分の面積を求めよ．

(上智大)

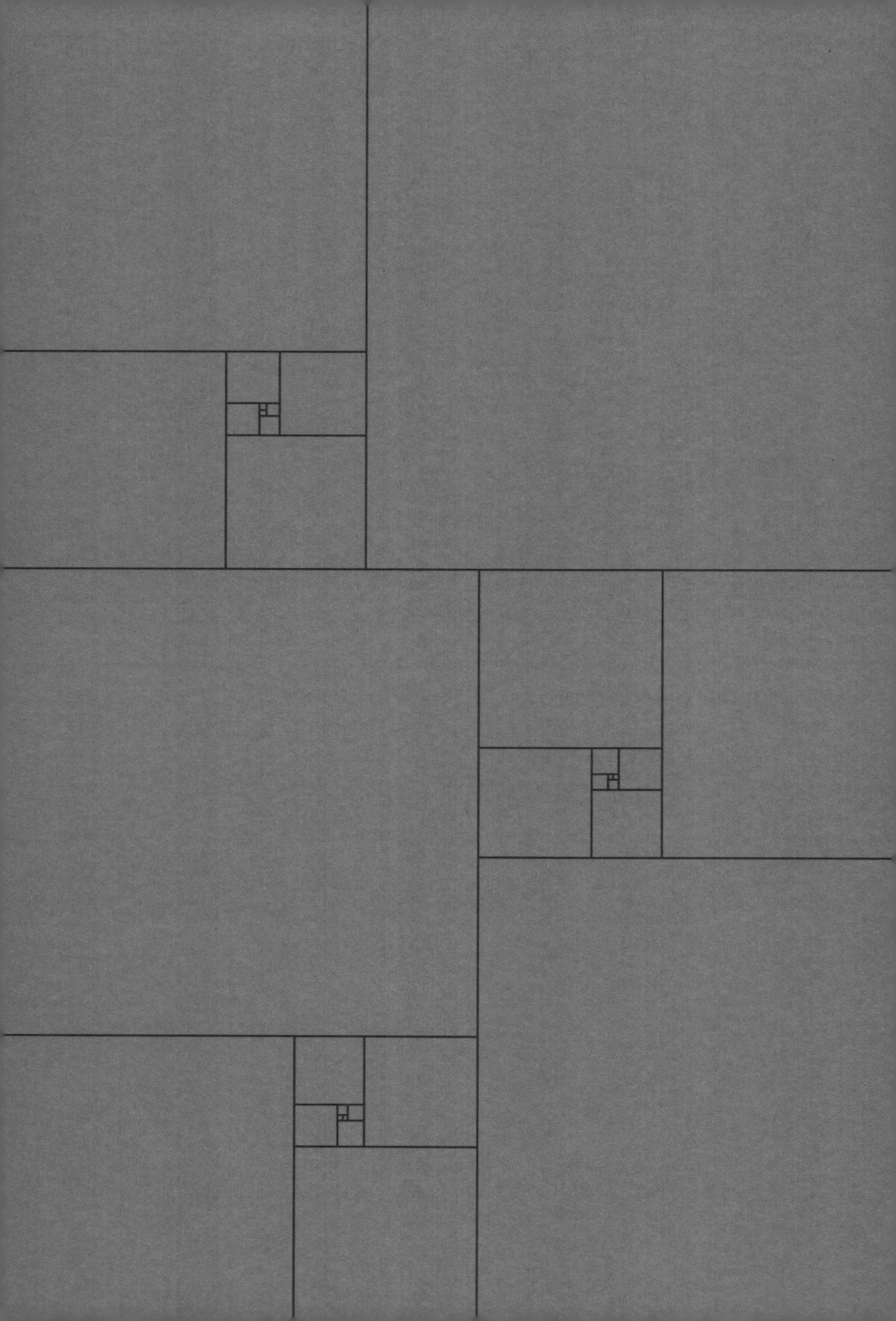